高职高专电气及电子信息专业技能型规划教材

传感器技术与应用

贾海瀛　编　著

清华大学出版社
北　京

内 容 简 介

本书是国家级精品课程的配套教材，详细介绍了传感器技术的基本概念、特性、作用和发展趋势，各种常用传感器的基本结构、使用性能、工作原理和测量电路，具体实例中传感器的选用原则，典型非电量——温度、湿度、气体、力、液位、流量、位移和速度等的检测应用实例。

本书由生产生活中的具体实例引入，深入浅出，将传感器技术与应用技能的相应知识点融入工作任务之中，减少了复杂公式的推导过程，增加了常用传感器性能、选用等知识，新型传感器的使用以及大量的生产生活中的实际应用实例电路参考，操作性极强。

本书可作为高等职业院校应用电子技术、自动控制、仪器仪表、机电一体化等专业的教学用书(参考学时为 80～100 学时)，也可供中等专业学校师生、工程技术人员及自学者参考。

图书在版编目(CIP)数据

传感器技术与应用/贾海瀛编著. 一北京：清华大学出版社，2011.10（2025.1重印）
(高职高专电气及电子信息专业技能型规划教材)
ISBN 978-7-302-26817-8

Ⅰ. ①传… Ⅱ. ①贾… Ⅲ. ①传感器—高等职业教育—教材 Ⅳ. ①TP212

中国版本图书馆 CIP 数据核字(2011)第 186824 号

责任编辑： 石 伟
封面设计： 山鹰工作室
版式设计： 杨玉兰
责任校对： 周剑云
责任印制： 刘海龙

出版发行： 清华大学出版社
网　　址： https://www.tup.com.cn, https://www.wqxuetang.com
地　　址： 北京清华大学学研大厦 A 座　　**邮　　编：** 100084
社 总 机： 010-83470000　　**邮　　购：** 010-62786544
投稿与读者服务： 010-62776969, c-service@tup.tsinghua.edu.cn
质量反馈： 010-62772015, zhiliang@tup.tsinghua.edu.cn
印 装 者： 三河市君旺印务有限公司
经　　销： 全国新华书店
开　　本： 185mm×260mm　　**印　张：** 13.75　　**字　数：** 328 千字
版　　次： 2011 年 10 月第 1 版　　**印　次：** 2025 年 1 月第 9 次印刷
定　　价： 38.00 元

产品编号：040622-02

前　言

随着我国高职教育改革的不断推进，高职教育的教学模式、教学方法在不断地创新，高职教材也必须与之相适应，进行重新调整和定位，突出高职特色，以满足培养技术应用型人才的需要。

本课程教学内容的组织与安排的特点是：由生产、生活中具体实例引入，采用任务引领的课程教学方式，将传感器技术与应用技能和知识点融入到实际工作任务之中，在符合工作过程的基础上，充分考虑学习者的认知心理过程，将课程内容分为 6 个学习情境，再细化为多个工作任务的教学内容，从典型的检测对象着手，选择合适的传感器，认识该类传感器的外形、标定、基本结构和使用特点，了解测量原理，在掌握基本知识的基础上，介绍相应的测量转换电路、信号处理电路和安装、使用与调试方法来完成检测任务。

本书是编者结合多年来从事传感器技术的教学、科研和生产实践的体会，学习和吸收了国内外文献资料的精华撰写而成的。本书的编写以“够用、实用”为原则，尽可能地紧密结合生产实践和日常生活，突出应用，满足高职教育的需求。本书适用学时为 80～100 学时，其参考学时分配为：温度的检测(14～18 学时)、湿度的检测(8～10 学时)、气体的检测(8～10 学时)、力的检测(14～18 学时)、液位的检测(14～18 学时)和位移的检测(22～26 学时)。

本书由天津职业大学贾海瀛教授编写，天津中环电子计算机公司的教授级高工王金林提供企业实际案例任务，天津职业大学的蒋敦斌教授、李莉副教授、耿坤等教师也提供了很多资料和很好的意见，在此一并表示衷心的感谢。

由于编者水平有限，时间仓促，书中难免有欠妥和错误之处，恳请广大读者批评指正。

编　者

目　　录

绪　论

传感器技术与应用是应用电子技术专业一门实践性很强的专业核心课程，几乎所有的电子产品中都涉及传感器的应用。本课程基于“工作过程系统化”设计理念，邀请行业专家对应用电子专业所涵盖的岗位进行工作任务和职业能力分析，并以此为依据确定本课程的工作任务和课程内容。根据应用电子专业所涉及的传感器应用的知识内容，设计若干个学习情境，实施情境化教学，使学生掌握各类传感器选用、测量电路调试等相关专业知识和技能。学生通过该课程的学习，掌握常用传感器检测和选用的系统知识。本书旨在培养学生对电子产品中传感器的认识和选用技能，同时加强学生对电子测试设备的实践操作能力的培养，为测控技术、自动控制实训及家电维修实训等后续专业课程的学习打下基础，同时养成学生职业素质，锻炼学生的思考能力和实践能力。

任务一　认识传感器

人类社会在发展过程中，需要不断地认识自然与改造自然，这种认识与改造必然伴随着对各种信号的感知和测量，这些都需要应用传感器技术。传感器技术运用在自动检测和控制系统中，对系统运行的各项功能起重要作用。系统的自动化程度越高，对传感器的依赖性就越强。如图 0-1 所示生产环节中，可利用传感器在线检测：零件尺寸、产品缺陷、装配定位……

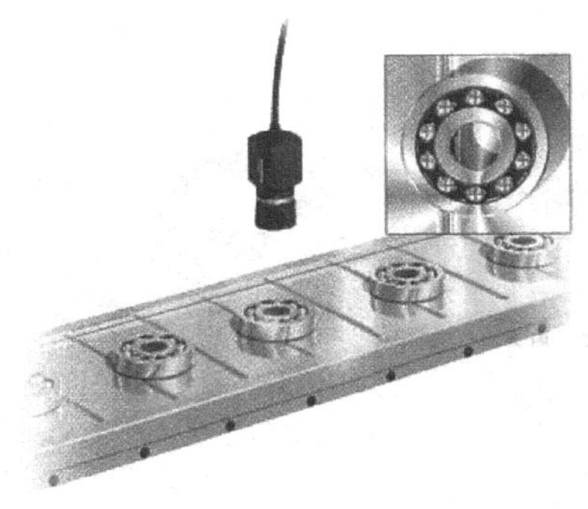

(a) 检查轴承中滚珠是否脱漏

(b) 检查容器内的液位

图 0-1　生产环节中使用传感器检测

传感器(Sensor)是能感受规定的被测量并按照一定的规律将其转换成可用输出信号的器件或装置，通常由敏感元件和转换元件组成。敏感元件是指传感器中能直接感受或响应被测量的部分；转换元件是指传感器中能将敏感元件感受或响应的被测量转换成适于传输或测量的电信号的部分。传感器技术遍布各行各业、各个领域，如工业生产、科学研究、现代医学领域，现代农业生产、国防科技、家用电器、甚至儿童玩具也少不了传感器。如图 0-2 所示为现在汽车领域中的传感器应用。

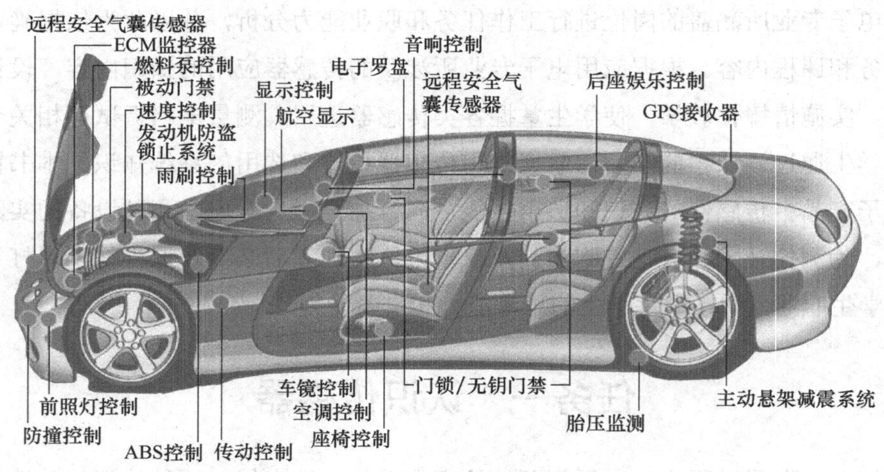

图 0-2　汽车领域中的各种传感器应用

日常生活中也大量使用了各种传感器，如全自动洗衣机、音响设备、计算机、打印机、遥控电视等。例如电视机遥控器就是利用红外光(红外线)接收与发射传感器来控制电视的。传感器的种类繁多，从外观上看千差万别，图 0-3 所示为部分传感器的外观形状，不过，这只是成千上万种传感器的一小部分。

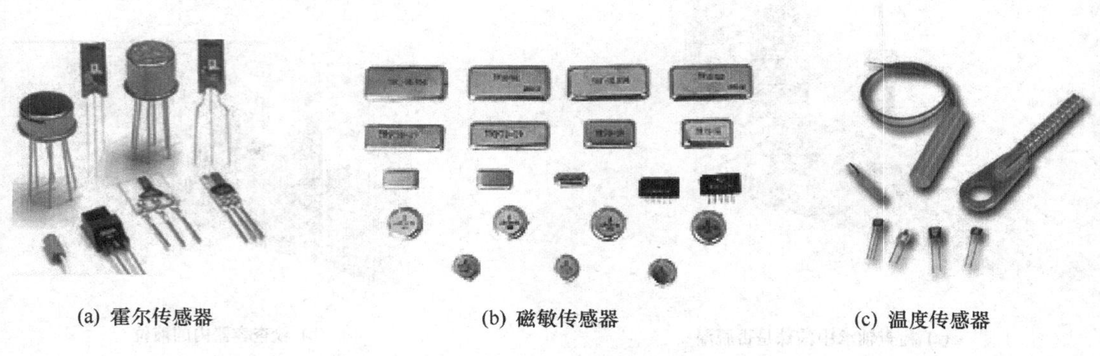

(a) 霍尔传感器　　(b) 磁敏传感器　　(c) 温度传感器

图 0-3　各种常用传感器

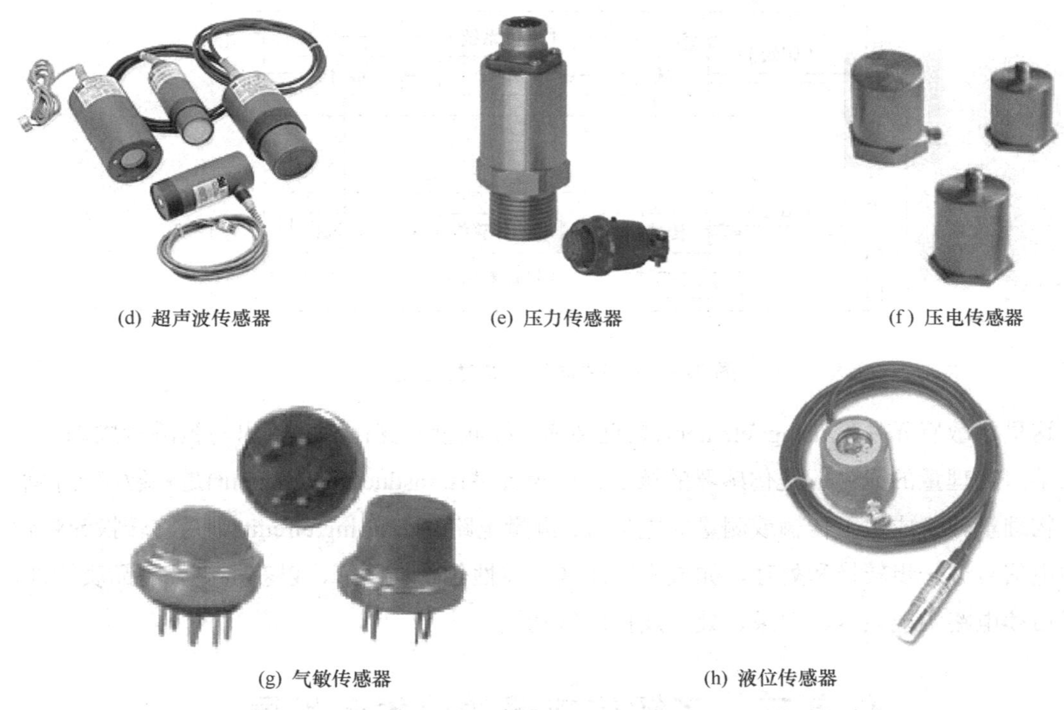

(d) 超声波传感器　(e) 压力传感器　(f) 压电传感器

(g) 气敏传感器　(h) 液位传感器

图 0-3　各种常用传感器(续)

任务二　了解常用传感器的作用和基本构成

传感器是一种能将物理量、化学量、生物量等非电量转换成电信号的器件，其组成框图如图 0-4 所示。输出信号有不同形式，如电压、电流、频率、脉冲等，能满足信息传输、处理、记录、显示、控制要求。传感器是自动检测系统和自动控制系统中不可缺少的元件，如果把计算机比作大脑，那么传感器则相当于五官，如图 0-5 所示。传感器能正确感受被测量并转换成相应输出量，对系统的质量起决定性作用，自动化程度越高，系统对传感器要求也就越高。

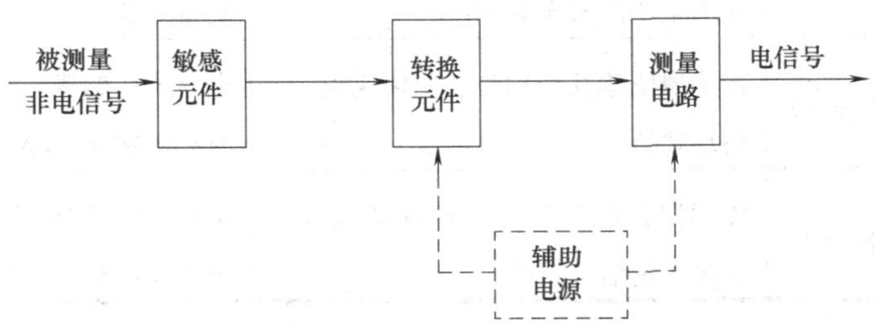

图 0-4　传感器组成框图

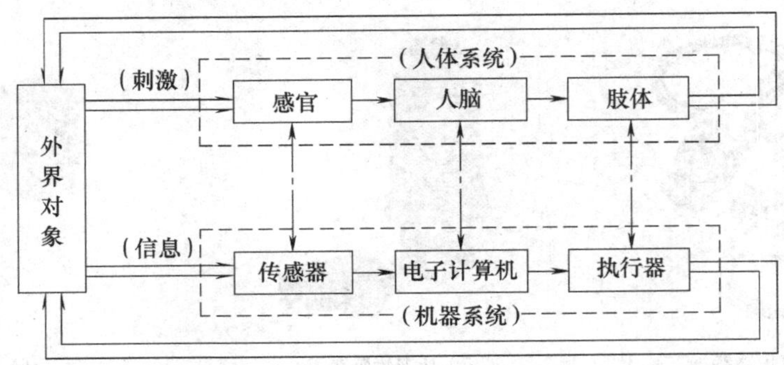

图 0-5　人与机器的机能对应关系

这里，敏感元件(sensing element)是直接感受被测量的变化，并输出与被测量成确定关系的某一物理量的元件，是传感器的核心；转换元件(transduction element)是将敏感元件输出的物理量转换成适于传输或测量的电信号；测量电路(measuring circuit)则是将转换元件输出的电信号进一步转换和处理，如放大、滤波、线性化、补偿等，以获得更好的品质特性，便于后续电路实现显示、记录、处理及控制等功能。

任务三　了解传感器的分类和发展

一、传感器的分类

传感器的种类繁多，其分类详见表 0-1。

表 0-1　传感器的分类

分类方法		说　明	举　例
按输入量分类		传感器以被测物理量分类，也即按用途分类，便于用户选择	位移传感器、速度传感器、温度传感器、压力传感器等
按工作原理分类(变换原理)		传感器以工作原理命名，便于生产厂家专业生产	应变式、电容式、电感式、压电式、热电式等
按物理现象分类(信号变换特征)	结构型	传感器依赖其结构参数变化实现信息转换	电容式传感器：利用电容极板间隙或面积的变化 → ΔC
	物性型	传感器依赖其敏感元件物理特性的变化实现信息转换	压电式传感器：压电效应，力→电荷 热电偶：热电效应

续表

分类方法		说　明	举　例
按能量关系分类	能　量控制型	由外部供给传感器能量，而由被测量来控制输出的能量	电容传感器：需外部供电，使 $x(t) \rightarrow \Delta C \rightarrow$ 电流或电压
	能　量转换型	传感器直接将被测量的能量转换为输出量的能量	温度计：吸收被测物的能量 磁电式：线圈切割磁力线→感应电势
按输出信号分类	模拟式	输出量为模拟量	
	数字式	输出量为数字量	

二、传感器的基本特性

传感器的基本特性是指系统的输出输入关系特性，即系统输出信号 $y(t)$ 与输入信号(被测量) $x(t)$ 之间的关系，如图 0-6 所示。

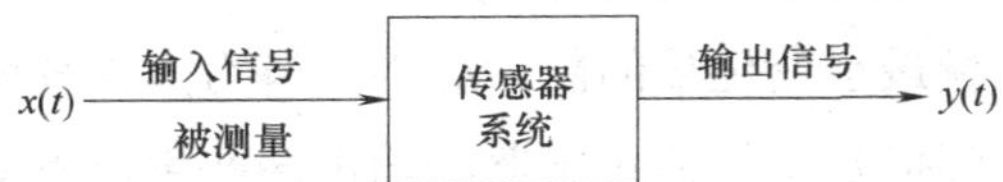

图 0-6　传感器系统

1．静态特性

当传感器的输入信号是常量，不随时间变化(或变化极缓慢)时，其输出输入关系特性称为静态特性。传感器的静态特性主要由下列几种性能来描述。

1)　测量范围(measuring range)

传感器所能测量到的最小输入量 x_{min} 与最大输入量 x_{max} 之间的范围称为传感器的测量范围。

2)　量程(span)

传感器测量范围的上限值 x_{max} 与下限值 x_{min} 的代数差 $x_{max} - x_{min}$ 称为量程。

3)　精度(accuracy)

传感器的精度是指测量结果的可靠程度，是测量中各类误差的综合反映。工程技术中为简化传感器精度的表示方法，引用了精度等级的概念。精度等级以一系列标准百分比数值分档表示，代表传感器测量的最大允许误差(相对误差)。

4)　线性度(linearity)

所谓传感器的线性度是指其输出量与输入量之间的关系曲线偏离理想直线的程度，又称为非线性误差。

5) 灵敏度(sensitivity)

灵敏度是指传感器输出的变化量与引起该变化量的输入变化量之比，即$k=\dfrac{\Delta y}{\Delta x}$，如图 0-7 所示。

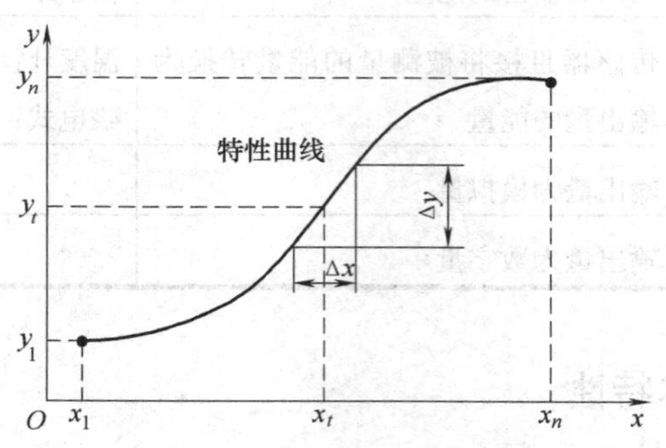

图 0-7 传感器的灵敏度

6) 分辨率和阈值(resolution and threshold)

传感器能检测到输入量最小变化量的能力称为分辨力，当分辨力以满量程输出的百分数表示时则称为分辨率。阈值是指能使传感器的输出端产生可测变化量的最小被测输入量值，即零点附近的分辨力。

7) 重复性(repeatability)

重复性是指传感器在输入量按同一方向作全量程连续多次变动时所得特性曲线间不一致的程度，如图 0-8 所示，图中 y_{FS} 为满量程输出值。

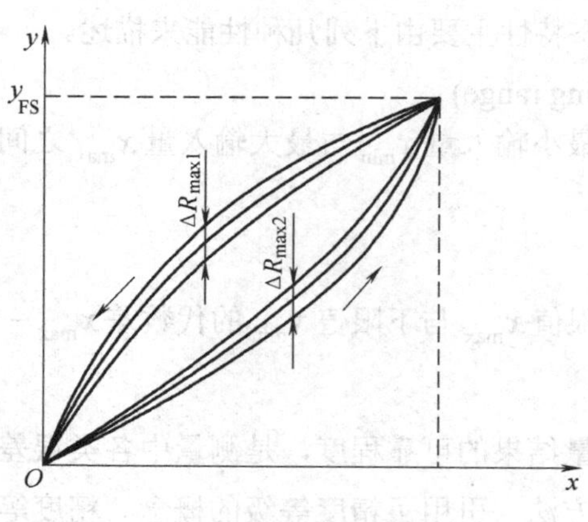

图 0-8 传感器的重复性

8) 迟滞(hysteresis)

迟滞特性表明传感器在正(输入量增大)反(输入量减小)行程中输出与输入曲线不重合的

程度，如图 0-9 所示。迟滞 $\gamma_H = \pm\frac{1}{2}\frac{\Delta H_{max}}{y_{FS}} \times 100\%$。

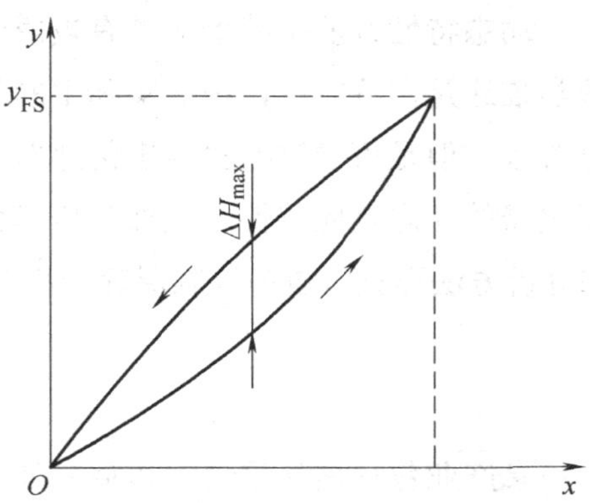

图 0-9　传感器的迟滞特性

9)　稳定性(stability)

稳定性表示传感器在一个较长的时间内保持其性能参数的能力。稳定性一般以室温条件下经过一规定时间间隔后，传感器的输出与起始标定时的输出之间的差异来表示，称为稳定性误差。稳定性误差可用相对误差表示，也可用绝对误差来表示。

10)　漂移(drift)

传感器的漂移是指在外界的干扰下，在一定时间间隔内，传感器输出量发生与输入量无关的、不需要的变化。漂移包括零点漂移和灵敏度漂移等，如图 0-10 所示。

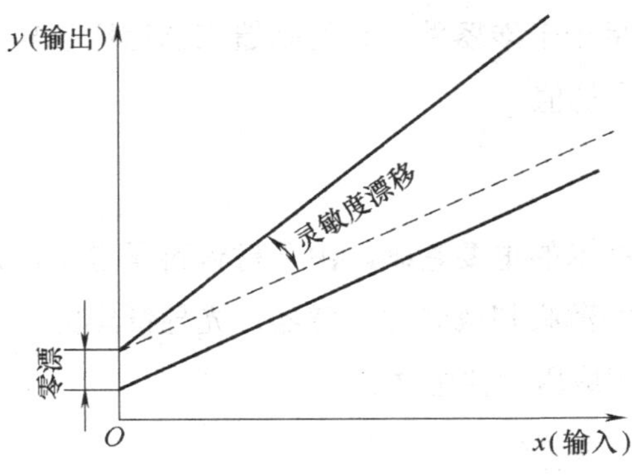

图 0-10　传感器的漂移

2．动态特性

动态特性是指传感器对于随时间变化的输入信号的响应特性，是传感器的重要特性之一。传感器的动态特性与其输入信号的变化形式密切相关，最常见、最典型的输入信号是阶跃信号和正弦信号。对于阶跃输入信号，传感器的响应称为阶跃响应或瞬态响应，对于正弦输入信号，则称为频率响应或稳态响应。可从时域和频域两个方面采用瞬态响应法和频率响应法来分析动态特性。动态特性好的传感器应具有较短的暂态响应时间和较宽的频率响应特性。动态特性的数学描述是微分方程，虽然实际中的传感器较复杂，一般不能直接给出动态响应特性的微分方程，但是可通过实验给出传感器与阶跃响应曲线和幅频特性曲线上的某些特征值来表示仪器的动态响应特性。大部分传感器的动态特性可近似用一阶或二阶系统来描述，其动态分析方法详见《自动控制原理》相关内容。

三、传感器的发展

在今天的信息时代里，信息产业包括信息采集、传输、处理三部分，即传感技术、通信技术、计算机技术。现代的计算机技术和通信技术由于超大规模集成电路的飞速发展，而已经充分发达后，不仅对传感器的精度、可靠性、响应速度、获取的信息量要求越来越高，还要求其成本低廉且使用方便。显然传统传感器因功能、特性、体积、成本等已难以满足现在的需求而逐渐被淘汰。世界许多发达国家都在加快对传感器新技术的研究与开发，并且都已取得极大的突破。如今传感器新技术的发展，主要有以下几个方面。

1．发现并利用新现象

利用物理现象、化学反应、生物效应作为传感器原理，所以研究发现新现象与新效应是传感器技术发展的重要工作，是研究开发新型传感器的基础。

日本夏普公司利用超导技术研制成功高温超导磁性传感器，是传感器技术的重大突破，其灵敏度高，仅次于超导量子干涉器件。它的制造工艺远比超导量子干涉器件简单。可用于磁成像技术，有广泛推广价值。

2．利用新材料

传感器材料是传感器技术的重要基础，由于材料科学进步，人们可制造出各种新型传感器。例如用高分子聚合物薄膜制成温度传感器；光导纤维能制成压力、流量、温度、位移等多种传感器；用陶瓷制成压力传感器。

3．微机械加工技术

半导体技术中的加工方法有氧化、光刻、扩散、沉积、平面电子工艺，各向异性腐蚀及蒸镀，溅射薄膜等技术都已应用到传感器制造领域。因而产生了各种新型传感器，如利用半导体技术制造出硅微传感器，利用薄膜工艺制造出快速响应的气敏、湿敏传感器，利用溅射薄膜工艺制造出压力传感器等。

4. 集成传感器

集成传感器的优势是传统传感器无法达到的，它不再是一个简单的传感器，而是将辅助电路中的元件与传感元件同时集成在一块芯片上，使之具有校准、补偿、自诊断和网络通信的功能。它可降低成本、增加产量，美国 LUCAS、NOVASENSOR 公司开发的集成血压传感器，每星期能生产 1 万只。

5. 智能化传感器

智能化传感器是一种带微处理器的传感器，是微型计算机和传感器相结合的成果，它兼有检测、判断和信息处理功能，与传统传感器相比有很多特点。美国 HONYWELL 公司 ST-3000 型智能传感器，芯片尺寸才有 $3\times4\times2\text{mm}^3$，采用半导体工艺，在同一芯片上制成 CPU、EPROM 和静压、压差、温度等三种敏感元件，把传感器、信号调节电路、单片机集成在一芯片上，形成超大规模集成化的高级智能传感器。

传感器的发展日新月异，特别是人类由高度工业化进入信息时代以来，传感器技术向更新、更高的技术发展。美国、日本等发达国家的传感器技术发展最快，我国由于基础薄弱，传感器技术与这些发达国家相比有较大的差距。因此，我们应该加大对传感器技术研究、开发的投入，使我国传感器技术与外国差距缩短，促进我国仪器仪表工业和自动化技术的发展。

任务四　学会选用传感器

一、传感器的选择原则

现代传感器在原理与结构上千差万别，如何根据具体的测量目的、测量对象以及测量环境合理地选用传感器，是在进行某个测量时首先要解决的问题。当传感器确定之后，与之相配套的测量方法和测量设备也就可以确定了。测量结果的成败，在很大程度上取决于传感器的选用是否合理。选择传感器总的原则是：在满足检测系统对传感器所有要求的情况下，成本低廉、工作可靠且容易维修，即要求性价比高。

在具体选择传感器时，应从以下几个方面考虑。

1. 测试条件与目的

(1) 测试的目的。

(2) 被测量的选择。

(3) 测量范围(使用的指示在满量程的 50%以上，以保证其精度)。

(4) 过载的发生频率。

(5) 输入信号频带。

(6) 测量要求的精度。

(7) 测量时间。

2．传感器的性能

(1) 精度。

(2) 稳定性。

(3) 响应速度。

(4) 输出信号类型(模拟或数字)。

(5) 静态特性、动态特性和环境特性。

(6) 传感器的工作寿命和循环寿命。

(7) 标定周期。

(8) 信噪比。

3．传感器的使用条件

(1) 所测量的流体、固体对传感器的影响。

(2) 传感器对被测对象的质量(负荷)效应。

(3) 安装现场条件及环境条件(温度、湿度、振动等)。

(4) 信号的传输距离。

(5) 传感器的输出端的连接方式。

(6) 传感器对所测量物理量的实际值的影响。

(7) 传感器是否符合国家标准或工业规范。

(8) 传感器的失效形式。

(9) 传感器的维护、安装、使用以及工作人员所具备的最低技术能力。

(10) 传感器的标定方法。

(11) 传感器的安装方式。

(12) 过载保护。

4．传感器所连接数据采集系统及辅助设备

(1) 传感器所连接数据系统的一般性质。

(2) 数据系统主要单元的性质，其中包括数据传输连接方式、数据处理方法、数据存储方法和数据显示方法等。

(3) 数据系统的精确性和频率响应特性。

(4) 传感器连接数据系统的负荷阻抗特性。

(5) 传感器的输出是否需要进行频率滤波和幅值变换及其处理方法。

(6) 数据系统对传感器输出误差监测或校正能力。

5. 传感器的购置及维护

(1) 传感器的价格。

(2) 出厂日期。

(3) 服务体制。

(4) 备件。

(5) 保修时间。

另外，对某些特殊使用场合，无法选到合适的传感器，则须自行设计制造传感器，自制传感器的性能要符合有关标准。

二、传感器的常见使用方法

不同的传感器有自己的性能和使用条件，对于传感器的适应性很大程度取决于传感器的使用方法。以下是传感器的一些常见的使用方法。

(1) 使用前必须要认真阅读使用说明书。

(2) 正确地选择安装点和正确安装传感器。安装失误不仅会影响测量精度，而且会影响其使用寿命，甚至会损毁传感器。

(3) 保证传感器的使用安全性。

(4) 传感器和测量仪表必须可靠连接，系统应有良好的接地，远离强电磁场，传感器和仪表应远离强腐蚀性物体，远离易燃易爆物品。

(5) 仪器的输入端和输出端必须保持干燥和清洁，传感器在不用时，保持传感器的插头和插座的清洁。

(6) 精度较高的传感器需要定期校准，一般 3～6 周校准一次。

(7) 各种传感器都有一定的过载能力，但使用时应尽量不要超过量程。

(8) 传感器不使用时，应存放在温度为 10～35℃，相对湿度不大于 85%，无酸、无碱、无腐蚀性气体的房间内。

三、传感器的命名、代号和图形符号

1. 传感器的命名

传感器的全称应由“主题词+四级修饰语”组成，即

主题词 —— 传感器。

一级修饰语 —— 被测量，包括修饰被测量的定语。

二级修饰语 —— 转换原理，一般可后缀以“式”字。

三级修饰语 —— 特征描述，指必须强调的传感器结构、性能、材料特征、敏感元件及其他必要的性能特征，一般可后缀以“型”字。

四级修饰语 —— 主要技术指标(如量程、精度、灵敏度等)。

2．传感器的代号

一种传感器的代号应包括以下四部分，如图 0-11 所示。

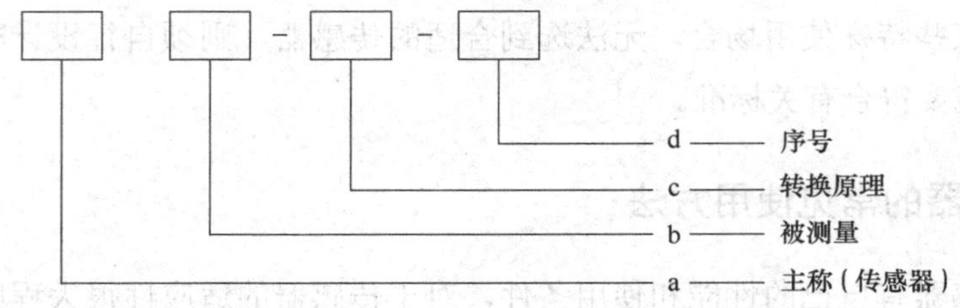

图 0-11　传感器产品代号的编制格式

3．传感器的图形符号

传感器的图形符号是电气图用图形符号的一个组成部分。按 GB/T 14479—1993《传感器图用图形符号》规定，传感器的图形符号由符号要素正方形和等边三角形组成：正方形——转换元件；三角形——敏感元件，如图 0-12 所示，表示转换原理的限定符号应写进正方形内，表示被测量的限定符号应写进三角形内。图 0-13 为几种典型传感器的图形符号。

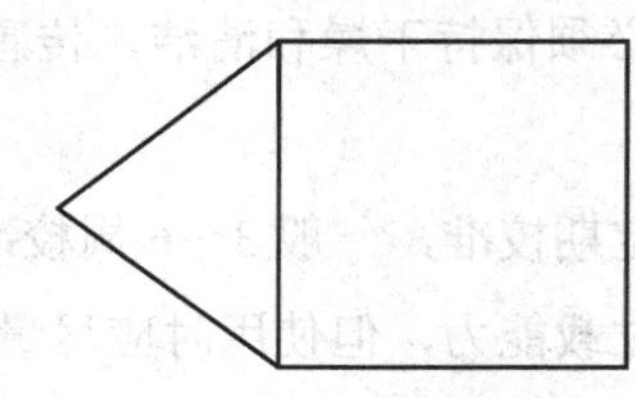

图 0-12　传感器的图形符号

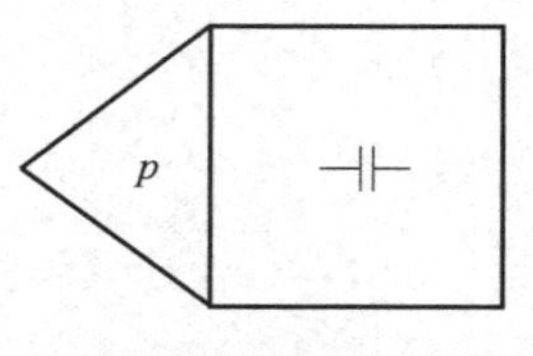

(a) 电容式压力传感器图

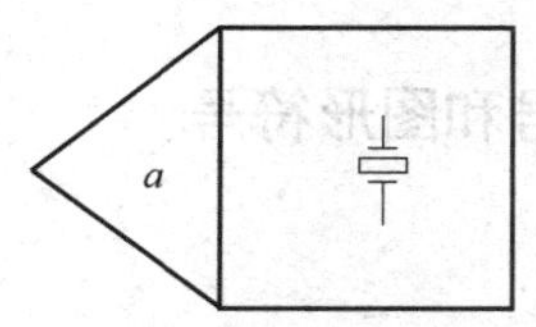

(b) 压电式加速度传感器图

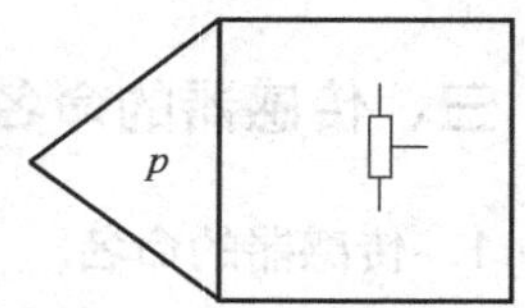

(c) 电位器式压力传感器

图 0-13　几种典型传感器的图形符号

情境一　温度的检测

【情境描述】

温度传感器用于家电产品中的室内空调、干燥器、电冰箱、微波炉等，还用来控制汽车发动机，如测定水温、吸气温度等。也广泛用于检测化工厂的溶液和气体的温度。金属线和半导体的电阻值会随温度的变化而变化。还有，加热不同金属线的节点时，会产生电动势变化的现象。因此，反过来，通过测定电阻和电动势来检测温度成为温度传感器的原理。

任务一　盐浴炉温度的检测

◆ 任务要求

盐浴炉(图 1-1)是采用熔盐作为加热介质的热处理设备，特点是结构简单，制造容易，加热速度快且均匀，工件氧化脱碳少，便于细长工件悬挂加热和局部加热。盐浴炉广泛用于工件的淬火、正火加热、局部加热淬火、化学热处理、分级淬火和等温淬火、回火等。使用盐浴炉回火后的钢材比一般用回火火炉回火的钢材的耐用性增强很多。盐浴炉按热源方式可分为内热式和外热式两种，其中以电极式盐浴炉应用最为普遍。

图 1-1　盐浴炉

盐浴炉中的盐液温度依盐液成分而不同，一般在 150～1300℃之间，有效地控制炉温，能够直接影响热处理工件的质量和成本，而对温度进行精确的测量是控制的前提，根据加热炉的温度范围，可选择热电偶传感器。

◆ 知识引入

热电偶传感器可广泛用于汽车、家庭等，是一种自发电式传感器，测量时不需外加电源，使用十分方便，常用来测量温度比较高的加热炉、氢气分解炉、重油燃烧炉等。与电阻式温度检测器(RTD)、热电调节器、温度检测集成电路(IC)相比，热电偶能够检测更宽的温度范围，具有较高的性价比。另外，热电偶的鲁棒性、可靠性和快速响应时间使其成为各种工作环境下的首选。当然，热电偶在温度测量中也存在一些缺陷，例如线性特性较差。除此之外，RTD 和 IC 能提供更高的灵敏度和精度，可以很理想地用于精确测量系统。热电偶信号电平很低，常常需要放大或高分辨率数据转换器进行处理。如果排除上述问题，热电偶的低价位、易使用、宽温度范围可以使其得到广泛使用。

一、认识热电偶温度传感器

为了适应不同生产对象的测温要求和条件，按照热电偶的组成结构分为热电偶测温导线、装配式热电偶、铠装热电偶。

1．热电偶测温导线

用外带绝缘的热电偶丝焊接而成，是测温产品里结构最为简单的一种，响应速度极快，表 1-1 所示为其具体规格、范围及外观。

表 1-1　热电偶测温导线的规格、范围及外观

分 度 号	规格/丝径/mm	测温范围/℃	精　度	外　观
K	聚四氟外包/0.32	0～200		
	金属网外包/0.6	0～400		
T	聚四氟外包/0.32	-200～200	Ⅰ级 Ⅱ级	
	聚四氟外包/0.2			
	聚四氟外包/0.1			
E	金属网外包/0.6	0～400		
J	金属网外包/0.6	0～400		

2．装配式热电偶

装配式结构热电偶工业上使用最多，主要由接线盒、保护管、绝缘套管、接线端子、热电偶组成基本结构，并配以各种安装与固定装置组成，如图 1-2 所示，其外形如图 1-3 所示。

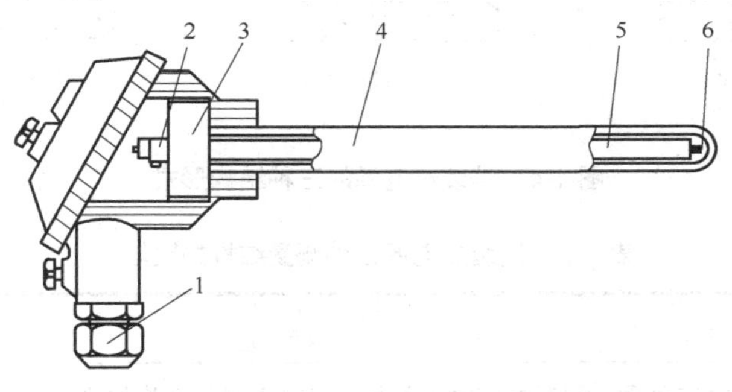

1— 出线孔锁紧螺母； 2— 接线端子； 3— 接线瓷板；
4— 保护管； 5— 绝缘瓷管； 6— 热电偶；

图 1-2　装配式热电偶结构

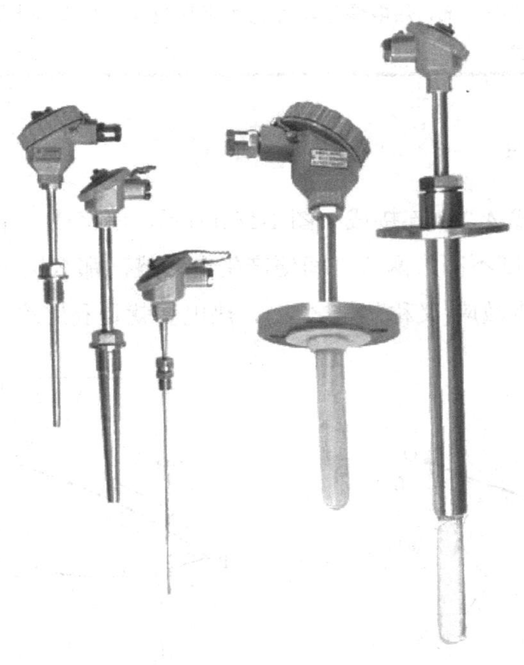

图 1-3　工业用热电偶外形

3. 铠装热电偶

铠装热电偶又称套管热电偶，由热电偶丝、高纯氧化镁和不锈钢保护管经多次复合一体拉制而成，可长达百米，具有能弯曲、耐高压、耐震动、热响应时间快和坚固耐用等许多优点，可以直接测量各种生产过程中 0～800℃范围内的液体、气体介质以及固体表面的温度。铠装热电偶的结构形式分为三种，如图 1-4 所示，表 1-2 所示是其三种测量结构的比较。

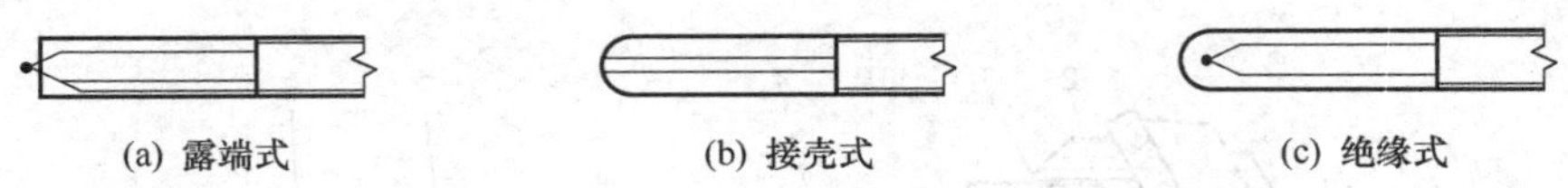

图 1-4　铠装热电偶的三种结构形式

表 1-2　铠装热电偶三种测量结构的比较

结构形式	特　性
露端式	测量端露在外面，测温响应时间最快，仅在干燥的非腐蚀介质中使用，不能在潮湿空气或液体中使用
接壳式	热电极与金属套管焊在一起，反应时间介于露端式和绝缘式之间，适用于外界信号干扰较小的场合使用
绝缘式	测量端封闭在内部，热电偶与套管之间相互绝缘，不易受外界信号干扰，是最常用的一种结构形式

二、热电偶的使用

把不同材质的金属线 A，B 连接成如图 1-5(a)所示，串接成一个闭合回路，若导体的两接点处 P 点和 Q 点的温度不同，两者之间便产生电动势，那么这个金属线回路中就有电流产生的现象，称为塞贝克效应(又称热电效应)。热电偶就是利用这一效应来工作的。

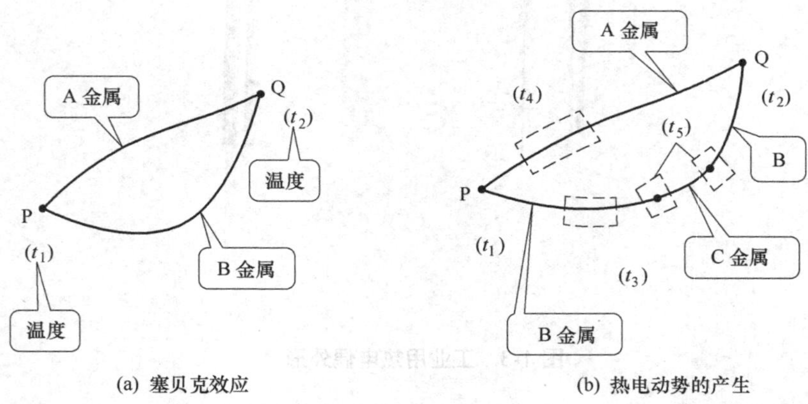

图 1-5　热电偶

闭合电路里有电流，是存在电动势的证据，称它为热电动势。如图 1-5(b)所示，中间的温度为 t_3，t_4，即使在中间连接了另一种金属 C，只要两端的温度 t_5 相同，那么热电动势的大小不变。若代替 C 接电压表，可以测定电动势，反过来可求得温度差 t_1-t_2，如图 1-6 所示。

热电偶两个电极的一端焊接在一起作为检测端(也叫工作端、热端)；将另一端开路，用导线与仪表连接，这一端叫做自由端(也叫参考端、冷端)。

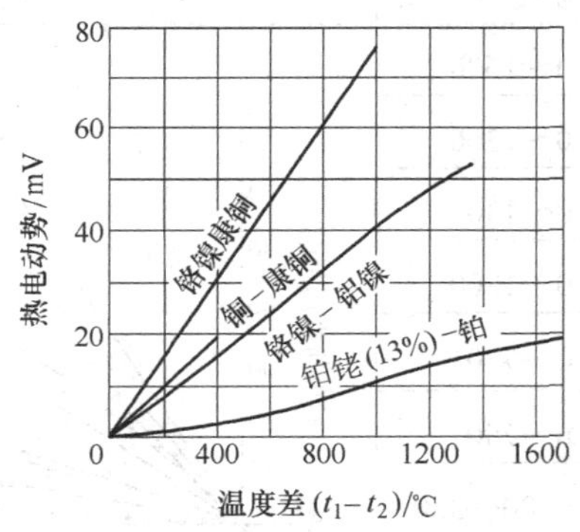

图 1-6　各种热电偶的热电动势的温度特性

测物体表面的较低温度时，将热电偶紧贴表面使用，如图 1-7(a)所示。测高温气体时使用装在保护管(瓷器或者绝缘的金属)内的热电偶，如图 1-7(b)所示。将热电偶的接点置于燃气取暖器的火焰中，一旦火焰熄灭就没有热电动势，经电子电路关闭燃气阀。

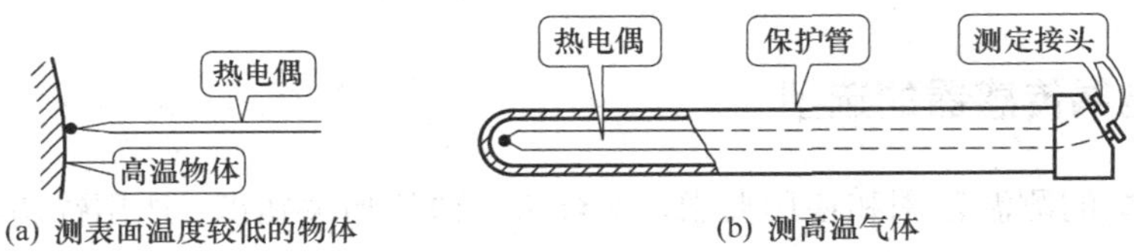

图 1-7　热电偶的使用

三、热电偶的分度

理论上讲，任何两种不同材料的导体都可以组成热电偶，但为了准确可靠地测量温度，对组成热电偶的材料必须经过严格的选择。工程上用于热电偶的材料应满足以下条件：热电势变化尽量大，热电势与温度关系尽量接近线性关系，物理、化学性能稳定，易加工，复现性好，便于成批生产，有良好的互换性。

实际上并非所有材料都能满足上述要求。目前在国际上被公认比较好的热电材料只有几种。国际电工委员会(IEC)向世界各国推荐 8 种标准化热电偶，所谓标准化热电偶，是已列入工业标准化文件中，具有统一的分度表的热电偶。我国从 1988 年开始采用 IEC 标准生产热电偶，表 1-3 所示为我国采用的几种热电偶的分度规格和特性表。

表 1-3　我国采用的几种热电偶的分度规格和特性表

热电偶名称	分 度 号	温度范围/℃	热电特性曲线图
铂铑$_{30}$-铂铑$_6$	B	0～1600	
铂铑$_{10}$-铂	S	0～1300	
铂铑$_{13}$-铂	R	0～1300	
镍铬-镍硅	K	0～1200	
镍铬-铜镍(康铜)	E	0～750	
铁-铜镍(康铜)	J	0～750	
铜-铜镍(康铜)	T	-200～350	
镍铬硅-镍硅镁	N	0～1200	
钨铼	WRe_3-WRe_{25} WRe_5-WRe_{26}	0～2300	热电偶的热电特性曲线(参考端0℃)

◆ 任务实施

一、热电偶传感器的选型

根据盐浴炉的测温范围和使用要求，结合热电偶的相关知识，选用镍铬-镍硅(K)热电偶作为测温传感器，并且热电偶和保护套管的选用应根据被测介质的温度、压力、介质性质、测温时间长短来选择。

安装时一般将热电偶安装在管道的中心线位置上，并使热电偶测量端面向流体，使测量端充分与被测介质接触，提高测量准确性，尽可能测得介质的真实温度。为保证测温精度，热电偶要定期校验。校验的方法是用标准热电偶与被校验热电偶在同一校验炉或恒温水槽中进行比对。

二、热电偶传感器的使用

1．热电偶的冷端处理

热电偶测温时将温度的变化转换为电动势的变化，热电势的大小是热端温度和冷端温度的函数差，为保证输出热电势是被测温度的单值函数，必须使冷端温度保持恒定；热电偶分度表给出的热电势是以冷端温度 0℃为依据，否则会产生误差。所以要采用冰点槽法、补偿导线法、计算修正法、补偿电桥法、软件处理法等方法进行补偿。

2．热电偶的冷端补偿

1)　冰点槽法

把热电偶的冷端置于冰水混合物容器里，使 T_0=0℃。这种办法仅限于科学实验中使用。为了避免冰水导电引起两个连接点短路，必须把连接点分别置于两个玻璃试管里，浸入同一冰点槽，使相互绝缘。图 1-8 所示为冰点槽法实验图。

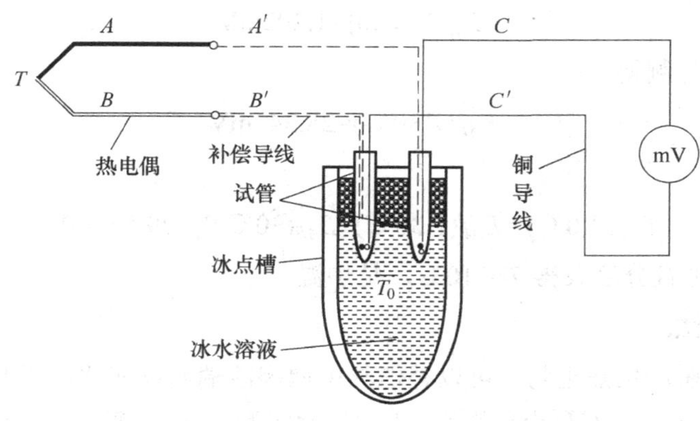

图 1-8　冰点槽法实验图

2)　补偿导线法

补偿导线由两种不同性质的廉价金属材料制成，在一定温度范围内(0～100℃)，与所配接的热电偶具有相同的热电特性，起到延长冷端的作用，如图 1-9 所示。

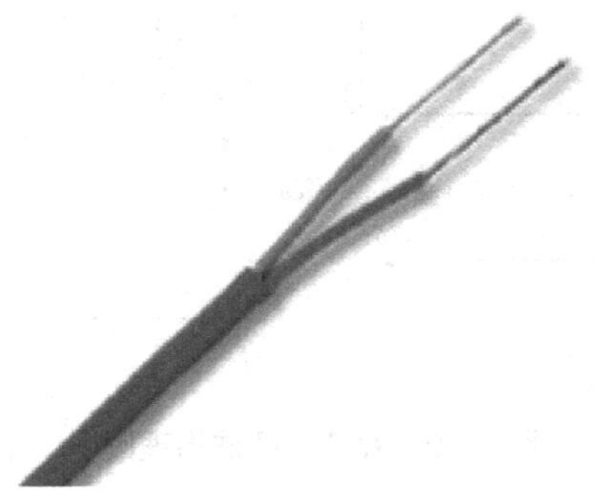

图 1-9　补偿导线法

3)　计算修正法

热电偶分度表给出的热电势值的条件是参考端温度为 0℃。如果用热电偶测温时自由端温度不为 0℃，必然产生测量误差。可采用计算修正法对热电偶自由端(参考端)温度进行补偿，对热电偶回路的测量电动势值 $E_{AB}(T,T_0)$ 加以修正。若测得热电偶输出热电动势

$E_{AB}(T,T_0)$，再由冷端温度T_0查分度表得到冷端温度对应的热电动势$E_{AB}(T_0,0)$，依据中间温度定律$E_{AB}(T,0)=E_{AB}(T,T_0)+E_{AB}(T_0,0)$，即可求得$E_{AB}(T,0)$，再查分度表就能得到被测温度了。

例 1-1 用 K 型(镍铬-镍硅)热电偶测炉温时，已知冷端温度T_0=30℃，测得$E_{AB}(T,T_0)$为 28.344mV，求盐浴炉的温度。

解 由分度表可查得

$$E_{AB}(30℃,0)=1.203\text{mV}$$

又已知测炉温时测得

$$E_{AB}(T,30℃)=28.344\text{mV}$$

则可计算得

$$E_{AB}(T,0℃)=E_{AB}(T,30℃)+E_{AB}(30℃,0)=29.547\text{mV}$$

由 29.547mV 再查分度表得 T=710℃，是炉温。

4) 补偿电桥法

利用不平衡电桥产生热电势，可以补偿热电偶因冷端温度变化而引起热电势的变化值。不平衡电桥由R_1、R_2、R_3(锰铜丝绕制)、R_{Cu}(铜丝绕制)四个桥臂和桥路电源组成。设计时，在 0℃下使电桥平衡($R_1=R_2=R_3=R_{Cu}$)，此时U_{ab}=0，电桥对仪表读数无影响。不同材质的热电偶所配的冷端补偿器，其中的限流电阻R不一样，互换时必须重新调整；桥臂R_{Cu}必须和热电偶的冷端靠近，使处于同一温度之下。补偿电桥法原理图如图 1-10 所示。

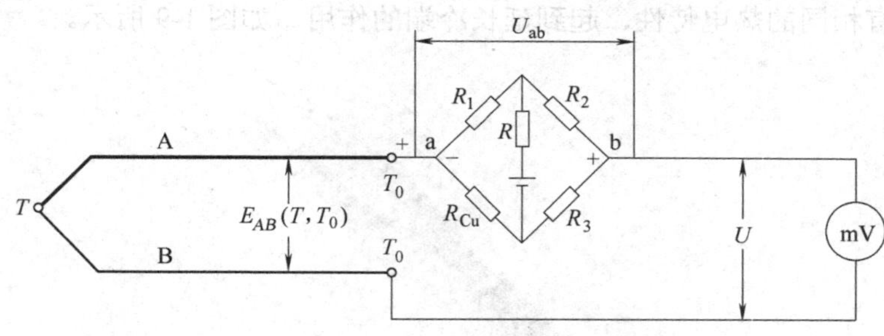

图 1-10 补偿电桥法原理图

5) 软件处理法

对于计算机系统，不必全靠硬件进行热电偶冷端处理。例如：冷端温度恒定但不为 0℃的情况，只需在采样后加一个与冷端温度对应的常数即可。

三、测量参考电路

测量时可将热电偶的热端插入盐浴炉内检测炉温 T，冷端通过补偿导线与测量仪表的输入铜导线相连，插入冰瓶确保 T_0=0℃，通过测量仪表测得的热电动势，即可确定炉内的实际温度。测量炉温电路如图 1-11 所示。

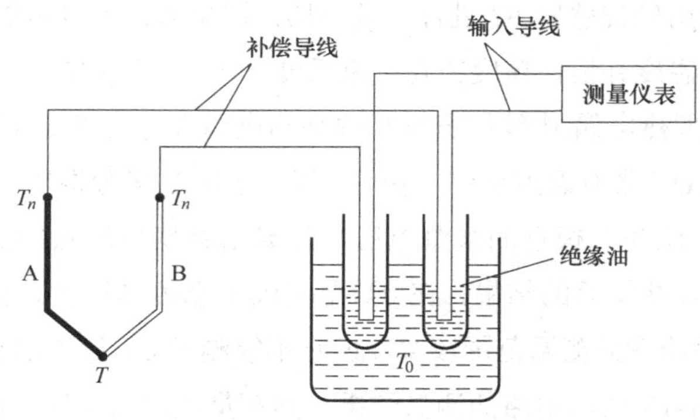

图 1-11　测量炉温电路

四、总结调试

热电偶的定期校验，能够确保测温的精度。校验的方法是用标准热电偶与被校验热电偶装在同一校验炉中进行对比，误差超过规定允许值为不合格。

热电偶测温过程中产生误差的原因还可能是热电偶长期处于高温环境下已氧化变质或者测量仪表精度不高等。

◆ 能力拓展

一、简易热电偶的制作

使用漆包铜线和康铜丝、万用表、酒精灯等实验室常用设备材料制作简易的热电偶如图 1-12 所示，认识热电偶的主要特性，了解热电偶的工业应用，掌握普通热电偶的基本使用方法和温度补偿的常用方法。

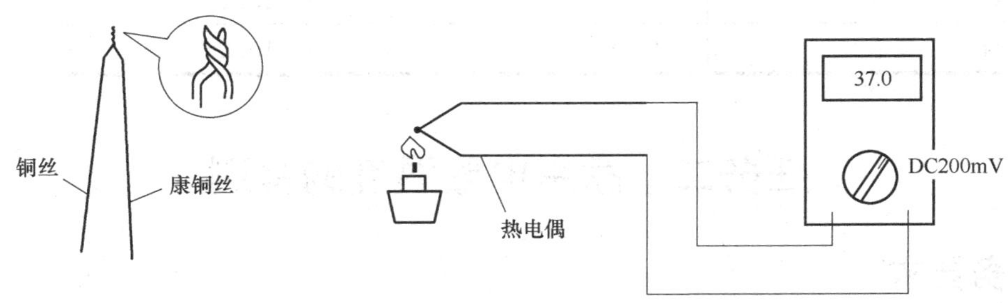

图 1-12　热电偶的制作

二、冷端补偿的典型应用

图 1-13 所示是利用硅传感器 IC 进行冷端补偿，用来解决温度范围较窄(0℃至+70℃和−40℃至+85℃)的冷端温度补偿，精度在几个摄氏度以内。电路中的模/数转换器(ADC)内置冷结点补偿，采用 K 型热电偶(由镍铬合金和镍基热电偶合金组成)进行温度测量。

电路中的 12 位 ADC 带有温度检测二极管，温度检测二极管将环境温度转换成电压量，IC 通过处理热电偶电压和二极管的检测电压，计算出补偿后的热结点温度。数字输出是对热电偶测试温度进行补偿后的结果，在 0℃至+700℃温度范围内，器件温度误差保持在±9LSB 以内。虽然该器件的测温范围较宽，但它不能测量 0℃以下的温度。

表 1-4 所示是图 1-13 所示电路的测量结果，其测量值取自不同烤箱内的冷结点和热结点温度，冷端温度变化范围：0℃至+70℃，热端温度保持在+100℃，表中的热结点测量值是电路提供的十进制数字。

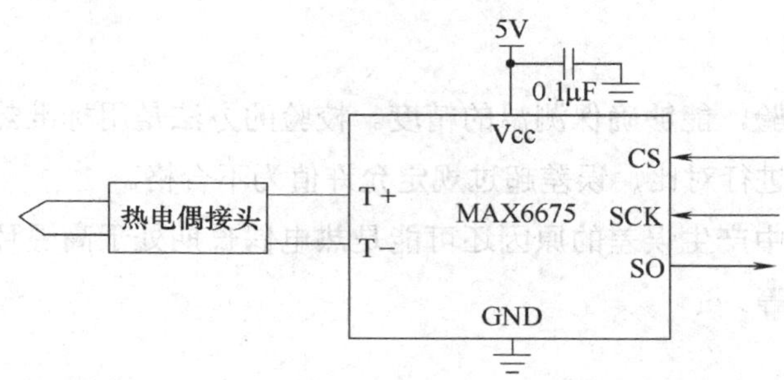

图 1-13　热电偶冷端补偿的应用电路

表 1-4　测试结果

	冷结点温度/℃	热结点测量温度/℃
测量值#1	0.0	+100.25
测量值#2	+25.2	+100.25
测量值#3	+50.1	+101.0
测量值#4	+70.0	+101.25

任务二　家用电器温度的检测

◆ 任务要求

电冰箱、空调、电热水器、洗衣机等家用电器中，均需要对温度进行检测，这里使用的温度传感器要求体积小、重量轻，价格低，可以选用热敏电阻及集成温度传感器作为测温传感器，用来控制家电，如测定水温、空气温度等。温度传感器也广泛用于控制汽车发动机及检测化工厂的溶液和气体的温度。

◆ 知识引入

在温度传感器中应用最多的有热电偶、热电阻式传感器和集成温度传感器，热电阻式传感器是利用导电物体的电阻率随本身温度变化而变化的温度电阻效应制成的传感器，包括热电阻和热敏电阻。集成温度传感器是采用微电子技术和集成工艺，将温度敏感元件和放大、运算及补偿电路集成在一片芯片上，从而构成集测量、放大、电源供电回路于一体的高性能温度传感器，又称温度 IC。

一、认识温度传感器

1．热电阻

金属材料的载流子为电子，当金属温度在一定范围内升高时，自由电子的动能增加，使得自由电子定向运动的阻力增加，金属的导电能力降低，即电阻增加。通过测量电阻值变化的大小而得出温度变化的大小，最常用材料为铂和铜。在低温测量中使用铟、锰及碳等材料制成的热电阻。

铂热电阻是目前公认的制造热电阻的最好材料，它性能稳定，重复性好，测量精度高，其阻值与温度之间有很近似的线性关系。主要用于高精度温度测量和标准电阻温度计。其缺点是电阻温度系数小，价格较高，其测温范围为-200～+850℃。

如果测量精度要求不是很高，测量温度小于+150℃时，可选用铜热电阻。铜热电阻的测温范围是-50～+150℃，其价格便宜，易于提纯，复制性好。在测温范围内线性度极好，其电阻温度系数α比铂高，但电阻率ρ较铂小。但它在温度稍高时易于氧化，只能用于+150℃以下的温度测量，范围较窄，而且体积也较大，所以适用于对测量精度和敏感元件尺寸要求不是很高的场合。铂和铜热电阻目前都已标准化和系列化，选用较方便。

镍热电阻的测温范围为-100～+300℃，它的电阻温度系数较高，电阻率也较大。但它易氧化，化学稳定性差，不易提纯，复制性差，非线性较大，故目前应用不多。工业用几种主要热电阻材料特性如表 1-5 所示。

近年来在低温和超低温测量方面，开始采用一些较为新颖的热电阻，例如铑铁电阻、铟铁电阻、锰电阻和碳电阻等。铑铁电阻是以含 0.5%克铑原子的铑铁合金丝制成的，具有较高的灵敏度和稳定性，重复性较好。铟电阻是一种高精度低温热电阻，在 4.2K ～15K 温域内其灵敏度比铂高 10 倍，故可以用于铂电阻不能使用的测温范围。

表 1-5　主要热电阻材料特性

材料名称	$\rho/(\Omega\cdot mm^2\cdot m^{-1})$	测温范围/℃	电阻丝直径/mm	特　性
铂	0.0981	−200～+650	0.03～0.07	近似线性，性能稳定，精度高
铜	0.07	−50～+150	0.1	线性，低温测量
镍	0.12	−100～+300	0.05	近似线性

热电阻传感器主要用于中低温(−200～+650℃或+850℃)范围的温度测量。铜热电阻的感温元件通常用 0.1mm 的漆包线或丝包线采用双线并绕在塑料圆柱形骨架上，线外再浸入酚醛树脂起保护作用。铂热电阻的感温元件一般用 0.03～0.07mm 的铂丝绕在云母绝缘片上，云母片边缘有锯齿缺口，铂丝绕在齿缝内以防短路，绕组的两面再以云母片绝缘。

热电阻传感器其结构主要有铠装和薄膜型。

1)　铠装热电阻

铠装热电阻由金属保护管、绝缘材料和感温元件(电阻体)组成，如图 1-14 所示，其感温元件用细铂丝绕在陶瓷或玻璃架上组成。这种热电阻热惰性小、响应速度快；具有良好的机械性能，可以耐强烈振动和冲击，适于在高压设备、有振动的场合或恶劣环境中使用。因为后面引线部分具有一定的可挠性，因此，也适于安装在结构复杂的设备上进行测温，并且寿命较长。其外形尺寸从 ϕ1.8 到 ϕ6.4 各种规格都有，电阻体长度一般不大于 60mm。

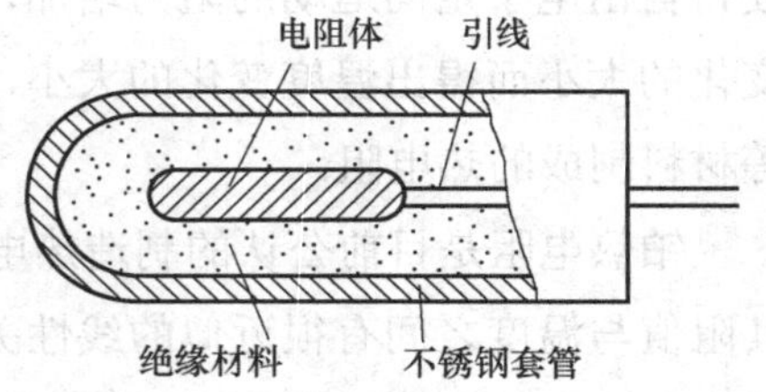

图 1-14　铠装热电阻结构示意图

2)　薄膜及厚膜型铂热电阻

铂热电阻除了绕线型、铠装型外，还有厚膜型和薄膜型等结构。薄膜及厚膜型铂热电阻主要用于平面物体的表面温度和动态温度的检测，也可以部分替代绕线型铂热电阻，用于测温和控温，其测温范围一般为−70～+600℃。

薄膜及厚膜铂热电阻是近些年发展起来的新型测温元件，其工艺与一般的绕线型铂电阻不同。厚膜铂电阻一般用陶瓷材料作基底，采用精密丝网印刷工艺等在基底上形成铂热电阻，再经焊接引线、胶封、校正电阻等工序，最后在电阻表面涂保护层制成。薄膜铂热电阻采用溅射工艺来成膜，再经过光刻、腐蚀工艺形成图案，其他工序与厚膜铂热电阻相同，图 1-15 所示为几种型号厚膜铂电阻的外形图。

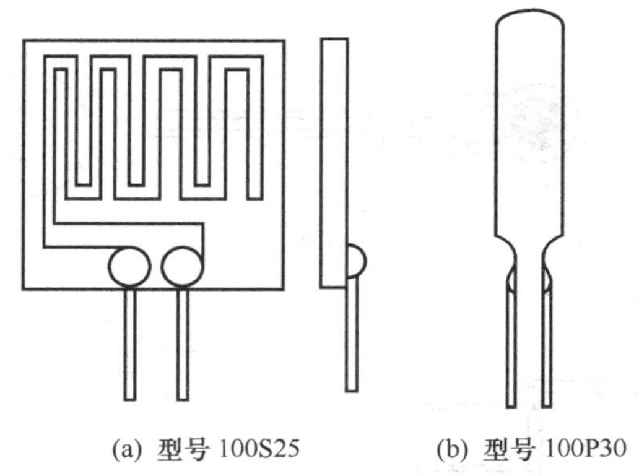

(a) 型号 100S25　　(b) 型号 100P30

图 1-15　厚膜铂电阻的结构图

2．热敏电阻

热敏电阻发展最为迅速，由于其性能得到不断改进，稳定性已大为提高，在许多场合下(−40～+350℃)热敏电阻已逐渐取代传统的温度传感器。热敏电阻是利用某种半导体材料的电阻率随温度变化而变化的性质制成的，具有电阻温度系数大、灵敏度高、体积小、响应快、阻值在 1～10MΩ之间可供自由选择、测量电路简单、成本低等优点。非常适用于家用电器、空调、复印机、电子体温计、表面温度计和汽车等产品中作为测温控制和加热元件，并且适用于远距离温度的测量和控制。但同时存在互换性差、热电特性为非线性的缺点，一般需要经过线性化处理，使输出电压与温度基本上呈线性关系，主要用于要求不太高的温控系统中。

常见的热敏电阻如图 1-16 所示。热敏电阻由金属氧化物半导体材料或碳化硅材料，经成型、烧结等工艺制成，多用于点温度、小温差温度测量以及多点、远距离温度测量与控制等。

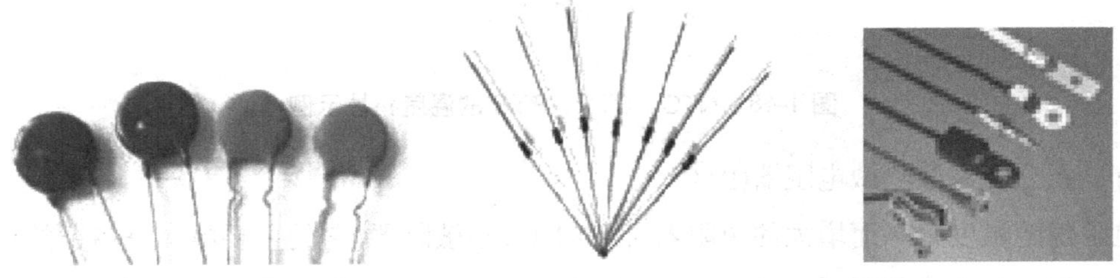

图 1-16　常见的热敏电阻外形图

热敏电阻是利用半导体的电阻值随温度显著变化这一特性制成的一种热敏元件，其特点是电阻率随温度而显著变化，其结构形式及符号如图 1-17 所示。

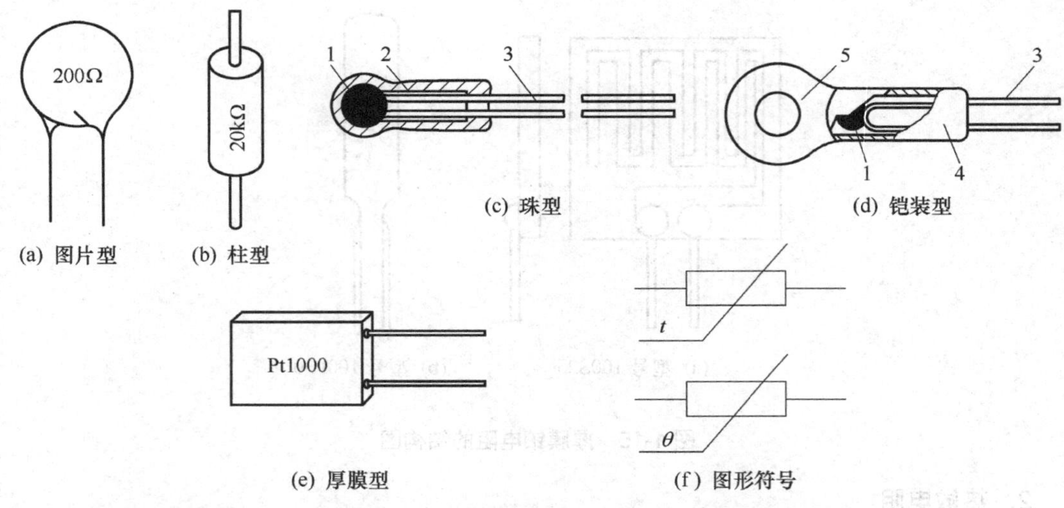

1—热敏电阻；2—玻璃外壳；3—引出线；4—紫铜外壳；5—传热安装孔

图 1-17　热敏电阻的结构形式及符号

热敏电阻的种类很多，分类方法也不相同。按热敏电阻的阻值与温度关系这一重要特性可分为 PTC、NTC 和 CTR 三类，其温度特性如图 1-18 所示。

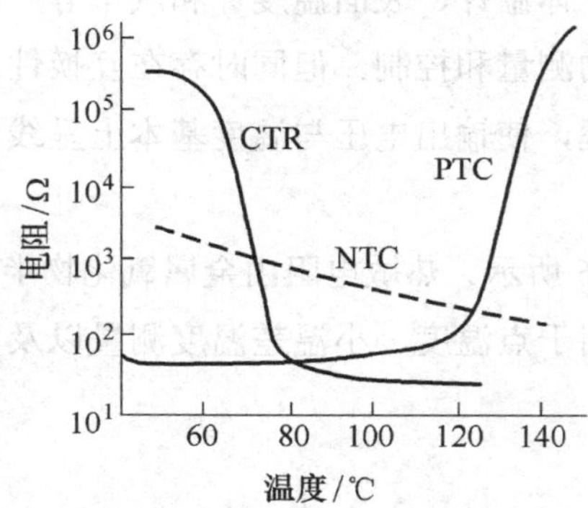

图 1-18　NTC、CTR、PTC 的温度特性示例

1)　正温度系数热敏电阻器(PTC)

电阻值随温度升高而增大的电阻器，简称 PTC 热敏阻器。它的主要材料是掺杂的 $BaTiO_3$ 半导体陶瓷。当温度超过某一数值时，其电阻值朝正的方向快速变化。其用途主要是彩电消磁、各种电器设备的过热保护等。

2)　负温度系数热敏电阻器(NTC)

电阻值随温度升高而下降的热敏电阻器简称 NTC 热敏电阻器，温度越高，阻值越小，且有明显的非线性。大多数热敏电阻均为负温度系数，它的材料主要是一些过渡金属氧化物半导体陶瓷，NTC 热敏电阻具有很高的负电阻温度系数，特别适用于-100～+300℃之间测温。

3)　临界温度系数热敏电阻器(CTR)

该类电阻器的电阻值在某特定温度范围内随温度升高而降低 3～4 个数量级，即具有很大负温度系数，灵敏度极高，其材料是氧化钒系列材料，主要用作温度开关。

3．集成温度传感器

长期以来热敏电阻是最常用的测温元件，目前在一些工业和家用电器测温中起着重要作用，但集成温度传感器比起热敏电阻有着明显的优点，它具有测温精度高、重复性好、线性优、体积小、响应速度快、输出阻抗低，与数字电路可直接连接等特点，但价格比热敏电阻要高，工作温度范围较窄(-55～+150℃)。

集成温度传感器分为模拟集成温度传感器和数字集成温度传感器两类。有的集成温度传感器还具有控制功能，可设置温度上下限，到达设置温度时，传感器有相应的高低电平输出，可用来报警和输出控制。

1)　电流输出型集成温度传感器 AD590

AD590 传感器是由美国哈里斯(Harris)与模拟器件公司(ADI)等生产的恒流源式集成温度传感器，其输出电流与环境绝对温度成正比。具有测温误差小，动态阻抗高，响应速度快，传输距离远，体积小，微功耗等优点，并能远距离测温控温，不需要进行非线性校准。

不同公司产品的分档情况及技术指标可能会有差异。由 ADI 公司生产的 AD590，有 AD590 I/J/K/L/M 五档。这类器件的外形与小功率晶体管相仿，其系列产品的外形及符号如图 1-19 所示，共有 3 个管脚：1 脚为正极，2 脚为负极，3 脚接管壳，使用时将 3 脚接地，可以起到屏蔽作用，表 1-6 所示为 AD590 的主要技术参数。

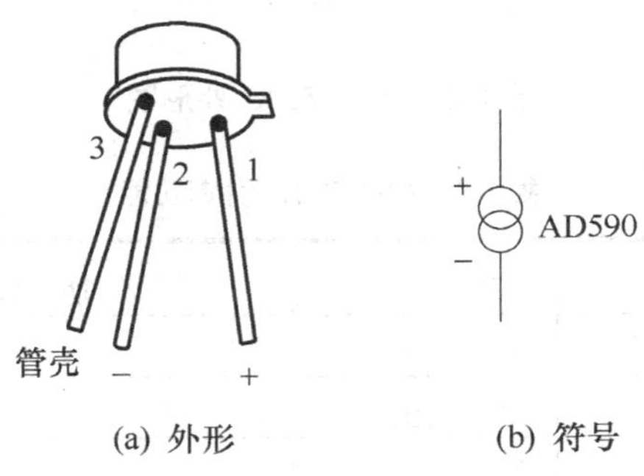

图 1-19　AD590 系列产品的外形及符号

表 1-6 AD590 主要电气参数表

参数	I	J	K	L	M
工作电压	+4～+30V				
25℃电流输出	298.2μA				
温度系数	1μA/K				
25℃可校正误差	±10℃	±5.0℃	±2.5℃	±1.0℃	±0.5℃
非线性误差	±3.0℃	±1.5℃	±0.8℃	±0.4℃	±0.3℃
长期漂移	±0.1℃				
输出阻抗	＞10MΩ				
+4～+5V	0.5μA/V				
+5～+15V	0.2μA/V				
+15～+30V	0.1μA/V				
最大正向电源	+44V				
最大反向电源	−20V				

2) 电压输出型集成温度传感器 AN6701S

AN6701S 是电压输出型集成温度传感器，其输出电压与环境绝对温度成正比，其外形如图 1-20 所示，工作温度范围为-10～+80℃；灵敏度为 105～114mV/℃；额定输出电流±100μA；工作电压范围是 5～15V。其引脚功能见表 1-7。

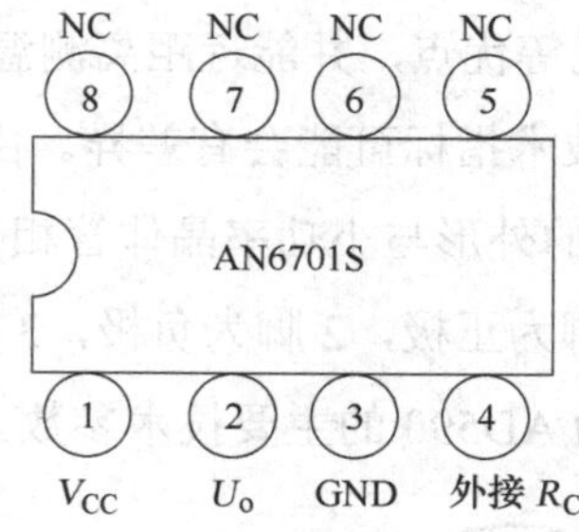

图 1-20 AN6701S 外形图

表 1-7 AN6701S 引脚功能

引 脚	符 号	功 能
1	V_{CC}	电源正极
2	U_o	电压输出
3	GND	接地
4	外接 R_C	改变 R_C 可改变工作温度范围和灵敏度
5～8	NC	空脚

高职高专电气及电子信息专业技能型规划教材

二、温度传感器的使用

1. 热敏电阻的使用

各种热敏电阻的阻值在常温下很大，不必采用三线制或四线制接法，给使用带来方便。热敏电阻不仅体积小，而且灵敏度比铂电阻元件高 10 倍左右(电阻随温度的改变变化大，见图 1-21)，所以除用于家电产品外，还有各种用途，一般用在比测温电阻元件较低温度处。

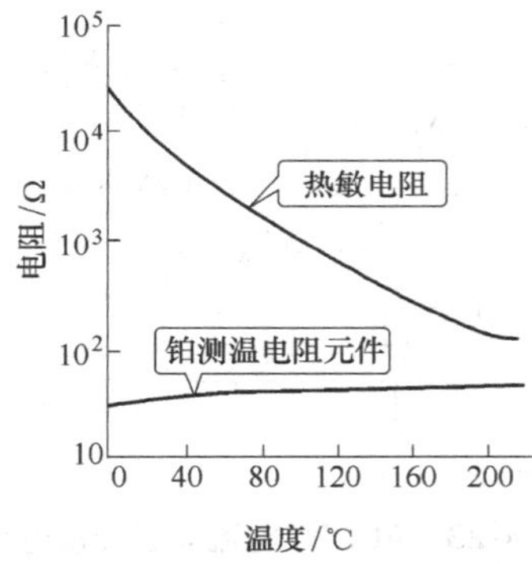

图 1-21　温度传感器电阻的温度特性

PTC、CTR 虽不能作为较大温度范围的温度传感器使用，但用于检测是否超过特定温度(电阻急变的温度)是方便的。例如，PTC 上流过电流就发热，若超过急变温度，电阻就变大，电流变小而不发热，所以装在恒温器上能保持一定的内部温度；装在干燥器上使其起到温度开关的作用。

热敏电阻除用于温度传感器外，还可用于因放热状态的变化而引起电阻变化的风速传感器、微流速传感器、真空传感器、气体传感器、湿度传感器等。由于热敏电阻的灵敏度高，阻值变化大，可直接用图 1-22 所示电路进行控制显示。

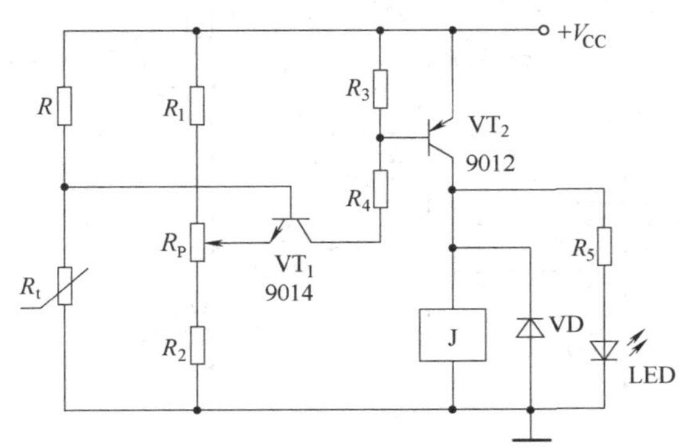

图 1-22　热敏电阻温度控制电路

2．集成温度传感器 AD590 的使用

由于 AD590 是一种电流型的温度传感器，它具有较强的抗干扰能力，特别适用于远距离温度测量和控制。AD590 工作时，只要在其两端加上一定的工作电压，它的输出电流就随温度变化而变化，其线性电流输出为1μA / K 。经电流电压转换电路输出 10mV / K ，如图 1-23 所示。

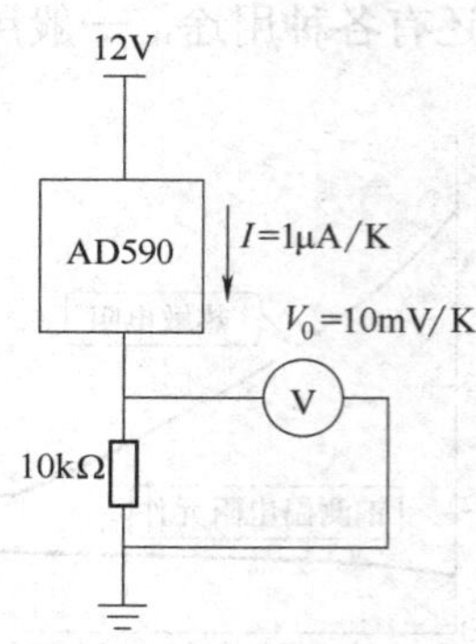

图 1-23　AD590 电流电压转换电路

AD590 典型的测温电路如图 1-24 所示，AD590 的 1 脚接 5V，2 脚接 1/4W、1kΩ 电阻接地，测量电阻两端电压，即为环境温度对应的电压，并分析算出温度值。室温下，调补偿电位器 R_{P1}(1kΩ)，使 A_3 输出为零，调放大倍数，用手捏住 AD590 外壳，调节 R_{P2}(2kΩ)，使 A_3 输出变化明显增加。A_1、A_2、A_3 均为集成运算放大器μA741。

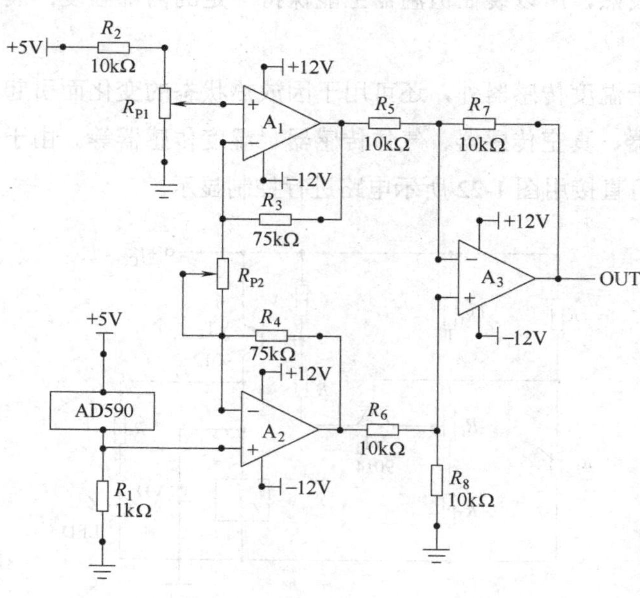

图 1-24　AD590 典型的测温电路

AD590 的测温误差主要有校准误差和非线性误差。其中校准误差是系统误差，可以通过硬件或软件处理加以消除。如果配合可调零与调满度(两点可调)的电路，可以使上述两项误差降到最低。常用的补偿方法有单点调整和双点调整两种。

单点调整的方法如图 1-25 所示，这是一种最简单的方法，只要在外接电阻中串联一个可变电阻 R_P 即可。在 25℃时，调节可变电阻，使电路输出电压值为 298.2mV。由于一点调整仅仅是对某一温度点进行调整，所以在整个温度范围内仍然存在误差，至于这一调整点选在什么温度值好，要看使用范围来定。

双点调整法如图 1-26 所示，它不仅能调整校正误差的大小，而且还能调整斜率误差，提高测量精度。图中 AD581 是 10V 的基准电压源，在 0℃和 100℃两点进行调整，通过运算放大器，使输出电压的温度系数为 100mV/℃。先使 AD590 处在 0℃，调节使输出 $U_o = 0V$，再使 AD590 处在 100℃中，调节 R_{P2} 使输出 $U_o = 10V$。

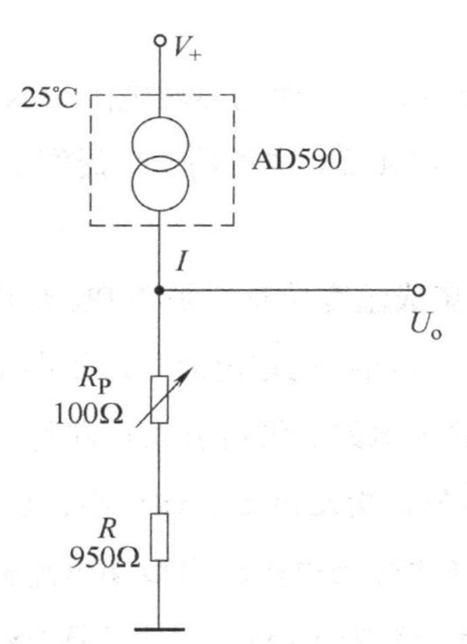

图 1-25　单点调整电路

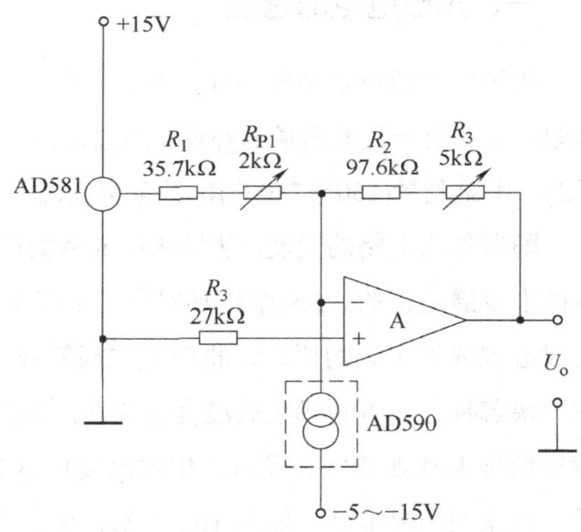

图 1-26　双点调整电路

3. 集成温度传感器 AN6701S 的使用

AN6701S 接线方式有如图 1-27 所示的三种，由实验得出：环境温度为 20℃时，当 R_C = 1kΩ 时，AN6701S 的输出电压为 3.189V；当 R_C = 10kΩ 时，AN6701S 的输出电压为 4.792V；当 R_C = 100kΩ 时，AN6701S 的输出电压为 6.175V。因此，对于检测一般环境温度，AN6701S 只要适当调整 R_C，可省去后续放大器，直接输出。

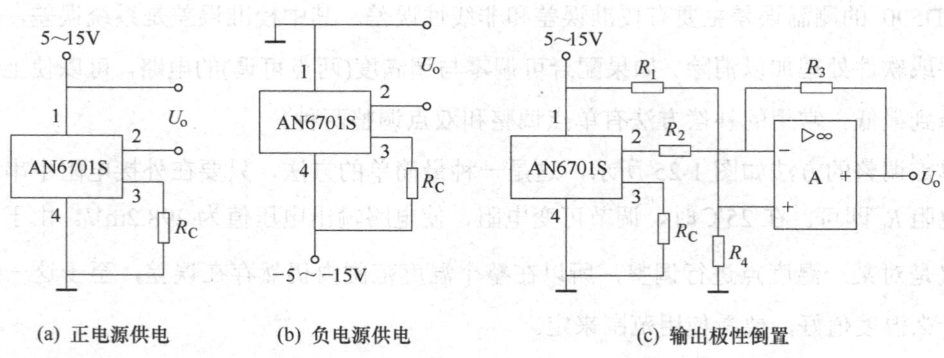

图 1-27　AN6701S 集成温度传感器的接线方式

◆ 任务实施

一、热敏电阻的选型

热敏电阻的形式多种多样，有圆片型、圆柱型、球型等。常用的热敏电阻为 NTC 热敏电阻，主要用于温度测量和补偿，测温范围一般在−50～+350℃，也可用于低温测量(−130～0℃)，中温测量(150～750℃)，甚至更高温度。

随着集成电路的发展，热敏集成元件被广泛使用，集成温度传感器是在 PN 结传感器的基础上发展起来的。PN 结传感器利用了理想二极管的 PN 结在恒定电流下，正向电压随温度成近似线性关系的原理。将温敏二极管或三极管、放大电路、温度补偿电路等功能集成在一块芯片上，可制成集成温度传感器，其具有线性度好、灵敏度高、体积小、稳定性好、输出信号大且规范化等优点。集成温度传感器按输出形式分为电压输出型和电流输出型两种，电压型的灵敏度一般为 10mV/℃，电流型的灵敏度一般为 1μA/℃，并且具有绝对零度输出电量为零的特性。AD590 是电流输出型温度传感器的典型产品，其利用电路产生一个与绝对温度成正比的电流作为输出，温度灵敏系数为$1\mu A/K$，测温范围−55～+150℃，供电电压范围+4～+30V。

二、热敏电阻的实际应用

参考电路 1(如图 1-28 所示)中使用的是 330Ω 的 NTC 热敏电阻，温度检测是两个 330Ω 热敏电阻与 R_{P4}、R_4 共同组成电桥来实现。ICL7107 是 3 位半积分 A/D 转换器，内含 BCD7 段译码显示驱动电路，输出及驱动 4 个共阳极数码管显示温度，采用 ±5V 双电源供电，六反向器 CD4069 及 C_6、C_7、VD_1、VD_2 倍压电路为 ICL7107 提供 −5V 电源，供给检测电路的+5V 电压由 7805 三端集成稳压块、堆桥 QL1 及电容 $C_8 \sim C_{11}$ 组成。

参考电路 2(如图 1-29 所示)中使用的是 AD590 温度传感器，由于 AD590 的灵敏度为 1μA/K，其输出电流是以绝对温度零度(−273℃)为基准，每增加 1℃，它会增加 1μA 的输出电流，因此 AD590 的输出电流 $I = (273 + T)$μA (T 为摄氏温度)，故将 V_3 的电位调整到 2.73V，即可方便的测出温度 $T = 10V_o$，使用中，可将齐纳二极管作为稳压元件。

参考电路 3(如图 1-30 所示)中，当所接电阻 $R = 1\text{k}\Omega$ 时，R 上的电压为1mV/K，若此电压输入 A(模拟量)/D(数字量)变换器集成芯片 7107，则能显示出温度数值。

三、测量参考电路

1．热敏电阻数显温度计电路

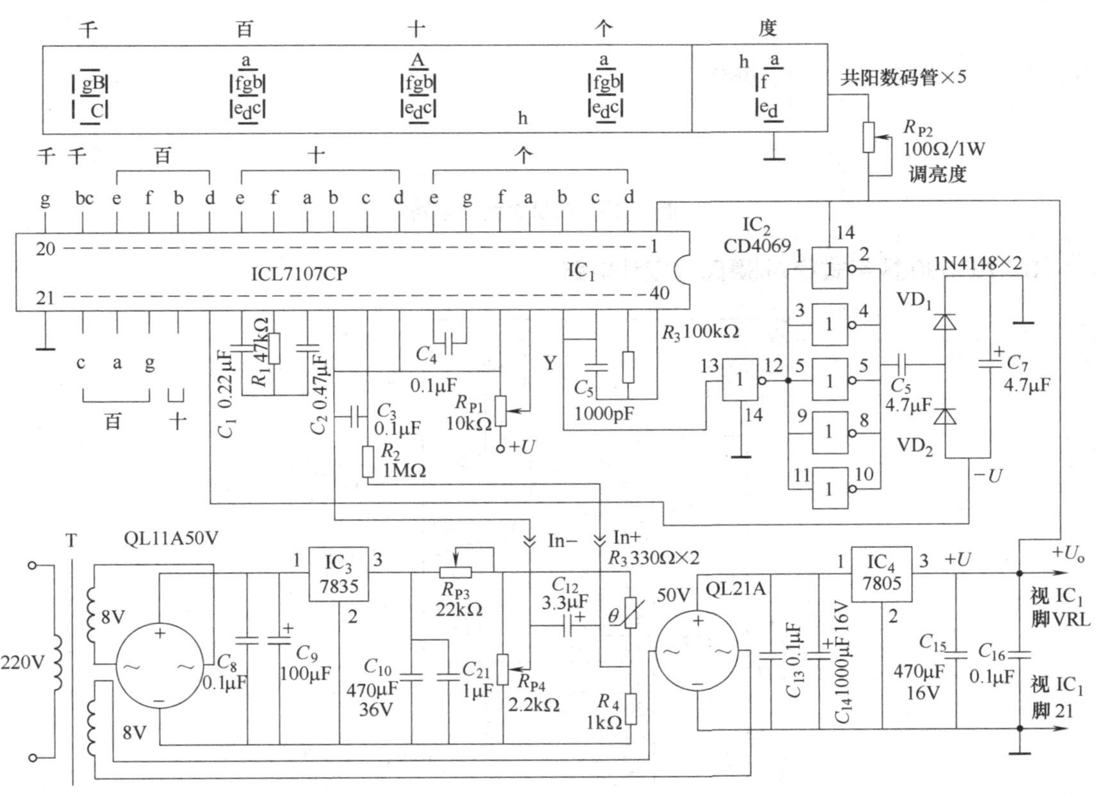

图 1-28　热敏电阻数显温度计电路

2．简易 AD590 温度计电路

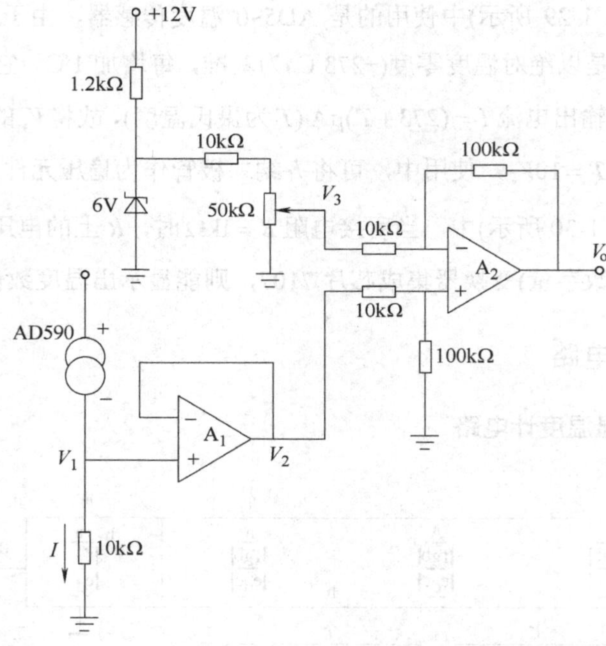

图 1-29 简易温度计电路

3．AD590 数字式绝对/摄氏温度计电路

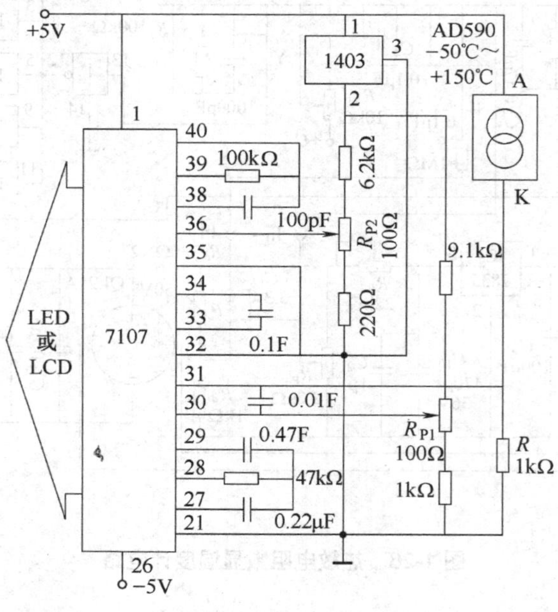

图 1-30 AD590 数字式温度计电路

四、总结调试

(1) 图 1-28 中小数点 h 和单位℃中的 a、d、e、f、h 直接接地，调节 R_{P2} 可改变亮度，应注意太亮会影响 IC_1 的寿命。

(2) 图 1-28 中将 IC_1 的 31 脚下面 R_2 输入端 In＋接 $+U$，调节 R_{P1} 使显示 1.C。

(3) 图 1-28 中将 In＋接 $-U$ 即 IC_1 接 26 脚，细调 R_{P1} 使显示−1.C。

(4) 图 1-28 中将 In＋接 IC_1 的 36 脚的 Y 端，细调 R_{P1} 使显示 100.C。

(5) 图 1-28 中将 R_T 用塑料小袋包好后插入冰水混合物，调节 R_{P1}、R_{P3} 使显示 00.0.C。

(6) 图 1-28 中将 R_T 插入沸水中调节 R_{P3} 使显示 100.0.C。

(7) 图 1-29 中 AD590 的输出电位 $V_1=(273+T)\mu\text{A}\times 10\text{k}\Omega=(2.73+\frac{T}{100})V$，使用电压跟随器，故 $V_2=V_1$。

(8) 图 1-29 中调节可调电阻，将 V_3 需调整至 2.73V。

(9) 图 1-29 中使用电压比较器，其输出 $V_o=\frac{100\text{k}\Omega}{10\text{k}\Omega}\times(V_2-V_3)=\frac{T}{10}$，如果现在所测温度为 28℃，则输出的电压为 2.8V，输出电压接 AD 转换器，那么 AD 转换输出的数字量就和摄氏温度成线形比例关系。

(10) 图 1-30 中先调节 R_{P2}，使 7107 基准 36 脚的对地电压为 200mV (满量程为 199.9mV)；再调节 R_{P1}，使 7107 的 30 脚对地电压为 273.16mV。这时，显示的就为摄氏温度值。若使 7107 的 30 脚接地，则显示的为绝对温度值。

◆ 能力拓展

一、热敏电阻在电视机上的应用

PTC 热敏电阻器常用于彩色电视机的消磁电路中，如图 1-31 所示。彩色电视机开机通电后，消磁回路产生一个很大的电流，同时产生一个很强的交变磁场。由于电路中 PTC 热敏电阻的作用，这一强交变磁场可在相当短的时间内衰减到极弱的程度。随着回路电流由大变小，磁场则由强变弱，从而自动将彩色显像管阴罩、防爆带等铁制件上的剩磁消掉，保证了彩色显像管的色纯度。

二、温度-频率转换器

采用 LM334 温度-频率转换电路的如图 1-32 所示。LM334 是三端电流输出型温度传感器，其输出电流对于环境温度为线性变化。LM334 工作电压范围较宽，为 0.8～40V，但工作电压高时，自身发热大，因此建议低电压使用，接在 LM334 的电阻 R_9^* 为基准电阻，所以必须选用温度系数小的电阻，图中 R_9^* 为 137Ω，25℃时，输出电流为 494μA。

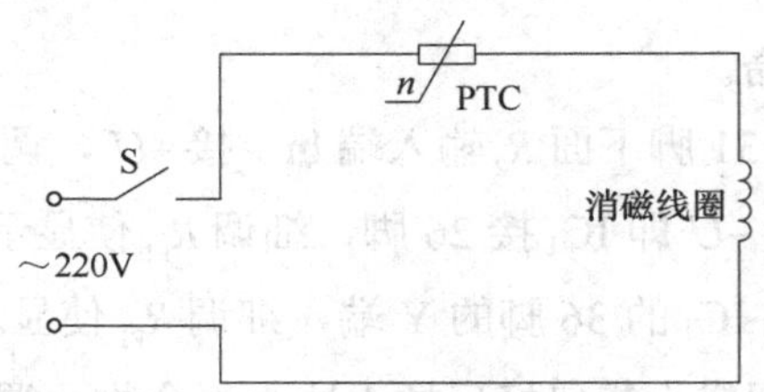

图 1-31　PTC 热敏电阻器应用于彩电的消磁电路

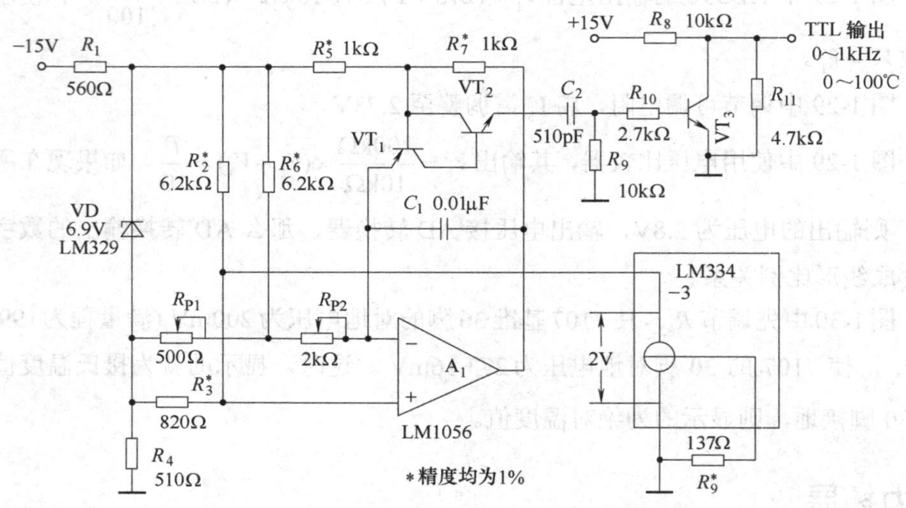

图 1-32　采用 LM334 的温度-频率转换电路

三、红外非接触测温

任何物体只要在绝对零度以上时，因其内部带电粒子的运动，会以一定波长电磁波的形式向外辐射能量，只是在低温段的辐射能量很弱。非接触式测温传感器就是利用物体的辐射能量随温度而变化的原理制成的。

红外传感器是一种非接触式测温传感器，它将红外辐射的能量转换成电能的光敏器件。

1．红外辐射

在一般常温下，自然界的所有物体都是红外辐射的发射源。例如，人体温度 37℃，红外辐射波长为 9～10μm(属远红外区)；400～700℃物体的红外辐射波长为 3～5μm(属中红外区)。物体的红外辐射俗称红外线，它是属于不可见光谱范畴，如图 1-33 所示为电磁波波谱图。任何物体，只要其温度高于绝对零度就有红外线向周围空间辐射。

红外线是位于可见光中红光以外的光线，故称红外线。其波长范围大致在 0.75～1000μm 的频谱范围之内。相对应的频率大致在 4×10^{14}～3×10^{11}Hz 之间。一般将红外辐射分成四个区域，即近红外区(0.73～1.5μm)、中红外区(1.5～10μm)、远红外区(10～300μm)和极远红外区(300μm 以上)，如图 1-33 所示，这里的远近指红外辐射在电磁波谱中与可见光的距离。

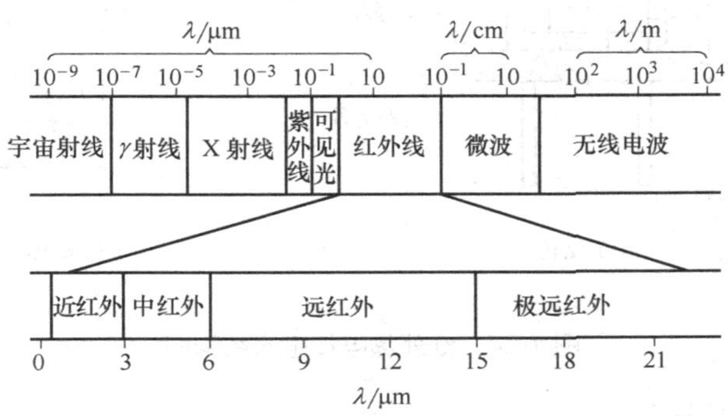

图 1-33　电磁波波谱图

红外辐射的物理本质是热辐射。物体的温度越高，辐射出的红外线越多，红外辐射的能量就越强。研究发现，太阳光谱各种单色光的热效应从紫色到红色是逐渐增大的，且最大热效应出现在红外辐射的频率范围内，因此红外辐射又称为热辐射。红外辐射和所有电磁波一样，是以波的形式在空间直线传播的。它在真空中的传播速度与光在真空中的传播速度相同为 3×10^{8}m/s。

红外辐射在大气中传播时，由于大气中的气体分子、水蒸气以及固体微粒、尘埃等物质的散射、吸收作用，使辐射在传输过程中逐渐衰减。仅在 2～2.6μm、3～5μm 和 8～14μm 三个波段能较好地穿透大气层。因此这三个波段称为“大气窗口”，一般红外传感器都工作在这三个波段。

2. 红外传感器

红外传感器也称红外探测器，它能把红外辐射转换成电量变化的装置。按照其工作原理可分为红外热敏探测器和红外光电探测器两类。

1)　红外热敏探测器

红外热敏探测器是利用红外辐射的热效应制成的，探测器的敏感元件为热敏元件，它吸收辐射后引起温度升高，进而使有关物理参数发生相应变化，通过测量物理参数的变化，便可确定探测器所吸收的红外辐射。

热敏探测器主要有热释电型、热敏电阻型、热电阻型和气体型等四种。其中热释电型探测器应用最广，它是根据热释电效应制成的，即一些晶体受热时，在晶体两表面产生电荷的现象称为热释电效应。它主要由外壳滤光片、热电元件 PZT，结型场效应管 FET、电阻、二极管等组成，如图 1-34 所示，其中滤光片设置在红外线通过的窗口处。

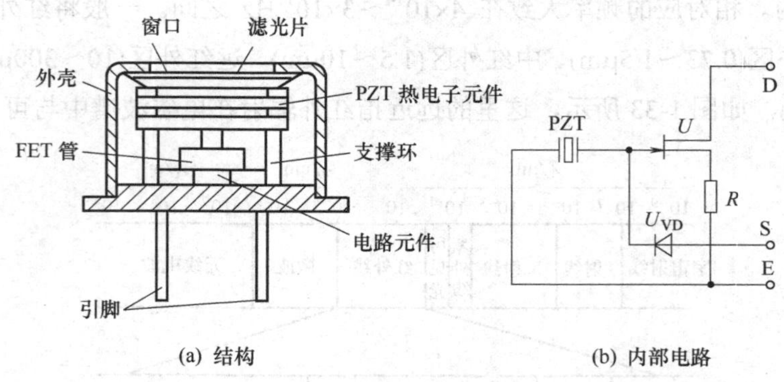

图 1-34 红外热电传感器结构图

2) 红外光电探测器

红外光电探测器又称光子探测器，它利用入射红外辐射的光子流与探测器材料中的电子相互作用，改变电子的能量状态，引起各种电学现象即为光子效应。常用的光子效应有光电效应、光生伏特效应、光电磁效应和光导效应。通过测量材料电子性质的变化，可以知道红外辐射的强弱。常用的红外光敏元有 PbS 和 ZnSb 两种。

PbS 红外光敏元件的结构如图 1-35 所示，它对近红外光和 3μm 红外光有较高灵敏度，可在室温下工作。当红外光照射在 PbS 光敏元件上时，因光导效应，PbS 光敏元件的阻值发生变化。电阻的变化引起 PbS 光敏元件两电极间电压的变化。

ZnSb 红外光敏元件的结构如图 1-36 所示。它把杂质 Zn 等用扩散法渗入 N 型半导体中形成 P 层构成 PN 结，再引出引线制成的。当红外光照射在 ZnSb 元件的 PN 结上时，因光生伏特效应，在 ZnSb 光敏元件两端产生电动势，此电动势的大小与光照强度成比例。ZnSb 红外光敏元件灵敏度高于 PbS 红外光敏元件，能在室温下工作也可在低温下工作。

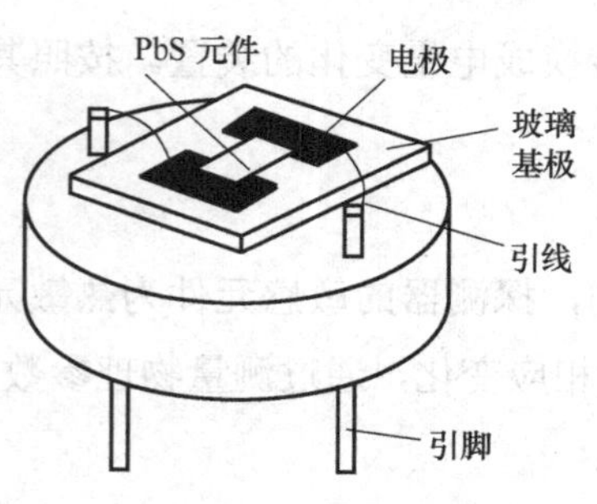

图 1-35 PbS 红外光敏元件结构图

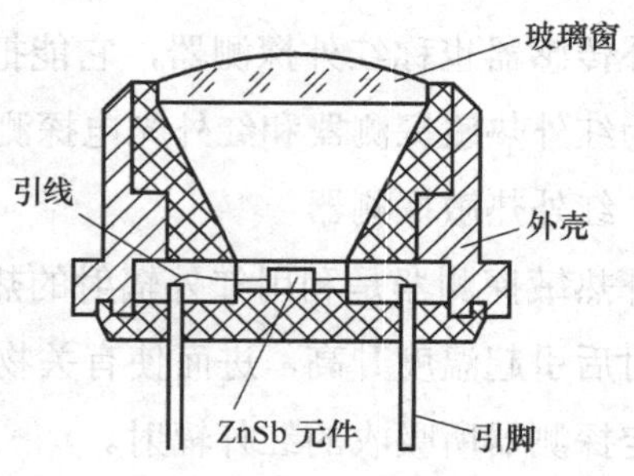

图 1-36 ZnSb 红外光敏元件结构图

3)　热敏探测器与光子探测器的性能比较

(1)　热敏探测器对各种波长都能响应，光子探测器只对一段波长区间有响应。

(2)　热敏探测器不需要冷却，光子探测器需要冷却。

(3)　热敏探测器响应时间长。

(4)　光子探测器容易实现规格化。

3．红外非接触测温特点

(1)　测量过程不影响被测目标的温度分布，可用于对远距离、带电及不能接触的物体测温。

(2)　响应速度快，适宜对高速运动物体进行测温。

(3)　灵敏度高，能分辨微小的温度变化。

(4)　测温范围宽(-30～3000℃)，可用于高温测量，又可用于冰点以下的温度测量，在测量-10～+1300℃之间温度时，采用比色(双波段)测温原理的比色温度计是不需要修正读数的测温计。

(5)　传感器的光学部分严禁用手摸、擦，防止损伤和沾污，存放时注意防潮、防震和防腐。

思考与练习题

1-1．什么是热电效应？热电势由哪几部分组成？

1-2．热电偶产生热电势的原因和条件是什么？

1-3．描述热电偶的四个基本定律和它们的实用价值。

1-4．为什么热电偶需要冷端补偿？冷端补偿有哪几种方法？

1-5．用镍铬-镍硅(K 型)热电偶测量温度，已知冷端温度为 40℃，用高精度毫伏表测得这时的热电动势为 29.188mV，求被测点的温度。

1-6．用镍铬-镍硅(K 型)热电偶测量炉温，已知热端温度为 800℃，冷端温度为 50℃，为了进行炉温的调节及显示，要将热电偶产生的热电动势信号送到仪表室，仪表室的温度为 20℃，分别求冷端用铜导线与用补偿导线连接到仪表测得的炉温？并比较结果。

1-7．简述热电阻测温原理，常用热电阻有哪些？它们的性能特点是什么？

1-8．热敏电阻有哪几种类型？简述它们的特点及用途。

1-9．描述常用的三种温度传感器的异同点。

1-10．联系实际，描述一个测温系统。指出它的测温范围、使用的器件。并说出为什么使用该测温器件？

1-11．简要描述使用的测温传感器的原理、接线方法和注意事项等。

情境二　气体的检测

【情境描述】

生活中气体的检测应用范围也很广，需要一种能将气体中的特定成分(浓度)检测出来，并将它转换成电信号的器件，即各种气敏传感器。气敏传感器一般用于环境监测和工业过程检测。

任务　家用厨房可燃气体的检测

◆ 任务要求

对气体的检测已经是保护和改善生态居住环境不可缺少手段，气敏传感器发挥着极其重要的作用。家庭厨房所用的热源有煤气、天然气、石油液化气等，这些气体的泄漏，造成爆炸、火灾、中毒的事故时有发生，对人身和财产的安全造成了威胁，所以采用气敏传感器对这些气体进行检测十分必要。如图 2-1 所示为家用可燃气体检测监控器。

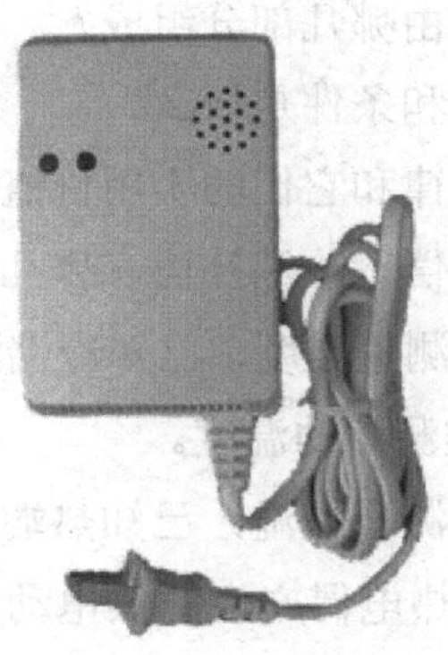

图 2-1　家用可燃气体检测监控器

◆ 知识引入

气敏传感器是能够感知环境中某种气体及其浓度的一种敏感器件，它将气体种类及其浓度有关的信息转换成电信号，根据这些电信号的强弱便可获得与待测气体在环境中存在情况有关的信息。生活中常用的有测饮酒者呼气中酒精量的传感器，测量汽车空燃比的氧气传感器，家庭和工厂用的煤气泄漏传感器，刚发生火灾之后测建筑材料发出的有毒气体传感器，坑内沼气警报器等。

一、认识气敏传感器

常见的气敏电阻如图 2-2 所示。气敏传感器，从原理上可分为接触燃烧式和半导体式。

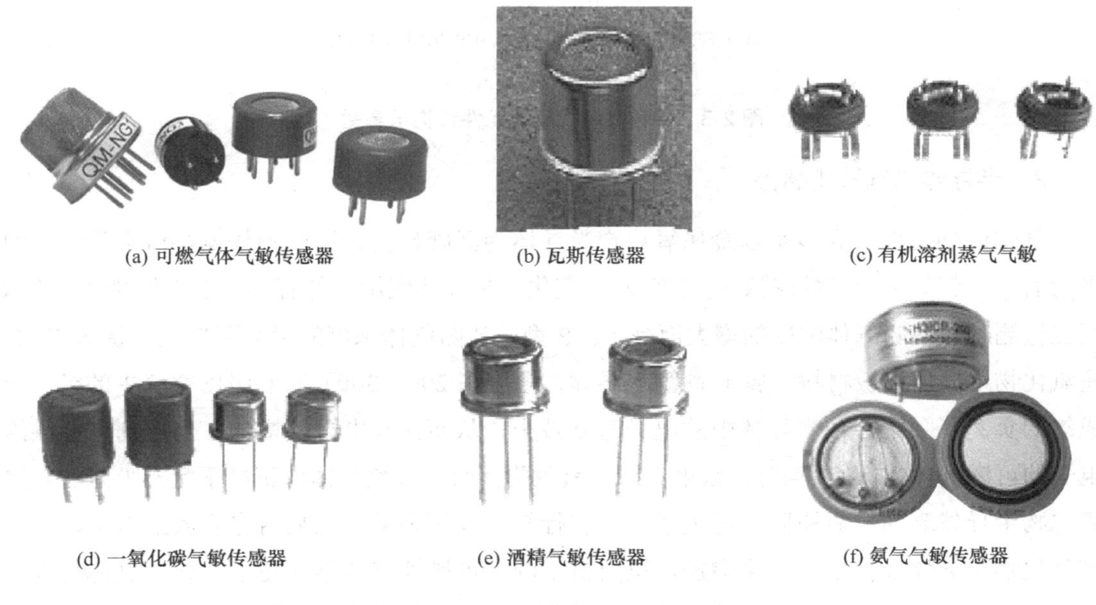

(a) 可燃气体气敏传感器　(b) 瓦斯传感器　(c) 有机溶剂蒸气气敏

(d) 一氧化碳气敏传感器　(e) 酒精气敏传感器　(f) 氨气气敏传感器

图 2-2　常用气敏传感器的外形图

1．接触燃烧式气体传感器

接触燃烧式气体传感器的检测元件一般为铂金属丝(也可表面涂铂、钯等稀有金属催化层)，使用时对铂丝通以电流，保持 300～400℃的高温，此时若与可燃性气体接触，可燃性气体就会在稀有金属催化层上燃烧，因此铂丝的温度会上升，铂丝的电阻值也上升；通过测量铂丝的电阻值变化的大小，就知道可燃性气体的浓度。空气中可燃性气体浓度越大，氧化反应(燃烧)产生的反应热量(燃烧热)越多，铂丝的温度变化(增高)越大，其电阻值增加的就越多。但是，使用单纯的铂丝线圈作为检测元件，其寿命较短，所以，实际应用的检测元件，都是在铂丝圈外面涂覆一层氧化物触媒。这样既可以延长其使用寿命，又可以提高检测元件的响应特性。

用高纯的铂丝，绕制成线圈，为了使线圈具有适当的阻值(1～2Ω)，一般应绕 10 圈以上。在线圈外面涂以氧化铝或氧化铝和氧化硅组成的膏状涂覆层，干燥后在一定温度下烧结成球状多孔体，如图 2-3 所示。接触燃烧式气体传感器主要用于坑内沼气、化工厂的可燃气体量的探测。

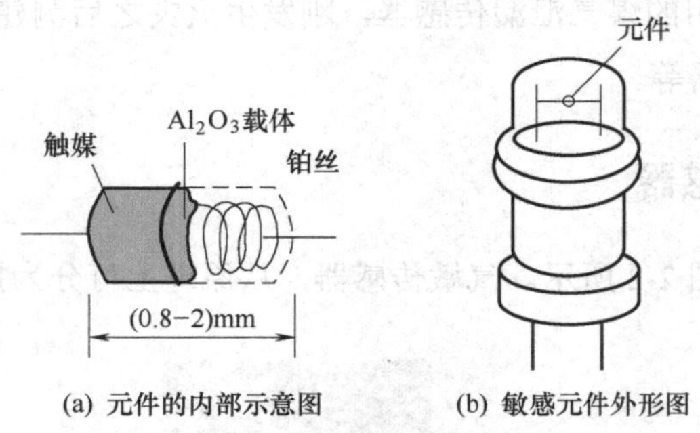

图 2-3　接触燃烧式气敏元件结构示意图

2．半导体式气敏传感器

气体敏感元件，大多是以金属氧化物半导体为基础材料。当被测气体在该半导体表面吸附后，引起其电学特性(例如电导率)发生变化。半导体气敏元件有 N 型和 P 型之分。N 型在检测时阻值随气体浓度的增大而减小；P 型阻值随气体浓度的增大而增大。像 SnO_2 金属氧化物半导体气敏材料，属于 N 型半导体，温度在 200～300℃时它吸附空气中的氧，形成氧的负离子吸附，使半导体中的电子密度减少，从而使其电阻值增加。当遇到有能供给电子的可燃气体(如 CO 等)时，原来吸附的氧脱附，而由可燃气体以正离子状态吸附在金属氧化物半导体表面；氧脱附放出电子，可燃行气体以正离子状态吸附也要放出电子，从而使氧化物半导体导带电子密度增加，电阻值下降。可燃性气体不存在了，金属氧化物半导体又会自动恢复氧的负离子吸附，使电阻值升高到初始状态。这就是半导体气敏元件检测可燃气体的基本原理。半导体气敏传感器具有灵敏度高、响应快、稳定性好、使用简单的特点，应用极其广泛。

对气体的种类，传感器的灵敏度没有大的差异。例如能感觉出乙醇的传感器，也能感觉出氢气和一氧化碳。可是在厨房即使没有丙烷气泄漏，如果烫酒也发警报的话就不好办了。改变制造传感器元件时的半导体烧结温度、半导体中的掺和物、加热器的加热温度等，将这些方法结合起来应用，能使传感器具有对各种气体的识别能力。

QM-NG1 型气敏元件是专门为检测天然气和煤气等可燃气体的广谱型气体传感器件。该元件采用特殊的结构和特制的吸附过滤层，吸附干扰气体(如酒精、烷类气等)，以保证元件对可燃气体的高选择性。因此该元件既有较高的选择性和温度性，且防爆级别高，是制作煤气报警器，防止煤气中毒的理想气体传感器件。QM-NG1 的外形引脚如图 2-4 所示，有 6 个引脚，其基本使用电路如图 2-5 所示，引脚 2 和引脚 5 所接为加热器。QM-NG1 型气敏元件的性能指标参见表 2-1。

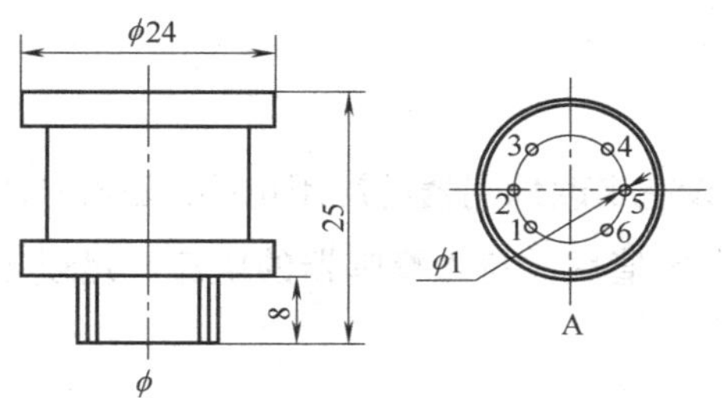

图 2-4　气敏元件 QM-NG1 引脚说明

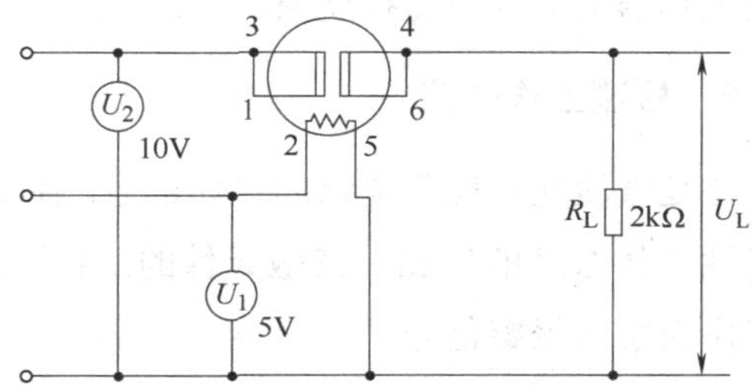

图 2-5　气敏元件基本使用电路

表 2-1　QM-NG1 型气敏元件的技术参数

Calefaction Voltage (V_H)	加热电压	AC or DC 5±0.2V
Loop Voltage(V_C)	回路电压	Max．DC 24V
Load Resistance(R_L)	负载电阻	2kΩ
Output in clean air(V_o)	洁净空气中电压	≤2V
Inductive Time	响应时间	≤10s
Resumptive Time(tres)	恢复时间	≤30s
Power	元件功耗	≤0.7W
Life-span	寿命	5 年

3．电化学气敏传感器

电化学气敏传感器一般利用液体(或固体、有机凝胶等)电解质，其输出形式可以是气体直接氧化或还原产生的电流，也可以是离子作用于离子电极产生的电动势。

二、气敏传感器的使用

气敏传感器的使用分为检测、报警、监控等几种类型。

1．电源电路

一般气敏元件的工作电压不高(3～10V)，其工作电压，特别是供给加热的电压，必须稳定。否则，将导致加热器的温度变化幅度过大，使气敏元件的工作点漂移，影响检测准确性。

2．辅助电路

由于气敏元件自身的特性(温度系数、湿度系数、初期稳定性等)，在设计、制作应用电路时，应予以考虑。如采用温度补偿电路，减少气敏元件的温度系数引起的误差；设置延时电路，防止通电初期，因气敏元件阻值大幅度变化造成误报；使用加热器失效通知电路，防止加热器失效导致漏报现象。

3．检测工作电路

这是气敏元件应用电路的主体部分。图 2-6 是设有串联蜂鸣器的应用电路。随着环境中可燃性气体浓度的增加，气敏元件的阻值下降到一定值后，流入蜂鸣器的电流，足以推动其工作而发出报警信号。

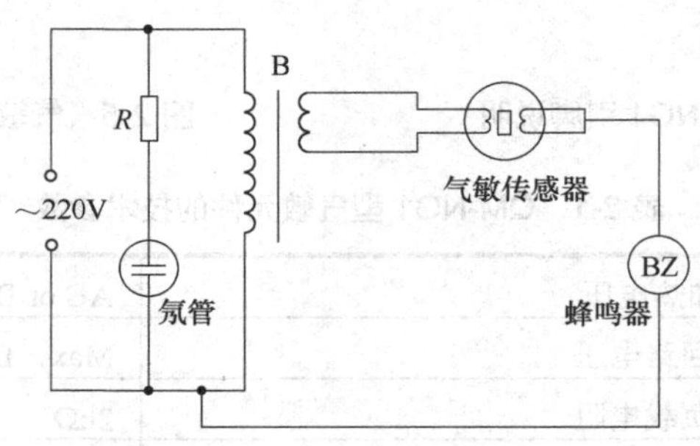

图 2-6　家用可燃性气体报警器电路

◆ 任务实施

一、气敏传感器的选型

QM-N5 型气敏元件适用于天然气、煤气、氢气、烷类气体、烯类气体、汽油、煤油、乙炔、氨气、烟雾等的检测，QM-N5 型半导体气敏元件是以金属氧化物 SnO_2 为主体材料的 N 型半导体气敏元件，当元件接触还原性气体时，其电导率随气体浓度的增加而迅速升高。用于可燃性气体的检测(CH_4、C_4H_{10}、H_2 等)，灵敏度较高，稳定性较好，输出信号大，响应和恢复时间短等特点，市场上应用广泛。QM-N5 气敏元件参数如下：标定气体(0.1%丁烷气体，最佳工作条件)中电压≥2V，响应时间≤10s，恢复时间≤30s，最佳工作条件加热电压 5V、测量回路电压 10V、负载电阻 R_L 为 2kΩ，允许工作条件加热电压 4.5～5.5V、测量回路电压 5～15V、负载电阻 0.5～2.2kΩ。只要加一简单电路可实现报警。常见的气敏元件还有 MQ-31(专用于检测 CO)、QM-J1 酒敏元件、QM-YT1 型(检测一氧化碳和煤气)等。

QM-N5 型气敏元件是以金属氧化物 SnO_2 为主体材料的 N 型半导体气敏元件，当元件接触还原性气体时，其电导率随气体浓度的增加而迅速升高。

二、气敏传感器的实际应用

图 2-7 所示为煤气检测换气报警自动控制电路，由 QM-N5 气敏传感器、R_1、R_{P1}、VD_5

组成气敏检测电路，由 VD_6、VD_7、R_2、C_2 等组成延时电路。由于 QM-N5 的初期稳定特性引起的不稳定过程的时间大约为10 min，延时时间常数由 R_2、C_2、VD_6 正向电阻决定。电源断开后，C_2 上的充电电压通过 VD_7、R_3 放电。7805 为 QM-N5 气敏传感器加热提供稳定的+5V 电压。当 CO 浓度很低时，VT_1 截止，555 输出低电平，排风扇 M 不转动，LED 不发光。当 CO 浓度升高，QM-N5 A、B 极间的电阻变小，可使 VT_1 导通，NE555 的 6 脚由高电平变为低电平，3 脚输出高电平，双向晶闸管 VS 触发导通，排风扇 M 通电转动，排出有害气体，LED 发光报警。当室内煤气浓度下降到正常值后，排气扇自动停转，LED 熄灭。VD_5 起限幅作用，在调节 R_{P1} 时，使气敏信号取值电压最低限制在 0.7V。

三、测量参考电路

采用家用可燃气体检测监控器可以对厨房可燃气体进行检测，其实用电路如图 2-7 所示。

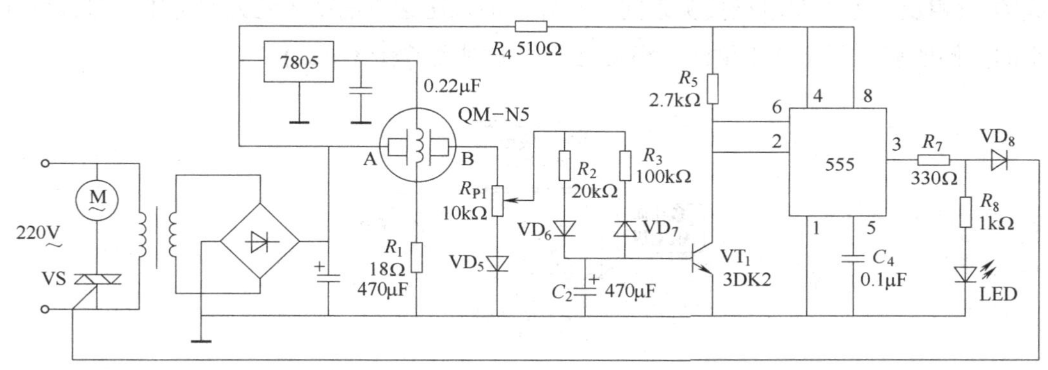

图 2-7　家用可燃气体检测监控电路

四、总结调试

(1) 元件开始通电工作时，没有接触可燃性气体，其电导率也急剧增加，1 分钟后达到稳定，这时方可正常使用，这段变化在设计电路时可采用延时处理解决。

(2) 加热电压的改变会直接影响元件的性能，所以在规定的电压范围内使用为佳。

(3) 负载电阻可根据需要适当改动，不影响元件灵敏度。

(4) 环境温湿度的变化会给元件电阻带来小的影响，当元件在精密仪器上使用时，应进行温湿度补偿，最简便的方法是采用热敏电阻补偿之。

(5) 避免腐蚀性气体及油污染，长期使用需防止灰尘堵塞防爆不锈钢网。

(6) 使用条件：温度−15～35℃；相对湿度 45%～75%RH；大气压力 80～106kPa。

(7) 如厨房使用液化石油气，由于该类气体的主要成分为丙烷，比空气重，容易沉积到地面上，因此所制作的可燃气体检测器要安装在接近地面处；如厨房使用煤气和天然气由于该类气体比空气轻，应将可燃气体检测器安装在靠近天花板处，这样容易积聚上升的气体。

◆ 能力拓展

一、氧气传感器

氧化锆(ZrO_2)是能使氧离子自由通过的固体电解质。如图 2-8 所示，在其两面安有多孔质的铂电极时，将产生电动势，氧气浓度大的一侧的电极为正，氧气浓度低的一侧的电极为负。隔着液体电解质放有浓度不同的气体时，将产生电动势，这种电池叫浓淡电池。和它的原理相同，氧气的浓度比越大，电动势也越大(对数比)。氧气传感器就是根据这个原理制成的。(相反，如果在电极接头之间，从外部加入比这个电动势还大的电压，那么氧气浓度小的一侧的氧离子将产生倒流，根据这个原理制成了氧气泵。)

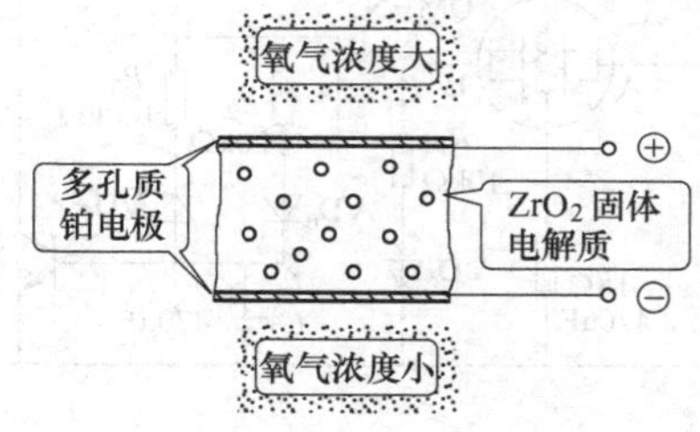

图 2-8　氧化锆氧气传感器

实际上，如果固体电解质由 ZrO_2 单独构成，那么在 1100℃附近体积要发生变化，所以为稳定起见，使用含微量 CaO、Y_2O_3 等的固溶 ZrO_2。

这种氧气传感器用于各种工业场合。比如，各种炉内的氧气分析，钢液含氧量分析，工厂排水污浊的监视(测定氧气消耗量)，汽车排气成分的调节(保持一定的空燃比)等。又例如，煤气取暖炉不完全燃烧探测，就是把氧化锆氧气传感器的一个电极置于火焰中(氧气浓度为 0%)，另一个电极置于比火焰稍高的地方。平时有氧气浓度差产生电动势，但一旦有不完全燃烧，火焰会伸长，氧气浓度差没有了，电动势变为 0。探测出这种情况就关上煤气。

二、制作禁止吸烟警告器

检测环境是否有烟雾和烟雾的浓度，例如检测起火时的浓烟。烟雾探头碰到烟雾或某些特定的气体，烟雾探头内部阻值发生变化，产生一个模拟值，从而对其进行控制。

图 2-9 所示为禁止吸烟警告器电路，当气敏传感器 MQ-2 接触到一定浓度的烟雾时，其 A、B 极间电阻下降，R_P 取样电阻滑动端电压上升，晶体管 VT 导通，HFC5221A 型语音警示专用集成电路的 5 脚得到高电平触发信号，其 7 脚输出信号，经 A 进行功率放大，通过扬声器反复发生“严禁吸烟”的语音，否则，VT 截止，HFC5221A 无语音信号发生，扬声器 B 不发声。

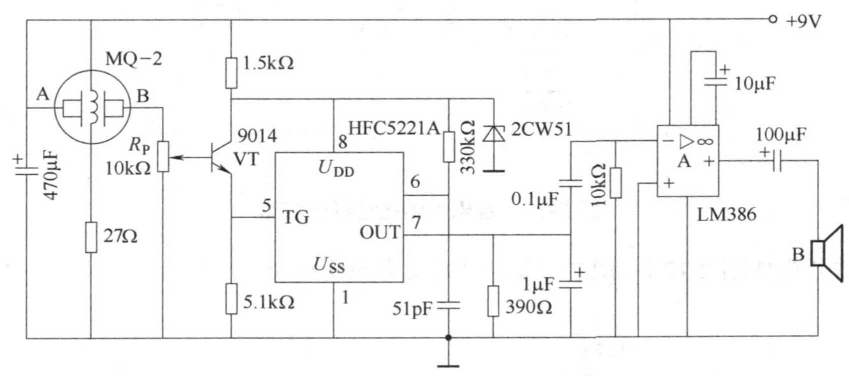

图 2-9　禁止吸烟警告器电路

思考与练习题

2-1．简述气敏电阻的组成、工作原理及特性。

2-2．为什么气敏电阻需要加热使用？

2-3．如图 2-10 所示为可燃气体报警器电路图。

(1)　试分析其工作原理。

(2)　加热回路由哪些元件组成？

(3)　在正常气体环境时，应调节 R_P 使三极管 VT 处于什么状态？

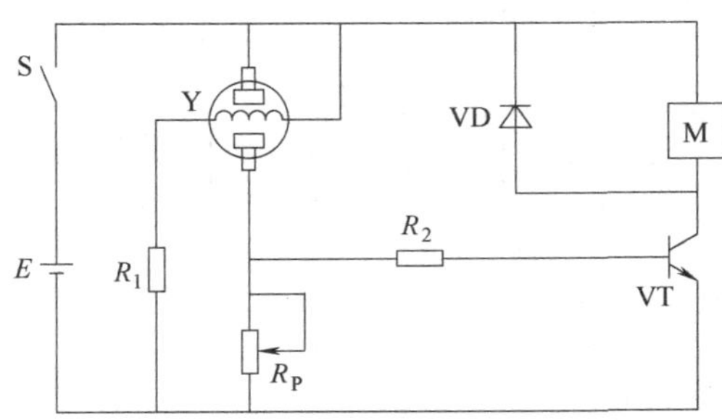

图 2-10　可燃气体报警器电路图

2-4．如图 2-11 所示为音乐气体报警器电路图，当与非门输出为高电平“1”时，音乐集成片工作，发出报警音乐声。试分析电路的工作原理。

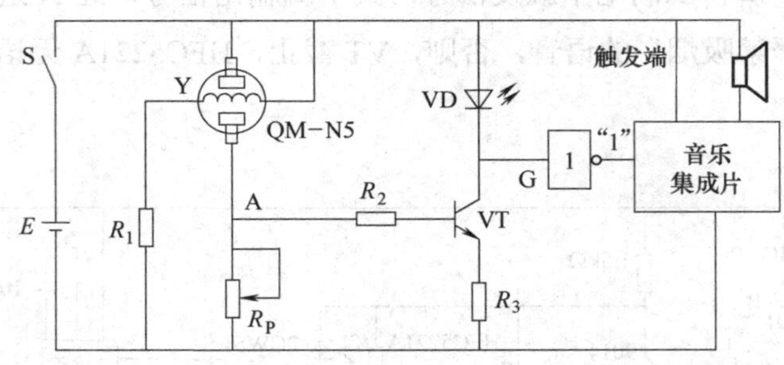

图 2-11　音乐气体报警器电路图

2-5．试分析如图 2-12 所示的气敏电阻的实际应用电路。

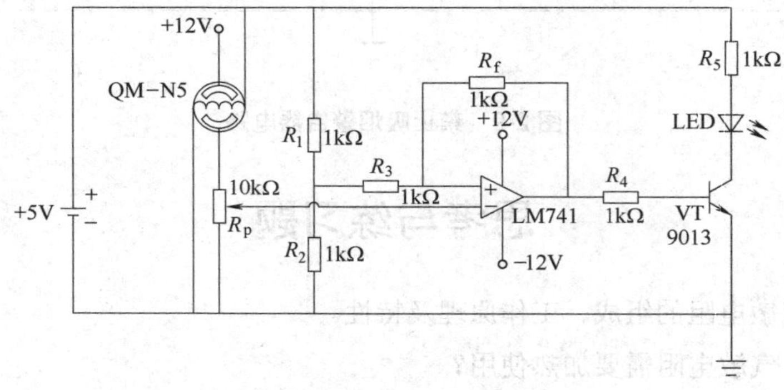

图 2-12　传感气敏器应用电路

情境三　湿度的检测

【情境描述】

在工农业生产、气象、环保、国防、科研、航天等部门，经常需要对环境湿度进行测量及控制。但在常规的环境参数中，湿度是最难准确测量的一个参数。这是因为测量湿度要比测量温度复杂得多，温度是个独立的被测量，而湿度却受其他因素(大气压强、温度)的影响。例如农业生产中植物要求高湿度环境；空调系统除了调节温度以外，还要控制相对湿度在一定的范围内，才使人感觉舒适；浴室的湿度很大，但其中的镜面如果有水汽，则无法发挥其功能。因此湿度的检测和控制是十分重要的。

任务　浴室湿度的检测

◆ 任务要求

浴室中的水蒸气很大，会使其中的镜子功能丧失，当浴室的湿度达到一定程度时，镜面会结露，表面一层雾气，市场上没有所谓的不结露镜面，而是都要安装镜面水汽清除器，如图 3-1 所示，因此要用到湿度传感器。

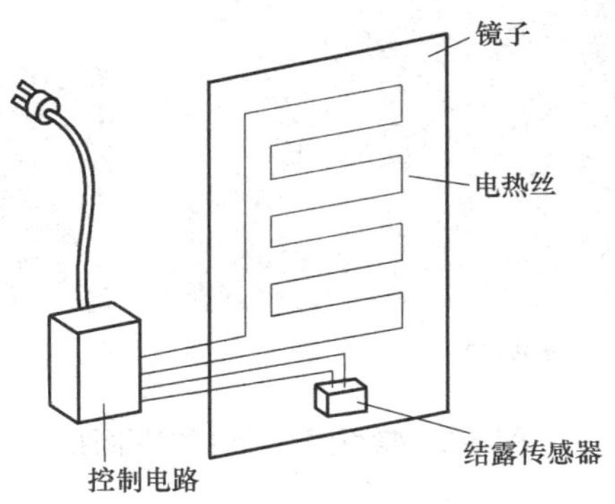

图 3-1　浴室镜面水汽清除器结构图

◆ 知识引入

随着社会的发展和生活水平的提高，湿度在日常生活的应用越来越让国人了解到其重要性；通过在欧美等一些目前发达国家中使用表明，湿度如今在加湿、除湿、美容养颜、自动控制、生物培养、室内检测等许多的家电的应用中起着非常明显的作用。试验表明，空气的相对湿度为 50%～60%时人体感觉最为舒适，也不容易引起疾病。当空气湿度高于65%或低于 38%时，微生物繁殖滋生最快；当相对湿度在 45%～55%时，病菌的死亡率较高。人体皮肤会感到舒适，呼吸均匀正常。

一、认识湿敏传感器

湿度传感器(湿敏传感器)是一种能将被测环境湿度转换成电信号的装置，主要由两个部分组成：湿敏元件和转换电路，除此之外还包括一些辅助元件，如辅助电源、温度补偿、输出显示设备等。湿敏传感器使用在钢铁、化学、食品及其他很多工业品制造过程中，以及医院、温室等的湿度控制，还可用于电子微波炉的烹调控制(避免往食品中插入温度传感器，用测定排气中的水分来替代)，等等。

湿度传感器的原理和气体传感器的原理一样，即测定传感器部分的材料上吸附水分而电阻减小，但所用材料与气体传感器的不同，其材料有氯化锂、碳素膜、硒薄膜、氧化铝膜、陶瓷等。

有关湿度测量，早在 16 世纪就有记载。许多古老的测量方法，如干湿球温度计、毛发湿度计和露点计等至今仍被广泛采用。现代工业技术要求高精度、高可靠和连续地测量湿度，因而陆续出现了种类繁多的湿敏元件，如图 3-2 所示，主要有电阻式和电容式两大类。

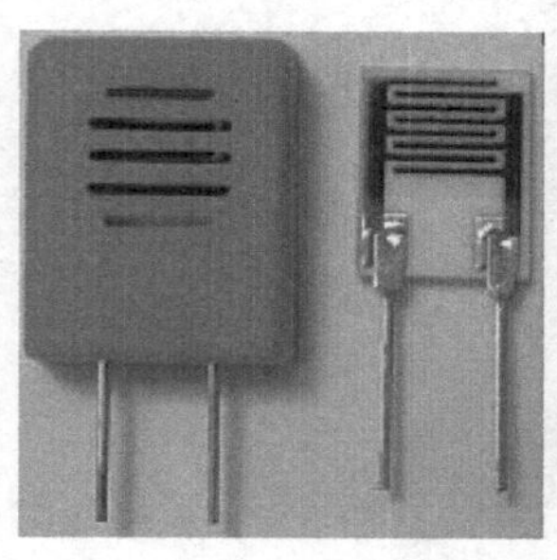

(a) 电阻式湿敏传感器

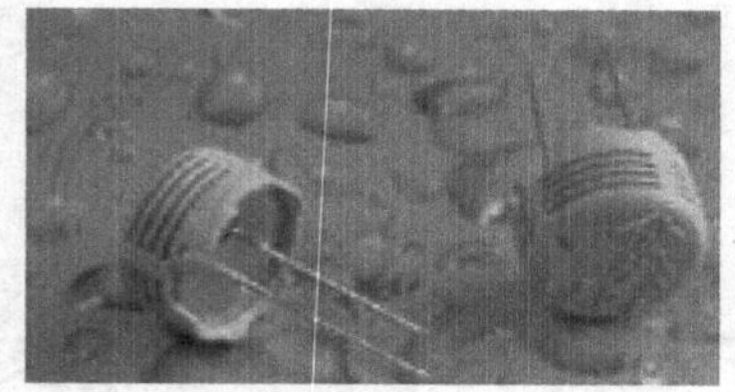

(b) 电容式湿敏传感器

图 3-2　常用湿敏器件的外形图

1. 湿度的定义

所谓湿度，是指大气中水蒸气的含量，目前的湿度传感器多数是测量空气中的水蒸气含量。通常用绝对湿度、相对湿度和露点(或露点温度)来表示。

1)　绝对湿度(AH)

绝对湿度是指单位体积空气内所含水蒸气的质量，其数学表达式为 $H_a = \frac{m_V}{V}$，即绝对湿度给出了水分在空气中的具体含量，绝对湿度也称水汽浓度或水汽密度。在实际生活中，许多现象与湿度有关，如水分蒸发的快慢。

2)　相对湿度(RH)

相对湿度是指待测空气中实际所含的水蒸气分压与相同温度下饱和水蒸气气压比值的百分数。其数学表达式为$RH_T = \frac{P_V}{P_W} \times 100\%$，即相对湿度给出了大气的潮湿程度，实际中经常用相对湿度表述湿度。

3)　露点(温度)

在一定大气压下，将含有水蒸气的空气冷却，当温度下降到某一特定值时，空气中的水蒸气达到饱和状态，开始从气态变成液态而凝结成露珠，这种现象称为结露，这一特定温度就称为露点温度。

2. 电阻式湿敏传感器

电阻式湿敏传感器是利用器件电阻值随湿度变化的基本原理来进行工作的，其感湿特征量为电阻值，又称为湿敏电阻。随着现代工业技术的发展，纤维、造纸、电子、建筑、食品、医疗等部门提出了高精度、高可靠性测量和控制湿度的要求。因此，各种湿敏元件不断出现。利用湿敏电阻进行湿度测量和控制具有灵敏度高、体积小、寿命长、不需维护、可以进行遥测和集中控制等优点。湿敏电阻按照材料主要分为氯化锂湿敏电阻、半导体陶瓷湿敏电阻和有机高分子膜湿敏电阻。

1)　氯化锂湿敏电阻

氯化锂湿敏电阻是典型的电解质湿敏元件，利用吸湿性盐类潮解，离子电导率发生变化而制成的测湿元件。典型的氯化锂湿敏传感器是浸渍式传感器，如图 3-3 所示，由引线、基片、感湿层与金属电极组成。它是在聚碳酸酯基片上制成一对梳状铂金电极，然后浸涂溶于聚乙烯醇的氯化锂胶状溶液，其表面再涂上一层多孔性保护膜而成。氯化锂是潮解性盐，这种电解质溶液形成的薄膜能随着空气中水蒸气的变化而吸湿或脱湿。感湿膜的电阻随空气相对湿度变化而变化，当空气中湿度增加时，感湿膜中盐的浓度降低。这类传感器的浸渍基片材料为天然树皮，由于它采用了面积大的基片材料，并直接在基片材料上浸渍氯化锂溶液，因此具有小型化的特点，适用于微小空间的湿度检测。

氯化锂浓度不同的湿敏电阻，适用于不同的相对湿度范围。浓度低的氯化锂湿敏传感器对高湿度敏感，浓度高的氯化锂湿敏传感器对低湿度敏感。一般单片湿敏传感器的敏感范围，仅在 30%RH 左右，为了扩大湿度测量的线性范围，可以将多个氯化锂含量不同的湿敏传感器组合使用。

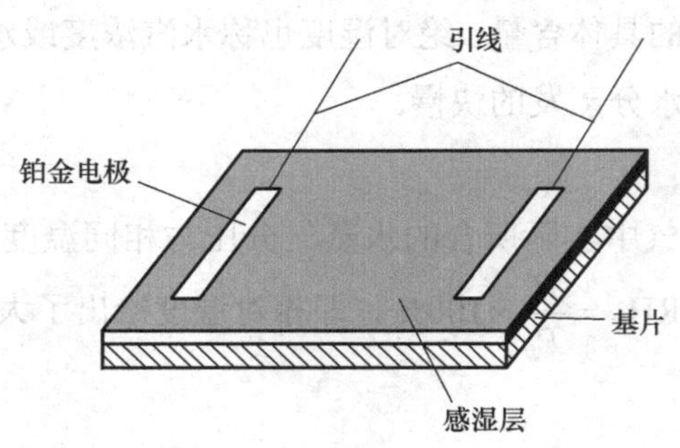

图 3-3　氯化锂湿敏电阻结构示意图

2)　半导体陶瓷湿敏电阻

半导体陶瓷湿敏电阻是一种电阻型的传感器，根据微粒堆集体或多孔状陶瓷体的感湿材料吸附水分可使电导率改变这一原理来检测湿度。

制造半导体陶瓷湿敏电阻的材料，主要是不同类型的金属氧化物。这些材料有 $MgCr_2O_4$—TiO_2 系、$ZnO-Li_2O-V_2O_5$ 系、$Si-Na_2O-V_2O_5$ 系、Fe_3O_4 系等。有些半导体陶瓷材料的电阻率随湿度增加而下降，称为负特性湿敏半导体陶瓷，还有一类半导体陶瓷材料的电阻率随湿度增大而增大，称为正特性湿敏半导体陶瓷。半导体陶瓷湿敏电阻按其结构可以分为烧结型和涂覆膜型两大类。

(1)　烧结型湿敏电阻

烧结型湿敏电阻的结构如图 3-4 所示。其感湿体为 $MgCr_2O_4$—TiO_2 系多孔陶瓷，利用它制得的湿敏元件，具有使用范围宽、湿度温度系数小、响应时间短，对其进行多次加热清洗之后性能仍较稳定等优点。

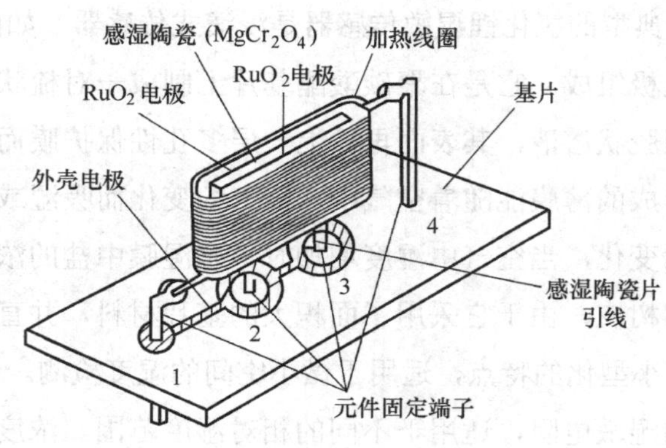

图 3-4　烧结型湿敏电阻结构

(2)　涂覆膜型 Fe_3O_4 湿敏器件

除了烧结型陶瓷外，还有一种由金属氧化物通过堆积、黏结或直接在氧化金属基片上形成感湿膜的器件，称为涂覆膜型湿敏器件，其中比较典型且性能较好的是 Fe_3O_4 湿敏器件。Fe_3O_4 湿敏器件由基片、电极和感湿膜组成，Fe_3O_4 感湿膜的整体电阻很高。当空气的相对湿度增大时，Fe_3O_4 感湿膜吸湿，由于水分的附着扩大了颗粒间的接触面，降低了粒间的电阻和增加更多的导流通路，所以元件阻值减小；当处于干燥环境中，Fe_3O_4 感湿膜脱湿，粒间接触面减小，元件阻值增大。因而这种器件具有负感湿特性，电阻值随着相对湿度的增加而下降，反应灵敏。这里需要指出的是，烧结型的 Fe_3O_4 湿敏器件，其电阻值随湿度增加而增大，具有正特性。

3)　有机高分子膜湿敏电阻

有机高分子膜湿敏电阻是在氧化铝等陶瓷基板上设置梳状型电极，然后在其表面涂以具有感湿性能，又有导电性能的高分子材料的薄膜，再涂复一层多孔质的高分子膜保护层。这种湿敏元件是利用水蒸气附着于感湿薄膜上，电阻值与相对湿度相对应这一性质。由于使用了高分子材料，所以适用于高温气体中湿度的测量。图 3-5 所示是三氧化二铁-聚乙二醇高分子膜湿敏电阻的结构与特性。

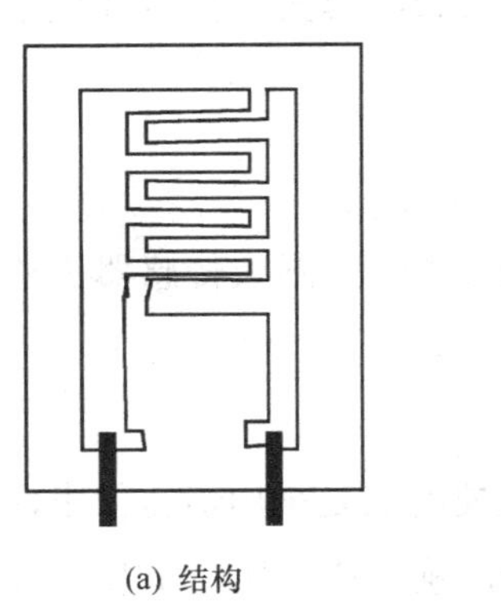
(a) 结构

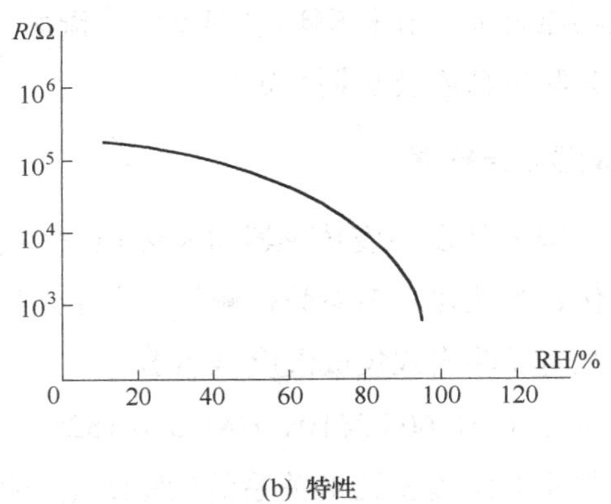

(b) 特性

图 3-5　高分子膜湿敏电阻的结构与特性

3. 电容式湿敏传感器

电容式湿敏传感器是有效利用湿敏元件电容量随湿度变化的特性来进行测量的，通过检测其电容量的变化值，从而间接获得被测湿度的大小，其结构示意图如图 3-6 所示。湿敏电容一般是用高分子薄膜电容制成的，常用的高分子材料有聚苯乙烯、聚酰亚胺、酯酸醋酸纤维等。当环境湿度发生改变时，湿敏电容的介电常数发生变化，使其电容量也发生变化，其电容变化量与相对湿度成正比。湿敏电容的主要优点是灵敏度高、产品互换性好、响应速度快、湿度的滞后量小、便于制造、容易实现小型化和集成化，在实际中得到了广泛的应用，其精度一般比湿敏电阻要低一些。国外生产湿敏电容的主厂家有 Humirel 公司、Philips 公司、Siemens 公司等。以 Humirel 公司生产的 SH1100 型湿敏电容为例，其测量范围是(1%～99%)，RH 在 55%时的电容量为 180pF(典型值)；当相对湿度从 0%变化到 100%时，电容量的变化范围是 163～202pF；温度系数为 0.04pF/℃，湿度滞后量为±1.5%，响应时间为 5s。湿敏电容广泛应用于洗衣机、空调器、录音机、微波炉等家用电器及工业、农业等方面。

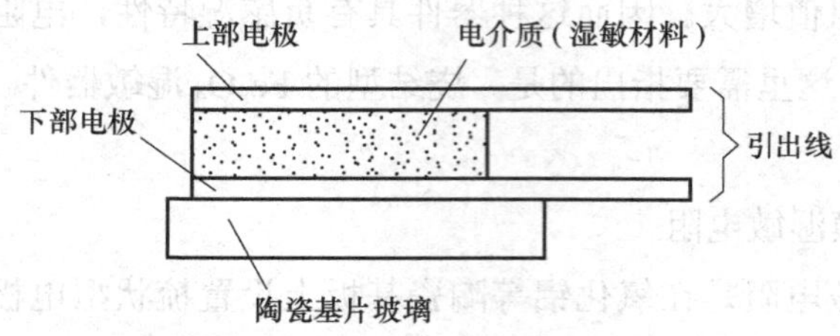

图 3-6　电容式湿敏传感器结构图

除电阻式、电容式湿敏元件之外，还有电解质离子型湿敏元件、重量型湿敏元件(利用感湿膜重量的变化来改变振荡频率)、光强型湿敏元件、声表面波湿敏元件等。湿敏元件的线性度及抗污染性差，在检测环境湿度时，湿敏元件要长期暴露在待测环境中，很容易被污染而影响其测量精度及长期稳定性。

4．集成湿度传感器

近年来，国内外在湿度传感器研发领域取得了长足进步。湿敏传感器正从简单的湿敏元件向集成化、智能化、多参数检测的方向迅速发展。

1)　线性电压输出式集成湿度传感器

典型产品有 HIH3605/3610、HM1500/1520。其主要特点是采用恒压供电，内置放大电路，能输出与相对湿度呈比例关系的伏特级电压信号，响应速度快，重复性好，抗污染能力强。

2)　线性频率输出集成湿度传感器

典型产品为HF3223型。它采用模块式结构，属于频率输出式集成湿度传感器，在55%RH时的输出频率为 8750Hz(型值)，当相对湿度从 10%变化到 95%时，输出频率就从 9560Hz减小到 8030Hz。这种传感器具有线性度好、抗干扰能力强、便于配数字电路或单片机、价格低等优点。

3)　频率/温度输出式集成湿度传感器

典型产品为 HTF3223 型。它除具有 HF3223 的功能以外，还增加了温度信号输出端，利用负温度系数(NTC)热敏电阻作为温度传感器。当环境温度变化时，其电阻值也相应改变，并且从 NTC 端引出，配上二次仪表即可测量出温度值。

4)　单片智能化湿度/温度传感器

2002 年 Sensiron 公司在世界上率先研制成功 SHT11、SHT15 型智能化湿度/温度传感器，其外形尺寸仅为 7.6(mm)×5(mm)×2.5(mm)，体积与火柴头相近。出厂前，每只传感器都在做过精密校准，校准系数被编成相应的程序存入校准存储器中，在测量过程中可对相对湿度进行自动校准。它们不仅能准确测量相对湿度，还能测量温度和露点。测量相对湿度的范围是 0%～100%，分辨力达 0.03%RH，最高精度为±2%RH。测量温度的范围是-40～+123.8℃，分辨力为 0.01℃。测量露点的精度<±1℃。在测量湿度、温度时，A/D 转换器的位数分别可达 12 位、14 位。利用降低分辨力的方法可以提高测量速率，减小芯片的功耗。SHT11/15 的产品互换性好，响应速度快，抗干扰能力强，不需要外部元件，适配各种单片机，可广泛用于医疗设备及温度/湿度调节系统中。

二、湿敏传感器的使用

1. 电压特性

当用湿度传感器测量湿度时，所加的测试电压，不能用直流电压。这是由于加直流电压引起感湿体内水分子的电解，致使电导率随时间的增加而下降，故测试电压采用交流电压。湿度传感器的阻值与外加测试电压频率有关，对于离子导电型湿敏元件，测试电压频率一般以 1kHz 为宜；对于电子导电型湿敏元件，测试电压频率应低于 50 kHz。

2. 测湿范围

电阻式湿敏元件在湿度超过 95%RH 时，湿敏膜因湿润溶解，厚度会发生变化，若反复结露与潮解，特性将变差而且不能复原。

电容式湿敏元件在 80% RH 以上高湿及 100%RH 以上结露或潮解状态下，也难以检测。另外，不能将湿敏电容直接进入水中或长期用于结露状态，也不能用手摸或用嘴吹其表面。

3. 测湿精度

相对湿度是温度的函数，温度严重地影响着指定空间内的相对湿度。温度每变化 0.1℃。将产生 0.5%RH 的湿度变化(误差)。使用场合如果难以做到恒温，则提出过高的测湿精度是不合适的。如果没有精确的控温手段，或者被测空间是非密封的，±5%RH 的精度就足够了。对于要求精确控制恒温、恒湿的局部空间，或者需要随时跟踪记录湿度变化的场合，才选用±3%RH 以上精度的湿度传感器。

4. 时漂和温漂

由于湿度传感器必须和大气中的水汽相接触，所以不能密封。这就决定了它的稳定性和寿命是有限的。一般情况下，生产厂商会标明 1 次标定的有效使用时间为 1 年或 2 年，到期负责重新标定。通常氧化物半导体陶瓷湿敏电阻温度系数为 0.1～0.3，在测试精度要求高的情况下必须进行温度补偿。

5．安装要求

湿敏传感器应安装在空气流动的环境中，传感器的延长线应使用屏蔽线，最长不超过 1 米。

◆ 任务实施

一、湿敏传感器的选型

一般在常温洁净环境，连续使用的场合，应选用高分子湿度传感器，这类传感器精度高，稳定性好。在高温恶劣环境，应选用加热清洗的陶瓷湿度传感器，这类传感器耐高温，通过定期清洗能除去吸附在敏感体表面的灰尘、气体、油雾等杂物，使性能恢复。

由于浴室的特定环境，结合湿敏传感器的相关知识，选用结露型传感器为主要器件制作浴室镜面水汽清除器。

HDP-07 系列结露传感器(如图 3-7 所示)是基于独特设计的电阻元件，热硬化性树脂结构，通过自身的阻值变化去测量或预测空气的结露，在相对湿度 93%RH 的时候阻值会变得很大，适合做湿度开关用。它具有体积小巧，稳定性好，反应快，精度及线性好的特点。供电电压：最大 0.8V；工作温度：0～+60℃；工作湿度：0%～100%RH；在 75%～100%RH 范围内阻值变化：1～100kΩ。主要使用于录像机、摄像机、复印机、汽车及除冰(或霜)装置。

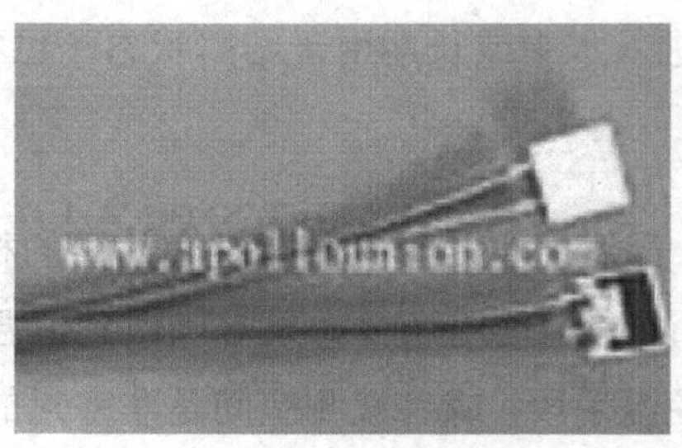

图 3-7　HDP-07 型结露传感器

二、湿敏传感器的实际应用

图 3-8 所示的浴室镜面水汽清除器主要由电热丝、结露控制器、控制电路等组成，其中电热丝和结露控制器安装在玻璃镜子的背面，用导线将它们和控制电路连接。图 3-8 中 B

为结露控制器 HDP-07 型结露传感器，用来检测浴室内空气的水汽。VT_1和VT_2组成施密特电路，它根据结露传感器感知水汽后的阻值变化，实现两种稳定的状态。当玻璃镜面周围的空气湿度变低时，结露传感器阻值变小，约为 2kΩ，此时 VT_1的基极电位约 0.5V，VT_2的集电极为低电位，VT_3和VT_4截止，双向晶闸管不导通。如果玻璃镜面周围的湿度增加，使结露传感器的阻值增大到 50kΩ 时，VT_1导通，VT_2截止，其集电极电位变为高电位，VT_3和VT_4均导通，触发晶闸管 VS 导通，加热丝 R_L通电，使玻璃镜面加热。随着镜面温度逐步升高，镜面水汽被蒸发，从而使镜面恢复清晰。加热丝加热的同时，指示灯 VD_2点亮。调节 R_1的阻值，可使加热丝在确定的某一相对湿度条件下开始加热。

控制电路的电源由 C_3降压，经整流、滤波和 VD_3稳压后供给。控制电路及电加热器的安装如图 3-1 所示。控制电路安装在自选的塑料盒内，将电路板水平安装并固定好；使用时，通过改变电阻 R_1的阻值，可使加热器的通、断预先确定在某相对温度范围内。选取电热褥的高绝缘电热丝作为电加热器，其长度可根据镜面的大小来确定。参照图示的形状缝制在一块普通布上。用 801 胶将布粘在镜子背面。粘接时，只需在布的 4 个角上涂胶，胶量不宜太大，固定住即可。此外，固定结露元件也可用此法，注意粘接元件时不能沾污感湿膜面。

三、测量参考电路

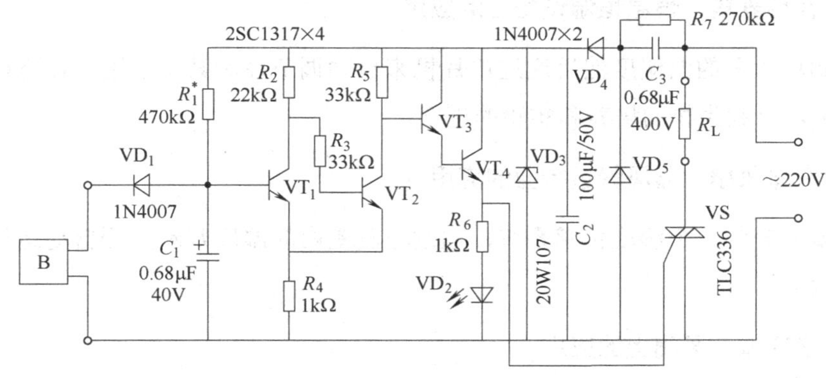

图 3-8　浴室镜面水汽清除器电路

四、总结调试

(1)　元件开始通电工作时，没有接触可燃性气体，其电导率也急剧增加，1 分钟后达到稳定，这时方可正常使用，这段变化在设计电路时可采用延时处理解决。

(2)　加热电压的改变会直接影响元件的性能，所以在规定的电压范围内使用为佳。

(3) 负载电阻可根据需要适当改动，不影响元件灵敏度。

(4) 环境温湿度的变化会给元件电阻带来小的影响，当元件在精密仪器上使用时，应进行温湿度补偿，最简便的方法是采用热敏电阻补偿之。

(5) 避免腐蚀性气体及油污染，长期使用需防止灰尘堵塞防爆不锈钢网。

(6) 使用条件：温度-15～35℃；相对湿度45%～75%RH；大气压力80～106kPa。

◆ 能力拓展

一、湿度控制在小家电上的使用

1. 湿度在加湿机、除湿机上的应用

湿度显示，让你了解现在的室内湿度是多少度，以便判断是否需要启动加湿机或除湿机；在能够判断室内湿度的情况下智能化，根据程序里湿度的设定来自动开机或待机，让室内始终保持让人舒适的湿度环境。

2. 湿度在日用品或工艺品上的应用

在工艺品或小饰品上装湿度显示仪，通过湿敏元件来感应室内的湿度并显示出来，既美观大方又有实用价值。

3. 湿度在培养箱、恒温恒湿设备上的应用

通过监测环境里的温湿度然后通过单片机来自动调节控制其温湿度，让室内保持模拟下的良好环境，有利生物的培养和实验的进行。

4. 湿度在排风扇、通风管道行业的应用

在排风扇内安装一个湿度传感系统，通过检测室内的湿度判断是否自动运行排风扇，以达到智能效果。

5. 湿度在空调、风扇上的应用

在空调控制板或风扇控制板上装载湿度控制模块，使其具有显示室内温湿度并进行智能控制的功能。

6. 湿度在美容行业的应用

染发烘干时可以根据头发的湿度来判断是否需要清洗等。

7. 湿度在电力柜上的应用

由于湿度达到一定程度的时候，电力柜里的设备会有短路的危险，所以在常规的电力

柜中都必须有一个检测，并自动除湿的模块来消除漏电的安全隐患。

8．湿度在其他行业的应用

在日常的生活中，只要是需要显示和判断湿度，或者是需要利用湿度来自动控制的家电产品。

二、干湿球湿度计

又叫干湿计。利用水蒸发要吸热降温，而蒸发的快慢(即降温的多少)是和当时空气的相对湿度有关这一原理制成的。其构造是用两支温度计，其一在球部用白纱布包好，将纱布另一端浸在水槽里，即由毛细作用使纱布经常保持潮湿，此即湿球。另一未用纱布包而露置于空气中的温度计，谓之干球(干球即表示空气的温度)。如果空气中水蒸气量没饱和，湿球的表面便不断地蒸发水汽，并吸取气化热，因此湿球所表示的温度都比干球所示要低。空气越干燥(即湿度越低)，蒸发越快，不断地吸取气化热，使湿球所示的温度降低，而与干球间的差增大。相反，当空气中的水蒸气量呈饱和状态时，水便不再蒸发，也不吸取气化热，湿球和干球所示的温度，即会相等。使用时，应将干湿计放置距地面 1.2～1.5 米的高处。读出干、湿两球所指示的温度差，由该湿度计所附的对照表就可查出当时空气的相对湿度。因为湿球所包之纱布水分蒸发的快慢，不仅和当时空气的相对湿度有关，还和空气的流通速度有关。所以干湿球温度计所附的对照表只适用于指定的风速，不能任意应用。

早在 18 世纪人类就发明了干湿球湿度计，干湿球湿度计的准确度还取决于干球、湿球两支温度计本身的精度，湿度计必须处于通风状态，只有纱布水套、水质、风速都满足一定要求时，才能达到规定的准确度。干湿球湿度计的准确度只有 5%～7%RH。

三、房间湿度控制器

湿度传感器应用的电路原理图如图 3-9 所示，传感器的相对湿度值为 0%～100%RH，所对应的输出信号为 0～100mV。将传感器输出信号分成三路分别接在 A_1 的反相输入端，A_2 的同相输入端和显示器的正输入端。A_1 和 A_2 为开环应用，作为电压比较器，只需将 R_{P1} 和 R_{P2} 调整到适当的位置，便构成了上、下限控制电路。

当相对湿度上升时，传感器输出电压值也随着上升，升到一定数值时，KA_1 释放。相对湿度值继续上升，如超过设定数值时，A_2 的 7 脚将突然升高，使 VT_2 导通，同时 LED_2 发红光，表示空气太潮湿，KA_2 吸合，接通排气扇，排除空气中的潮气。相对湿度降到一定数值时，KA_2 释放，排气扇停止工作。

当相对湿度下降时，传感器输出电压值也随着下降；当降到设定数值时，A_1 的 1 脚电位将突然升高，使 VT_1 导通，同时，LED_1 发绿光，表示空气太干燥，KA_1 吸合，接通超声波加湿机。这样，室内的相对湿度就可以控制在一定范围之内了。

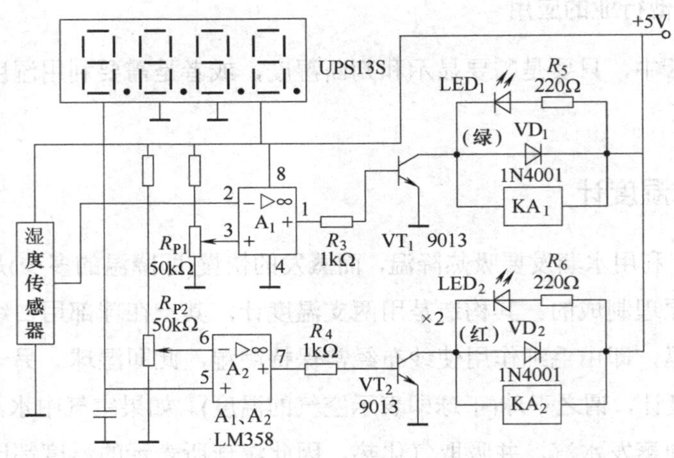

图 3-9　房间湿度控制器电路

思考与练习题

3-1．什么是绝对湿度和相对湿度？

3-2．简述几种湿敏传感器的组成、工作原理及特性。

3-3．使用湿度传感器时应注意哪些事项？加热去污的方法是什么？

3-4．设计分析一个湿敏传感器的实际应用电路。

情境四 力的检测

【情境描述】

测力和秤重中都要用到力的测量，力的测量需要通过力敏传感器间接完成，力敏传感器是将各种力学量转换为电信号的器件，是使用广泛的一种传感器，它是生产过程中自动化监测的重要部件。它的种类很多，有直接将力变换为电量的，如压电式、压阻式传感器等，有经弹性敏感元件或其他敏感元件变换后再转换成电量的，如电阻式、电容式、电感式传感器等。

任务一 重量的检测

◆ 任务要求

在日常生活中，广泛使用各种秤重设备。为了方便使用，充分发挥秤重设备体积小巧、安全实用、成本低廉、便于携带等特点，一般会使用手提式电子秤，如图 4-1 所示，秤重范围为 1～2000g，可选择电阻应变式测力传感器。

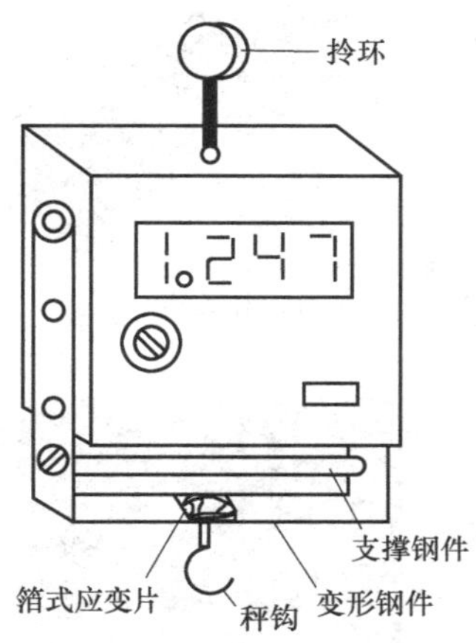

图 4-1 数显手提式电子秤外形

◆ 知识引入

力是物理基本量之一，因此各种动态、静态力的大小的测量十分重要，力学量包括质量、力、力矩、压力、应力等。力学传感器是将各种力学量转换为电信号的器件，力学量可分为几何学量、运动学量及力学量三部分，其中几何学量指的是位移、形变、尺寸等，运动学量是指几何学量的时间函数，如速度、加速度等。力传感器的测量示意图如图 4-2 所示。

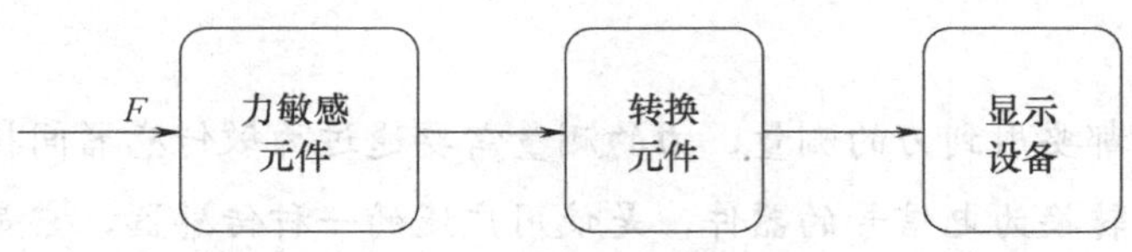

图 4-2　力传感器的测量示意图

一、认识力传感器

力学传感器的种类繁多，如应变式传感器、压阻式传感器、电感式压力传感器、电容式压力传感器、谐振式压力传感器及电容式加速度传感器等。如应用最为广泛的是应变式电阻传感器其外形如图 4-3 所示，它具有极低的价格和较高的精度以及较好的线性特性。

(a) 箔式压力　(b) 柱式　(c) 悬臂梁式

(d) 桥式　(e) 轮辐式　(f) S 型拉压式

图 4-3　各种应变式电阻传感器的外形图

1．测力传感器的弹性敏感元件

物体在外力作用下改变原来尺寸或形状的现象称为变形。如果变形后的物体在外力去除后又恢复原来形状的变形称为弹性变形，具有弹性变形特性的物体称为弹性敏感元件。弹性敏感元件把力或压力转换成了应变或位移，然后再由传感器将应变或位移转换成电信号。弹性敏感元件是一个非常重要的传感器部件，应具有良好的弹性、足够的精度，应保证长期使用和温度变化时的稳定性。

1)　弹性敏感元件的基本概念

(1)　刚度

刚度是弹性元件在外力作用下变形大小的量度，一般用 K 表示，$K=\dfrac{\mathrm{d}F}{\mathrm{d}x}$。

(2)　灵敏度

灵敏度是指弹性敏感元件在单位力作用下产生变形的大小，在弹性力学中称为弹性元件的柔度。它是刚度的倒数，用 S 表示，$S=\dfrac{1}{K}=\dfrac{\mathrm{d}x}{\mathrm{d}F}$。

刚度和灵敏度表示了弹性元件的软硬程度。元件越硬，刚度越大，单位力作用下变形越小，灵敏度越小。当刚度和灵敏度为常数时，作用力 F 与变形 x 成呈线性关系，此种元件称为线性弹性元件。

(3)　弹性滞后

实际的弹性元件安装在试件上以后，在加载和卸载过程中，对同一机械应变量，两过程的特性曲线并不重合，卸载时的指示应变高于加载时的指示应变，这种现象称为应变片的弹性滞后。它会给测量带来误差，产生弹性滞后的主要原因是敏感栅、基底和黏合剂在承受机械应变之后留下的残余变形所致。

(4)　弹性后效

当载荷从某一数值变化到另一数值时，弹性元件变形不是立即完成相应的变形，而是经一定的时间间隔逐渐完成变形的，这种现象称为弹性后效。

(5)　固有振荡频率

弹性敏感元件都有自己的固有振荡频率 f_0，它将影响传感器的动态特性。传感器的工作频率应避开弹性敏感元件的固有振荡频率，往往希望 f_0 较高。

2)　弹性敏感元件的基本要求

(1)　具有良好的机械特性(强度高、抗冲击、韧性好、疲劳强度高等)和良好的机械加工及热处理性能。

(2)　良好的弹性特性(弹性极限高、弹性滞后和弹性后效小等)。

(3) 弹性模量的温度系数小且稳定，材料的线膨胀系数小且稳定。

(4) 抗氧化性和抗腐蚀性等化学性能良好。

2. 电阻应变计

应变式传感器的弹性敏感元件是电阻应变计(也称应变计或应变片)，是利用应变计的应变效应把应变变化转换成电阻变化的传感器，广泛用于工程测量和科学实验中的应力、应变力、扭矩、加速度、压力等非电量测量。

应变即应变效应是指导体或半导体材料在受到外界力(拉力或压力)作用时，将产生机械变形，机械变形会导致其电阻值变化。

电阻应变片应用最多的是金属电阻应变片和半导体应变片两种，金属电阻应变片又有丝状应变片和金属箔状应变片两种，半导体应变片是用锗或硅等半导体材料作为敏感栅，如图 4-4 所示。通常是将应变片通过特殊的黏合剂紧密地黏合在产生力学应变基体上，当基体受力发生应力变化时，电阻应变片也一起产生形变，使应变片的阻值发生改变，从而使加在电阻上的电压发生变化。这种应变片在受力时产生的阻值变化通常较小，一般这种应变片都组成应变电桥，并通过后续的仪表放大器进行放大，再传输给处理电路(通常是 A/D 转换和 CPU)显示或执行。

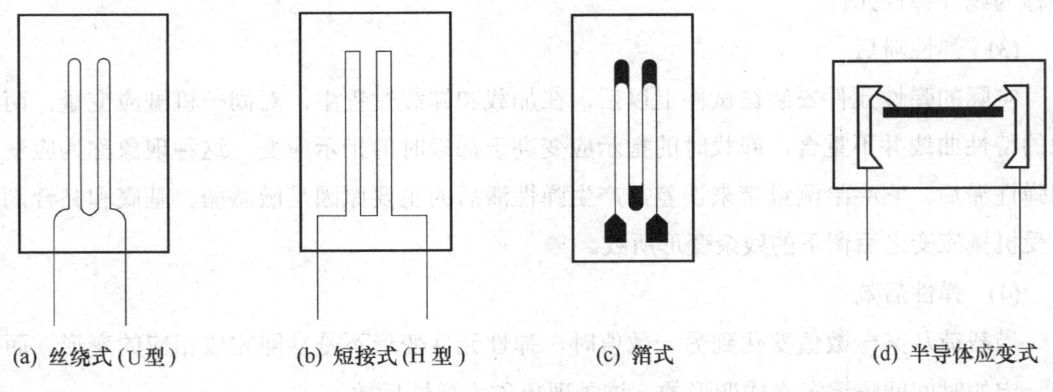

图 4-4 应变片的类型

1) 金属电阻应变片

金属电阻应变片的内部结构由敏感栅(金属应变丝或应变箔)、基体材料、绝缘保护片和引出线等部分组成，如图 4-5 所示。

(1) 敏感栅

应变片的核心是敏感栅，由某种金属丝、金属箔绕成栅形，它被粘贴在基体上，通过基体把应变传递给它，敏感栅是转换元件，它把感受到的应变转换为电阻的变化。

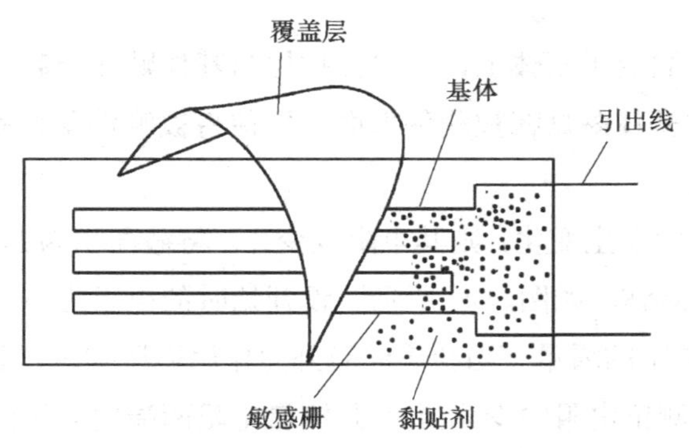

图 4-5　金属电阻应变片的结构

应变片的电阻值指应变片在未经安装也不受外力的情况下，在室温测得的电阻值。根据不同的用途，应变丝的阻值可以由设计者设计，但电阻的取值范围应注意：阻值太小，所需的驱动电流太大，同时应变片的发热致使本身的温度过高，不同的环境中使用，会使应变片的阻值变化太大，输出零点漂移明显，调零电路过于复杂；电阻太大，阻抗太高，抗外界的电磁干扰能力较差。一般电阻值均为几十欧至几十千欧左右，目前常用的电阻系列有 60Ω、120Ω、200Ω、350Ω、500Ω、1000Ω、1500Ω 等，其中以 120Ω 最为常用。为了提高灵敏度，常采用较高的工作电压和较小的工作电流，则需选用 350Ω、500Ω 和 1000Ω 的电阻应变片。

金属应变箔的敏感栅是由很薄的金属箔片用光刻、腐蚀等技术制作，箔栅厚度一般在 0.003～0.01mm 之间。与丝式应变片相比，金属箔式应变片具有散热性能好，允许电流大，灵敏度高，寿命长，可制成任意形状，易加工，生产效率高等优点，因此应用范围日益扩大，已逐渐取代丝式应变片而占主要的地位。

金属薄膜应变片是采用真空蒸镀或溅射式阴极扩散等方法，在薄的基底材料上制成一层金属电阻材料薄膜以形成应变片。这种应变片有较高的灵敏度系数，允许电流密度大，工作温度范围较广。

(2)　基体与保护层

基体用于保护敏感栅、引线的几何形状和相对位置；保护层既保护敏感栅和引线的形状和相对位置，还可以保护敏感栅。基体、保护层均由专门的薄纸制成，基体的厚度一般为 0.002～0.04mm。

(3)　引线

它是应变片敏感栅中引出的细金属线，大多数敏感栅材料都可制作引线。引出线焊接于敏感栅两端，作连接测量导线之用。

(4) 黏贴剂

用黏贴剂将敏感栅固定于基体上，并将保护层与基体贴在一起。使用金属应变片时，也需用粘贴剂将应变片基体黏贴在被测件表面，以便将被测件受力后的表面应变传递给敏感栅。

若金属应变丝的尺寸发生变化，则其电阻也变化。将截面积为 S、长度为 L 的金属线拉长 ΔL，那么截面积减少ΔS，如图 4-6 所示。设开始时的电阻为 R，那么拉长后的电阻为 $R+\Delta R$，这里的 ΔR 是电阻的增量。当金属丝受外力作用而压缩时，长度减小而截面增加，电阻值则会减小。只要测出电阻的变化(通常是测量电阻两端的电压)，即可获得应变金属丝的应变情况。

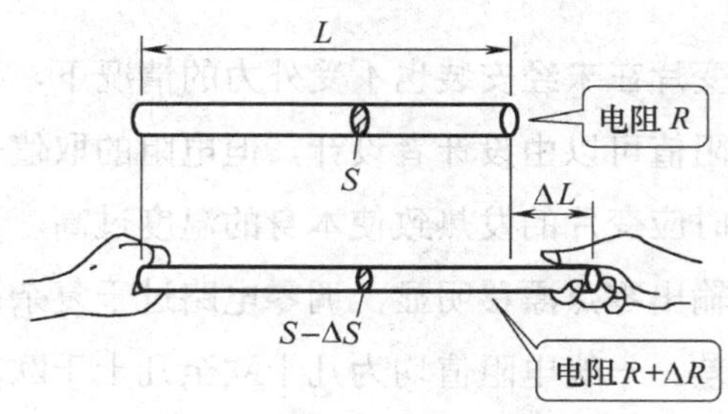

图 4-6　拉长导体电阻变大

考虑材料的杨氏模量和泊松比等因素后进行计算，得到如下关系。

$$\frac{\Delta R}{R} \approx K_{\mathrm{S}} \frac{\Delta L}{L} \tag{4-1}$$

$\frac{\Delta R}{R}$ 是电阻的变化率，$\frac{\Delta L}{L}$ 是应变，称 K_{S} 为金属丝的应变灵敏系数，对于一种金属在一定范围内为常数，例如康铜 $K_{\mathrm{S}}=2.0$，其他金属与合金 K_{S} 在 1.8～3.6 范围内。对于金属而言，应变时ΔL 的变化对ΔR 的变化是主要的；对于半导体材料，$\Delta\rho$ 的变化对ΔR 的变化是主要的。

2)　半导体电阻应变片

半导体电阻应变片是利用半导体材料的压阻效应而制成的一种纯电阻性元件。对一块半导体材料的某一轴向施加一定的载荷而产生应力时，它的电阻率会发生变化，这种物理现象称为半导体的压阻效应。半导体电阻应变片的灵敏系数比金属电阻应变片的灵敏系数大数十倍，横向效应和机械滞后极小，但其温度稳定性和线性度比金属电阻应变片差很多。半导体应变片有以下几种类型。

(1) 体型半导体电阻应变片

这是一种将半导体材料硅或锗晶体按一定方向切割成的片状小条，经腐蚀压焊粘贴在基片上而成的应变片，其结构如图 4-7 所示，它由硅膜片、基片和引线组成，核心是硅膜片(作为弹性敏感元件)。

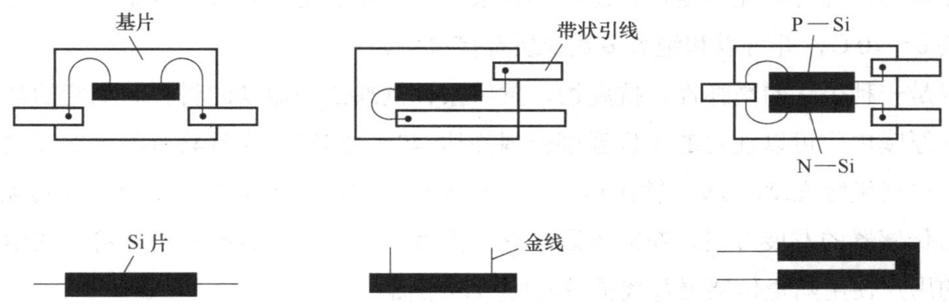

图 4-7 体型半导体电阻应变片的结构

(2) 薄膜型半导体电阻应变片

这种应变片是利用真空沉积技术将半导体材料沉积在带有绝缘层的试件上而制成，其结构示意图如图 4-8 所示。

(3) 扩散型半导体电阻应变片

将 P 型杂质扩散到 N 型硅单晶基底上，形成一层极薄的 P 型导电层，再通过超声波和热压焊法接上引出线就形成了扩散型半导体应变片。图 4-9 为扩散型半导体应变片示意图，这种传感器由于工艺一致性好，灵敏度高，因此漂移抵消，迟滞、蠕变非常小，动态响应快，测量精度高、稳定性好、温度范围宽、易小型化、能批量生产和使用方便，是一种应用很广的半导体应变片。

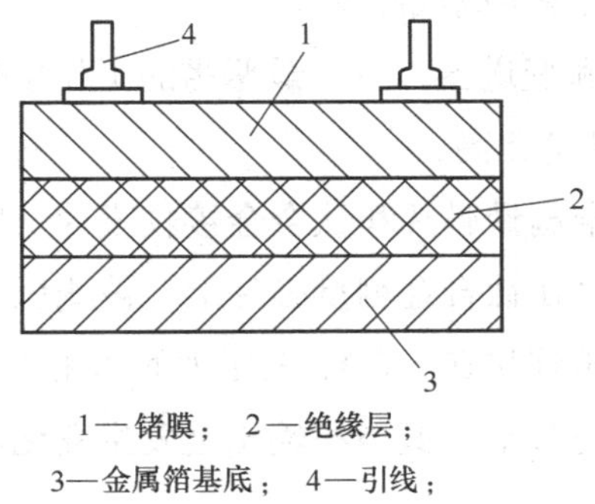

1—锗膜； 2—绝缘层；
3—金属箔基底； 4—引线；

图 4-8 薄膜型半导体应变片

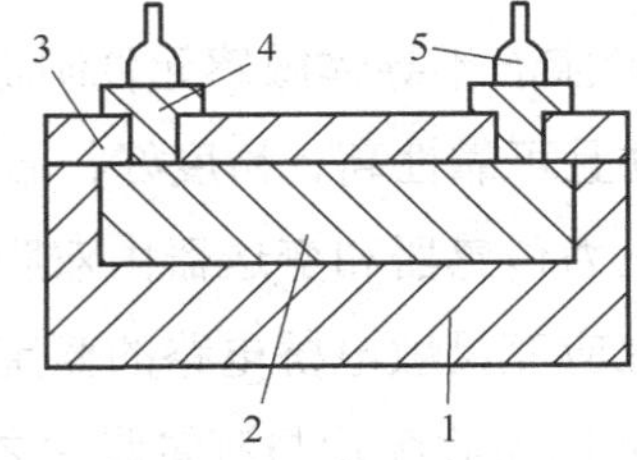

1—N 型硅； 2—P 型硅扩散层；
3— 二氧化硅绝缘层； 4—铝电极； 5—引线

图 4-9 扩散型半导体应变片

3. 陶瓷压力传感器

抗腐蚀的陶瓷压力传感器没有液体的传递，压力直接作用在陶瓷膜片的前表面，使膜片产生微小的形变，厚膜电阻印刷在陶瓷膜片的背面，连接成一个惠斯通电桥(闭桥)，由于压敏电阻的压阻效应，使电桥产生一个与压力成正比的高度线性、与激励电压也成正比的电压信号，标准的信号根据压力量程的不同标定为 2.0mV/3.0mV/3.3mV 等，可以和应变式传感器相兼容。通过激光标定，传感器具有很高的温度稳定性和时间稳定性，传感器自带温度补偿 0～70℃，并可以和绝大多数介质直接接触。

陶瓷是一种公认的高弹性、抗腐蚀、抗磨损、抗冲击和振动的材料。陶瓷的热稳定特性及它的厚膜电阻可以使它的工作温度范围高达-40～135℃，而且具有测量的高精度、高稳定性。电气绝缘程度>2kV，输出信号强，长期稳定性好。高特性，低价格的陶瓷传感器将是压力传感器的发展方向，在欧美国家有全面替代其他类型传感器的趋势，在中国也越来越多的用户使用陶瓷传感器替代扩散硅压力传感器。

4．扩散硅压力传感器

被测介质的压力直接作用于传感器的膜片(不锈钢或陶瓷)上膜片产生与介质压力成正比的微位移，使传感器的电阻值发生变化，用电子线路检测这一变化，并转换输出一个对应于这一压力的标准测量信号。

5．蓝宝石压力传感器

利用应变电阻式工作原理，采用硅-蓝宝石作为半导体敏感元件，具有无与伦比的计量特性。蓝宝石系由单晶体绝缘体元素组成，不会发生滞后、疲劳和蠕变现象；蓝宝石比硅要坚固，硬度更大，不怕形变；蓝宝石有着非常好的弹性和绝缘特性(1000℃以内)，因此，利用硅-蓝宝石制造的半导体敏感元件，对温度变化不敏感，即使在高温条件下，也有着很好的工作特性；蓝宝石的抗辐射特性极强；另外，硅-蓝宝石半导体敏感元件，无 P-N 漂移，因此，从根本上简化了制造工艺，提高了重复性，确保了高成品率。

用硅-蓝宝石半导体敏感元件制造的压力传感器和变送器，可在最恶劣的工作条件下正常工作，并且可靠性高、精度好、温度误差极小、性价比高。

表压压力传感器和变送器由双膜片构成：钛合金测量膜片和钛合金接收膜片。印刷有异质外延性应变灵敏电桥电路的蓝宝石薄片，被焊接在钛合金测量膜片上。被测压力传送到接收膜片上(接收膜片与测量膜片之间用拉杆坚固地连接在一起)。在压力的作用下，钛合金接收膜片产生形变，该形变被硅-蓝宝石敏感元件感知后，其电桥输出会发生变化，变化的幅度与被测压力成正比。

传感器的电路能够保证应变电桥电路的供电，并将应变电桥的失衡信号转换为统一的电信号输出(4～20mA 或 0～5V)。在表压压力传感器和变送器中，蓝宝石薄片与陶瓷基极玻璃焊料连接在一起，起到了弹性元件的作用，将被测压力转换为应变片形变，从而达到压力测量的目的。

6．半导体压力传感器

应变片的材料通常是金属，但近来采用可获得电阻变化是金属的 100 倍以上的半导体。用它可测定 1×10^{-6} 大小的应变。制造工艺类似于 IC(集成电路)的半导体压力传感器已受到关注。例如已开发的有作为汽车发动机的各种压力传感器，这种传感器的大小为数平方毫米，厚度为 1mm，而作为心脏内的血压传感器，可装在插管的前端，大小为 1(mm)×2(mm)左右；等等。半导体压力传感器应用在电动吸尘器上，可通过测吸力来控制吸尘器。例如，吸尘器吸入纸和窗帘等物时能使电机自动停止；打扫地毯时可提高转速等。

二、力传感器的使用

1．电桥电路

电阻应变式传感器是将力的变化转换为应变片电阻值的变化，由于电阻值的变化范围很小，如果直接用电阻表测量其电阻值的变化将十分困难，且误差很大。所以必须使用专门的电路来测量这种微弱的电阻变化，最常用的测量电路为电桥电路，如图 4-10 所示。当 $R_L=\infty$ 时，电桥输出电压为 $U_O=(\frac{R_1}{R_1+R_2}-\frac{R_3}{R_3+R_4})E$，当电桥平衡时，$U_o=0$，则有 $R_1R_4=R_2R_3$；当 $R_1=R_2=R_3=R_4=R$ 时，为等臂电桥；当 $R_1=R_3=R$、$R_2=R_4=R'$ 时为输出对称电桥。

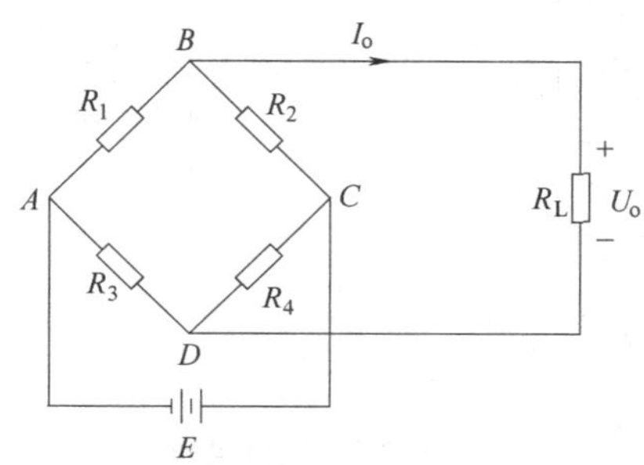

图 4-10　电桥电路

1)　单臂电桥

R_1 为电阻应变片，R_2、R_3、R_4 为电桥固定电阻，这就构成了单臂电桥，如图 4-11 所示。起始时，应变片未承受应变，电桥平衡 $R_1R_4=R_2R_3$，此时 $U_o=0$。当应变片承受应变时，则 R_1 增大为 $R_1+\Delta R$，对于等臂电桥和输出对称电桥，此时的输出电压为：$U_o=\frac{E}{4}\frac{\Delta R}{R}$。

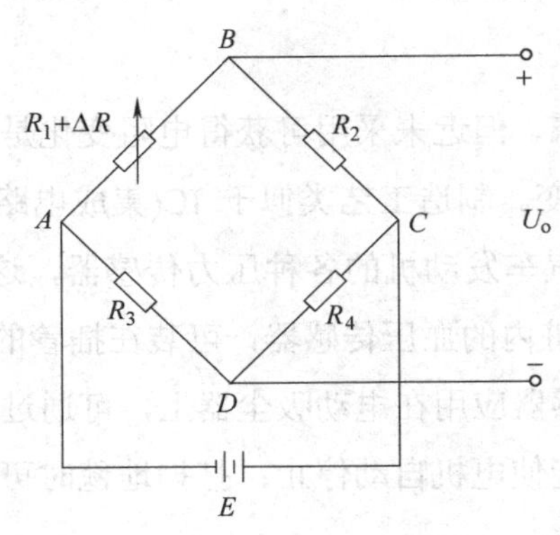

图 4-11　单臂电桥

2)　双臂电桥(差分半桥)

双臂电桥又称为差分半桥，如图 4-12(a)所示，R_1、R_2 为电阻应变片，R_3、R_4 为电桥固定电阻。当应变片承受应变时，则 R_1 增大为 $R_1+\Delta R$，同时 R_2 减少为 $R_2-\Delta R$，此时等臂电桥的输出电压为单臂工作时的 2 倍，其输出电压为：$U_o=\frac{E}{2}\frac{\Delta R}{R}$。

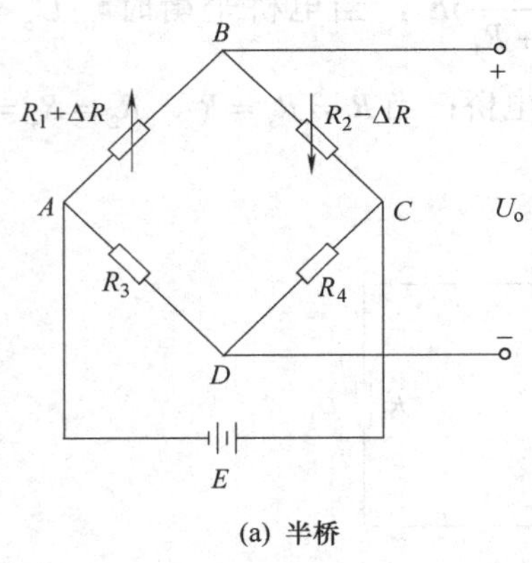

(a) 半桥

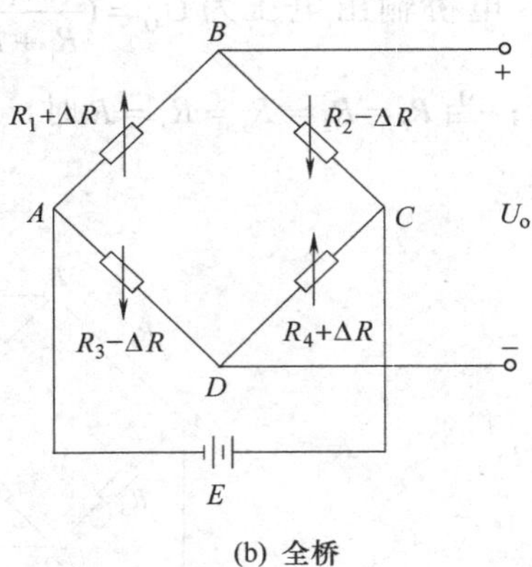

(b) 全桥

图 4-12　差分电桥

3)　差分全桥

差分全桥如图 4-12(b)所示，R_1、R_2、R_3、R_4 均为电阻应变片，当应变片承受应变时，则 R_1 和 R_4 增大为 ΔR，R_2、R_3 减少 ΔR，此时等臂电桥的输出电压为单臂电桥的 4 倍，其输出电压为 $U_o=E\frac{\Delta R}{R}$。

由上述 3 种工作方式中，差分全桥工作方式的灵敏度最高，差分半桥次之，单臂电桥灵敏度最低。采用差分电桥还能实现温度变化的自动补偿。因此，一般采用差分全桥电路。

2．应变片的粘贴工艺步骤

1)　应变片的检查与选择

首先要对采用的应变片进行外观检查，观察应变片的敏感栅是否整齐、均匀，是否有锈斑以及短路和折弯等现象。其次要对选用的应变片的阻值进行测量，阻值选取合适将对传感器的平衡调整带来方便。

2)　试件的表面处理

为了获得良好的黏合强度，必须对试件表面进行处理，清除试件表面杂质、油污及疏松层等。一般的处理办法可采用砂纸打磨，较好的处理方法是采用无油喷砂法，这样不但能得到比抛光更大的表面积，而且可以获得质量均匀的结果。为了表面的清洁，可用化学清洗剂如氯化碳、丙酮、甲苯等进行反复清洗，也可采用超声波清洗。值得注意的是，为避免氧化，应变片的粘贴尽快进行。如果不立刻贴片，可涂上一层凡士林暂作保护。

3)　底层处理

为了保证应变片能牢固地贴在试件上，并具有足够的绝缘电阻，改善胶接性能，可在粘贴位置涂上一层底胶。

4)　贴片

将应变片底面用清洁剂清洗干净，然后在试件表面和应变片底面各涂上一层薄而均匀的黏合剂。待稍干后，将应变片对准划线位置迅速贴上，然后盖一层玻璃纸，用手指或胶棒加压，挤出气泡及多余的胶水，保证胶层尽可能薄而均匀。

5)　固化

黏合剂的固化是否完全，直接影响到胶的物理机械性能。关键是要掌握好温度、时间和循环周期。无论是自然干燥还是加热固化都要严格按照工艺规范进行。为了防止强度降低、绝缘破坏以及电化腐蚀，在固化后的应变片上应涂上防潮保护层，防潮层一般可采用稀释的黏合胶。

6)　粘贴质量检查

首先是从外观上检查粘贴位置是否正确，黏合层是否有气泡、漏粘、破损等。然后是测量应变片敏感栅是否有断路或短路现象以及测量敏感栅的绝缘电阻。

7)　引线焊接与组桥连线

检查合格后既可焊接引出导线，引线应适当加以固定。应变片之间通过粗细合适的漆包线连接组成桥路。连接长度应尽量一致，且不宜过长。

3．称重传感器使用注意事项

(1)　选择称重传感器一定要考虑环境因素、适用范围和精度要求。

(2) 选用的称重传感器一般工作在满量程的 30%～70%之间。

(3) 称重传感器使用中最大载荷不能超过满量程的 120%。

(4) 传感器和仪表应定期进行标定，确保使用精度。

(5) 电桥电压要稳定，稳漂、时漂要小，否则会引起测量误差。

◆ 任务实施

一、力传感器的选型

传感器 R_1 采用 E350-2AA 箔式电阻应变片， 其常态阻值为 350Ω，测量电路将 R_1 产生的电阻应变量转换成电压信号输出。

金属箔式应变片和丝式应变片相比较，有以下特点。

(1) 金属箔栅很薄，因而它所感受的应力状态与试件表面的应力状态更为接近。其次，当箔材和丝材具有同样的截面积时，箔材与粘接层的接触面积比丝材大，使它能更好地和试件共同工作。第三，箔栅的端部较宽，横向效应较小，因而提高了应变测量的精度。

(2) 箔材表面积大，散热条件好，故允许通过较大电流，因而可以输出较大信号，提高了测量灵敏度。

(3) 箔栅的尺寸准确、均匀，且能制成任意形状，特别是为制造应变花和小标距应变片提供了条件，从而扩大了应变片的使用范围。

(4) 便于成批生产。

(5) 缺点：电阻值分散性大，有的相差几十欧，故需要作阻值调整；生产工序较为复杂，因引出线的焊点采用锡焊，因此不适于高温环境下测量；此外价格较贵。

二、力传感器的实际应用

数显电子秤电路原理如图 4-13 所示，其主要部分为电阻应变式传感器 R_1 及 IC_2、IC_3 组成的测量放大电路，以及 IC_1 和外围元件组成的数显面板表。IC_3 将经转换后的弱电压信号进行放大，作为 A/D 转换器的模拟电压输入。IC_4 提供 1.22 V 基准电压，它同时经 R_5、R_6 及 R_{P2} 分压后作为 A/D 转换器的参考电压。$3\frac{1}{2}$ 位 A/D 转换器 ICL7126 的参考电压输入正端由 R_{P2} 中间触头引入，负端则由 R_{P3} 的中间触头引入。两端参考电压可对传感器非线性误差进行适量补偿。电路中 IC_1 选用 ICL7126 集成块；IC_2、IC_3 选用高精度低温漂精密运放 OP07；IC_4 选用 LM385－1.2V 集成块。各电阻元件宜选用精密金属膜电阻；R_{P1} 选用精密多圈电位器；R_{P2}、R_{P3} 经调试后可分别用精密金属膜电阻代替；电容 C_1 选用云母电容或瓷介电容。

三、测量参考电路

数显电子秤电路原理如图 4-13 所示。

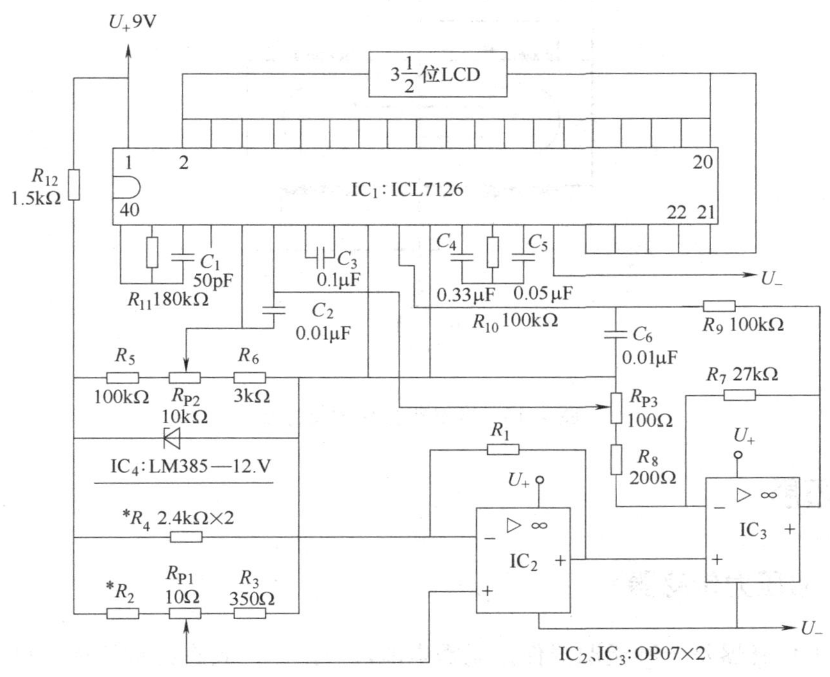

图 4-13　数显电子秤电路原理图

四、总结调试

该数显电子秤外形可参考图 4-1 所示的形式。其中形变钢件可用普通钢锯条制作，其方法是：首先将锯齿打磨平整，再将锯条加热至微红，趁热加工成“U”形，并在对应位置钻孔，以便以后安装。然后再将其加热至橙红色(约七八百摄氏度)，迅速放入冷水中淬火，以提高刚度，最后进行表面处理工艺。有条件时可采用如图 4-14 所示的准 S 形应变式传感器，其成品价格较高。秤钩可用强力胶粘接于钢件底部。用专用应变胶黏剂将应变片粘贴于钢件变形最大的部位(内侧正中)。这时其受力变化与阻值变化刚好相反。拎环应用活动链条与秤体连接，以便使用时秤体能自由下垂，同时拎环还应与秤钩在同一垂线上。

在调试时，应准备 1kg 及 2kg 标准砝码各一个，其过程如下：

(1)　调零：首先在秤体自然下垂已无负载时调整 R_{P1}，使显示器准确显示零。

(2)　调满度：再调整 R_{P2}，使秤体承担满量程重量(2kg)时显示满量程值。

(3)　校准：然后在秤钩下悬挂 1kg 的标准砝码，观察显示器是否显示 1.000。如有偏差，可调整 R_{P3} 值，使之准确显示 1.000。

(4) 反复调整：重新进行(2)、(3)步骤，使之均满足要求为止。

(5) 电路定型：最后准确测量 R_{P2}、 R_{P3} 的电阻值，并用固定精密电阻予以代替。

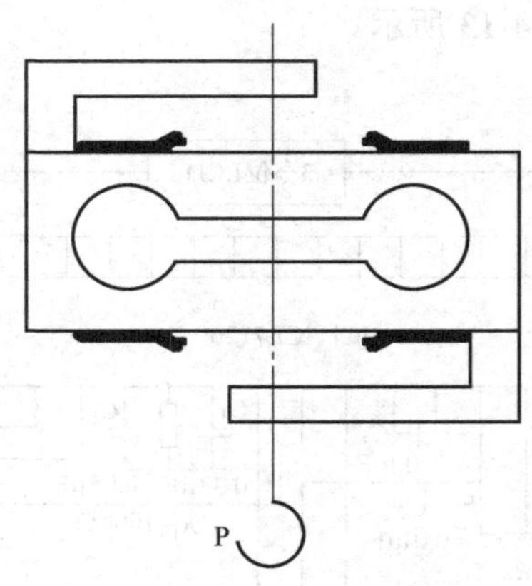

图 4-14 准 S 形应变式传感器

◆ 能力拓展

一、轮胎压力传感器

轮胎压力传感器是一种无源器件，无需电池，免维护，具有结构简单、可靠性高；低能量(约 1mW)、成本低；重量轻(仅 3g 重)，不影响动平衡等优点。

PT5 轮胎压力传感器是基于声表面波原理，采用谐振技术，在直径不到半英寸形如纽扣的传感器内部，嵌入三个谐振子，如图 4-15 所示，除分别对压力和温度敏感的两个，另一个作为频率基准。这些信号经过询问器数字处理可以得到压力和温度信号，并消除了温度对传感器的影响，提高了传感器的准确度。由于其体积小、无线等特性，可安装在轮胎内(如图 4-16 所示)，提高了测量准确度。

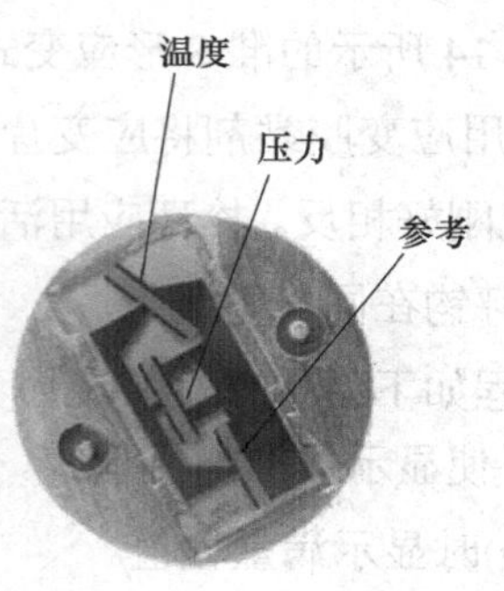

图 4-15 PT5 轮胎压力传感器的谐振子

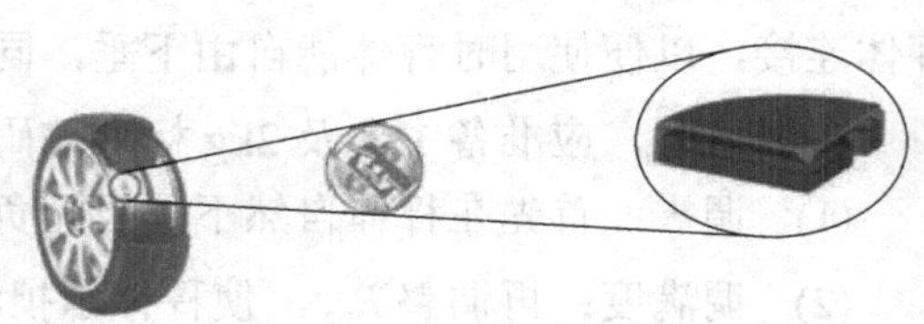

图 4-16 轮胎压力传感器的安装

二、称重传感器

电子计价秤通常选用如图 4-17 所示的以铝合金为材料的双复梁式结构的称重传感器。其中，图 4-17(a)所示为双连椭圆孔构成应力集中合理的力学结构，秤盘用悬臂梁端部上平面的两个螺孔紧固；图 4-17(b)为用四连孔构成应力集中合理的力学结构，秤盘用悬臂梁端部侧面的两个螺孔紧固，中间圆孔安插过载保险支杆。以上两种结构形式的称重传感器均可通过锉磨修正四角误差。当称重传感器受外力 F 作用时，产生平行四边形变形，四个应变片分别粘贴在变形较大的部位，电阻值随之变化。当外载荷改变时，由四个电阻应变片组成的电桥输出电压与外加载荷成正比。

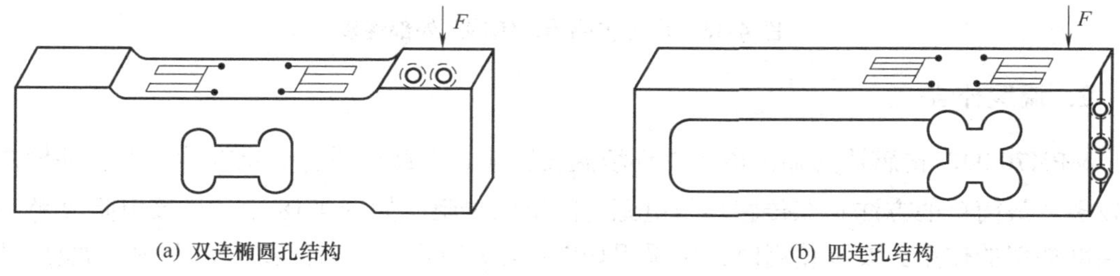

(a) 双连椭圆孔结构　　(b) 四连孔结构

图 4-17　双复梁式称重传感器

三、数字式压力测量仪

数字式压力测量仪也称为智能压力传感器，它是把敏感元件(常用的压力传感器)和信号处理电路集成在一起，并把被测压力以数字的形式输出或显示的仪器。例如，可选用摩托罗拉 MPX700DP 压差传感器作为敏感元件，设计成测量并显示压力的测量装置。

1. 压力传感器的基本结构和特性

图 4-18 所示为压力传感器硅片的俯视图，应变电阻成对角状置于膜片边缘，电源电压由交叉管脚 1 和 3 接入，敏感电阻(其阻值随被测压力大小的变化而变化)上形成的电压由交叉的 2、4 脚输出。MPX700DP 传感器的电源电压为 3V，在任何情况下不要超过 6V。当压力端口的压力高于真空端口的压力时，出现在 2、4 脚的压差电压为正。当采用 3V 电源供电时，满量程时电压输出为 60mV。当零压力加于传感器上时，仍存在一些输出电压，这个电压称为零点偏差。对于 MPX700 系列传感器，零点偏差电压在 0～35mV 范围内，零点偏差电压可由合适的仪表放大器通过调零解决。输出电压随输入压力而线性变化。

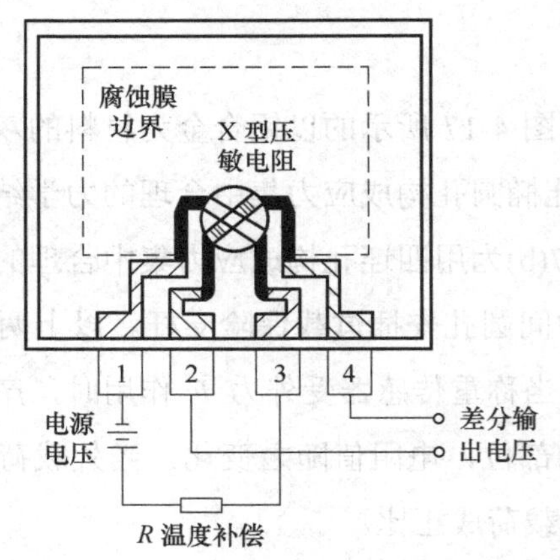

图 4-18　压力传感器的结构及外部连接

2. 温度补偿

MPX700DP 传感器的输出电压受环境温度影响，为此需进行一定补偿。温度补偿的方法较多，最简单的方法是在传感器与电源之间串联电阻，如图 4-18 中的外接电阻 R 就可起到温度补偿的作用。实际使用时，可采用如图 4-19 所示的电路，图中 R_5 和 R_{13} 为温度补偿电阻，在 0～80℃的温度范围内可获得满意的补偿效果。由于传感器的桥驱动电压要求为 3V 左右，而提供的一般稳压电源为 15V，所以在电路串联电阻后，既起到温度补偿的效果，又可对电源电压降压，以满足传感器的电压要求。需要注意的是，由于传感器的输出电压与电源电压具有比例关系，所以 15V 的电压务必要求稳定。在很多应用中，一般 15V 稳压芯片均可提供所需的稳定电源电压。

用串联电阻法进行温度补偿时，其中一个电阻的值必须为传感器电桥输入电阻的 3.577 倍(25℃)，而传感器的电桥输入电阻为 400～500Ω，这样补偿电阻将为 1431～1967Ω。如果需要补偿的量大于±0.5%或使用温度低于 80℃，那么 400～500Ω 中的任何一个值都可用于对补偿电阻的换算。

3. 传感器放大电路

由于 MPX700DP 传感器的输出电压为 mV 级，为了将传感器的输出电压进行放大以驱动后续的电路，在测量电路中必须使用放大器。放大器除了放大传感器的输出电压外，还提供零压力情况下传感器零点偏差电压。整个电路如图 4-19 所示。为达上述目的，电路采用了 3 个运算放大器(采用 LM324)，具有高输入阻抗的运放 IC_{1A} 和 IC_{1B} 可保证不会增加基本传感器的负载。放大器的增益可通过电位器 R_6 进行调节，以满足满量程时应达到的输出。图 4-19 中放大器的增益可表示为

$$A = 2(1 + \frac{B}{R})$$

式中，A 为电路的增益；R 为 R_6、R_7 之和；B 为电路中 R_9、R_{10} 和 R_{12} 的具体阻值。

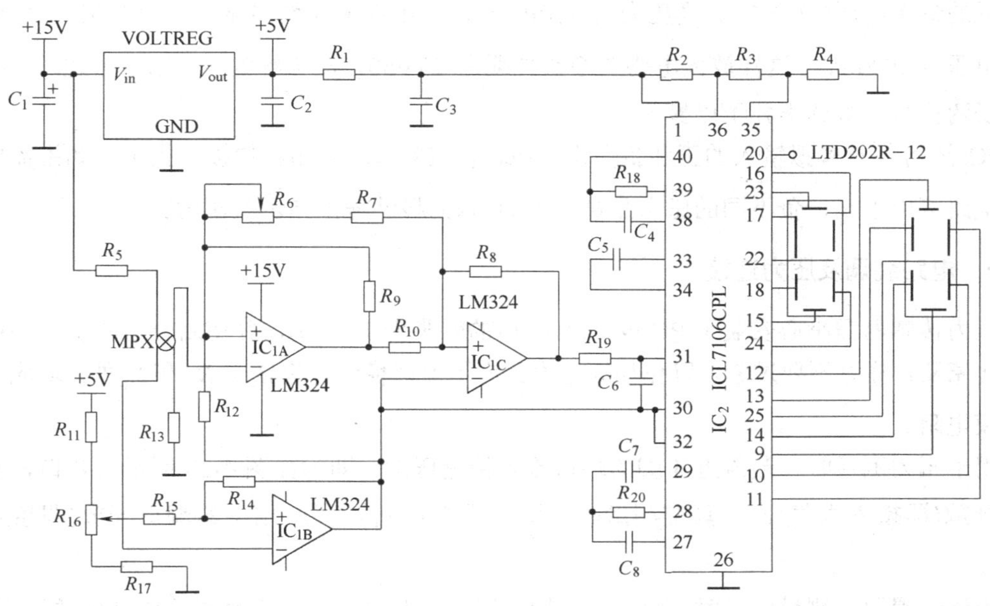

图 4-19　数字压力测量仪电路图

由上式可知，当 R 为无穷大时，增益的最小值为 2。放大器可提供 100 或更高增益(通过调整 R_6)，但在本测试仪中，放大器增益需限制在 2.4～5.3 之间，以适应传感器的满量程范围。

分压器由电阻 R_{15}，R_{16} 和 R_{17} 构成，以提供 IC_{1B} 的反向输入端的可调电压。由于 IC_{1B} 的增益小于 1，故此电压经 IC_{1B} 后，幅度减小。然后再将其加到 A/D 转换器上，这样可减小由于传感器误差电压带来的不良影响。同时也可以使当压力为零时，显示装置相应显示为零。放大器的差分输出取自 LM324 的 7 脚和 8 脚，输出信号经 A/D 转换器后形成相应的数字输出。

4．A/D 转换器

A/D 转换器采用一块高性能的 ICL7106CPL 型 A/D 转换器芯片(IC_2)，将运算放大器差分输出的模拟电压转换成相应的数字量。显示部分采用 2 块 LCD 显示器。

IC_2 内有 7 段数字译码器、显示驱动电路、频率产生器、参考电压和时钟。芯片可直接驱动 3 位半的 LCD，而不需要多路选择式的显示方式。只是在本测试仪中，LCD 的最高位和最低位数字未全被利用。但如果需要较大的范围或较高的分辨率时，未使用的芯片端口可再连接一位半的附加数字显示位。

如果IC_2的 30 脚和 31 脚的模拟差分输入等于 35 脚和 36 脚参考电压两倍的话，IC_2可达到满量程输出。在本测试仪中，分压网络由R_2、R_3和R_4组成，通过对 5V 电压分压以提供合适的参考电压(238mV)。当压力为 100Pa 时，应出现最大数字显示，所以IC_2最大模拟输入电压为 238mV，这样放大电路的增益必须为 238/60，即大约为 4。当压力超过 100Pa 时，低两位数字被读出并予以显示。

IC_2还可以对模拟输入的正和负做出响应，由 20 脚产生相应的极性指示。如果需要的话，电路可用于正、负不同的压力测量，用 20 脚的极性输出指示负压力。

5. 电路装调及压力连接

压力传感器需小心安装于 PC 板上(有缺口的管脚为 1 管脚)，并使用合适的工具和螺钉紧固传感器。注意不要过紧，以免损坏塑壳。为了保证稳定，除R_5、R_{11}和R_8外，均应采用金属膜电阻。

用于压力测量时，最靠近 4 脚的端口接入待测压力，即为如图 4-20 所示的P_1口，其余端口开放(即接入大气压)；真空测量时，则使用端口P_2，同时相反的端口开放(即接入大气压)。

当该装置用于测量压差时，两个端口均要用到。当端口P_1的压力高于端口P_2的压力时，压力读数为正，其值为两端口压力差。同时 A/D 转换器的 20 脚将输出其极性指示。端口与端口的连接须用夹子夹紧压力管，如果夹具不可靠，则压力管有可能会突然脱落。

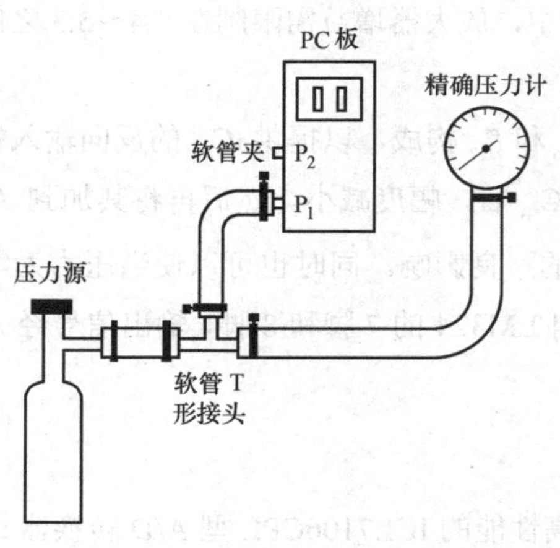

图 4-20 测量仪的连接方式

6. 校准

电路的校准包括零点校准(R_{16})和满量程校准(R_6)两个方面。

校准时，需要压力可达 100Pa 的压力源和精确的压力表。由于传感器的输出电压与电源电压的大小密切相关，所以电路校准必须使用标准 15V 电源。任何电源的变化都会引起校准误差。当启动测量装置后，在零压力时，通过调节 R_{16} 使输出显示值为零。注意：当 R_{16} 调过零的任何一边时，读数都会偏离零。

将传感器接入压力源。使用已知精度的压力仪表，调节压力源使其指向 100Pa。调节 R_6 使其显示值为零(即表示 100Pa)。去掉压力源，重新检查调零电位器，再次进行调零校准，再次检查 100Pa 时是否显示零，这样便完成了电路的校准。

当压力在 0～100Pa 之间时，数字压力测量仪可通过参考压力表的对比进行检查。注意当压力超过 100Pa 时，仍可进行显示，但精度已大为降低。

任务二　煤气灶压电点火检测

◆ 任务要求

利用压电元件受到冲击能产生电荷的现象，能将压电元件用来点火，如煤气灶、打火机、燃气热水器等点火装置都采用了压电传感器。压电传感器体积小，重量轻，工作频带宽，是一种力敏传感器件，它可测量各种动态力，也可测量最终能变换为力的那些非电物理量，如压力、加速度、机械冲击与振动等。通过煤气灶压电点火检测的任务训练，了解压电元件的材料，熟悉压电元件的基本工作原理，掌握压电元件的连接方法，掌握压电元件的应用。

◆ 知识引入

广义地讲，凡是利用压电材料各种物理效应构成的传感器，都可以称为压电式传感器。压电传感器在各种动态力、机械冲击与振动测量以及声学、力学、医学、宇航等领域中得到广泛应用。例如用它测量发动机内部燃烧压力的测量与真空度、枪炮子弹在膛中击发的一瞬间的膛压的变化和炮口的冲击波压力。它既可以用来测量大的压力，也可以用来测量微小的压力。压电式传感器也广泛应用在生物医学测量中，比如说心室导管式微音器就是由压电传感器制成的。

一、认识压电传感器

常见的压电传感器如图 4-21 所示。压电传感器的工作原理是基于某些电介质材料的压电效应，当介质材料受力作用而变形时，其表面会产生电荷，由此而实现非电量测量。压电传感器不能用于静态测量，因为经过外力作用后的电荷，只有在回路具有无限大的输入阻抗时才得到保存，所以这决定了压电传感器只能够测量动态的应力。压电传感器无静态输出，要求有很高的电输出阻抗，需用低电容的低噪声电缆。

(a) 柱状压电陶瓷

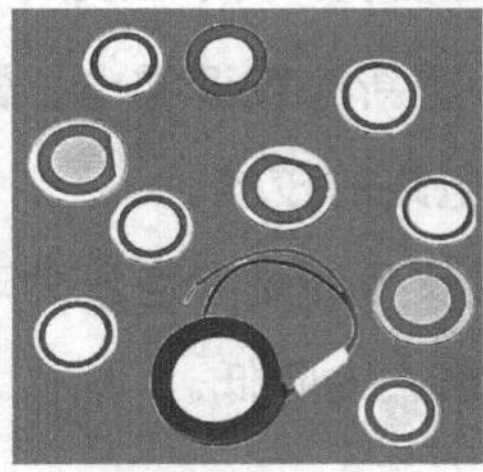

(b) 压电陶瓷超声雾化片

(c) 压电陶瓷驱动器

(d) 压电陶瓷超声传感器

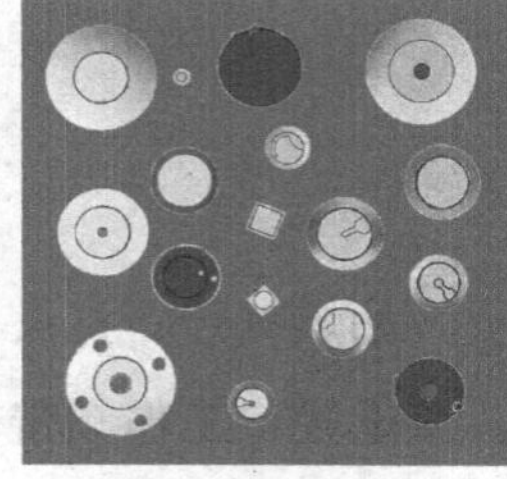

(e) 压电陶瓷蜂鸣片

(f) 电荷型加速度计

(g) 压电式测力传感器

(h) 电压输出型加速度计

图 4-21　常见的压电传感器

1. 压电效应

压电效应是当某些电介质，受一定方向外力作用而发生机械变形时，相应地在一定的晶体表面产生符号相反的电荷，外力去掉后，电荷消失；力的方向改变时，电荷的符号也随之改变的现象，又称为正压电效应，如图 4-22(a)所示。当晶体带电或处于电场中时，晶体的体积将产生伸长或缩短的变化，这种现象称为电致伸缩效应或逆压电效应，如图 4-22(b)所示。具有压电效应的材料称为压电材料，压电材料能实现机-电能量的相互转换。在自然界中大多数晶体具有压电效应，但压电效应十分微弱。常见的压电材料分为三类：单晶压电晶体、多晶压电陶瓷和新型压电材料。

1)　单晶体的压电效应

单晶压电晶体各向异性，主要有石英、铌酸锂等。石英晶体有天然与人工之分，是最常用的压电材料之一；铌酸锂晶体是人工拉制的，居里点高达 1200℃，适用于做高温传感器，缺点是质地脆，抗冲击性差，价格较贵。

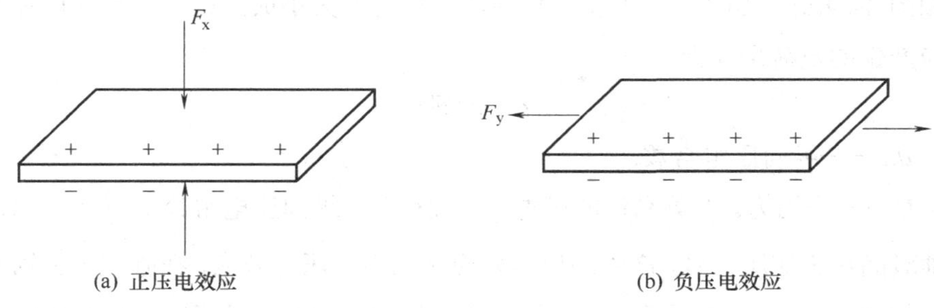

(a) 正压电效应　　(b) 负压电效应

图 4-22　压电效应

(1)　石英晶体的结构

石英晶体是一个正六面体，有右旋和左旋晶体之分，外形互为镜像对称，如图 4-23 所示。石英晶体各个方向的特性是不同的。在直角坐标系中，它有三个轴。即电轴、机械轴和光轴。电轴(x 轴)平行于相邻柱面内夹角的等分线棱线，垂直于此轴面上的压电效应最强。机械轴(y 轴)垂直于棱柱面，在电场作用下，沿该轴方向的机械变形最大。光轴(z 轴)垂直于 xy 轴，光线沿该轴通过石英晶体时，无折射，在此方向加外力，无压电效应现象。

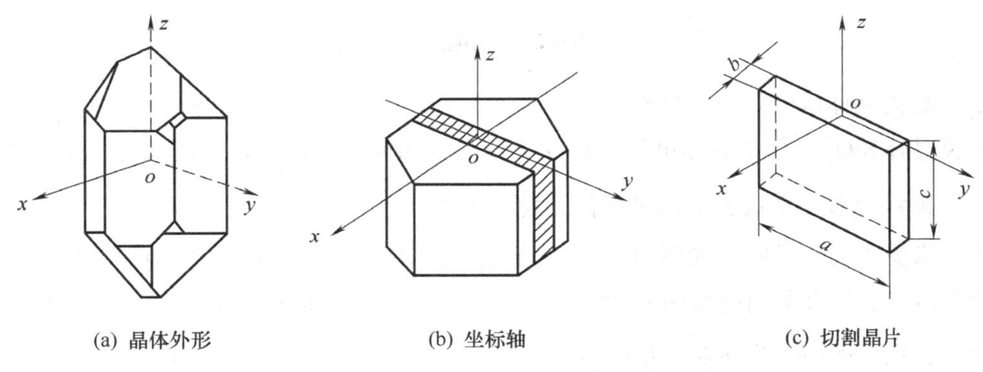

(a) 晶体外形　　(b) 坐标轴　　(c) 切割晶片

图 4-23　石英晶体

(2)　石英晶体的压电效应

石英晶体的外形呈六面体结构，有三根互相垂直的轴表示其晶轴，其中纵轴 z 称为光轴(中性轴)，该轴方向上无压电效应；经过正六面体棱线而垂直于光轴的 x 轴称为电轴，垂直于 x 轴晶面上的压电效应最显著；垂直于 x 轴和 z 轴的 y 轴称为机械轴，此轴的机械变形最显著。

从晶体上沿各轴线切下一片平行六面体切片，当受到力的作用时，其电荷分布在垂直于 x 轴的平面上，沿 x 轴受力产生的压电效应称为纵向压电效应，在垂直于 x 轴的表面上产生电荷，如图 4-24(a)、(b)所示，产生的电荷与作用力的大小成正比，与晶片尺寸无关。纵向压电效应产生的电荷量 q 为

$$q = d_{11}F$$

式中，d_{11}——纵向压电常数；

F——作用力。石英晶体的压电常数比较低，纵向压电常数 $d_{11} = 2.31\times10^{-12}$ C/N 。

沿 y 轴对晶片施加压力时，产生的压电效应称为横向压电效应，在垂直于 x 轴的表面上产生电荷，如图 4-24(c)、(d)所示。产生的电荷与作用力的大小成正比，与晶片尺寸有关。

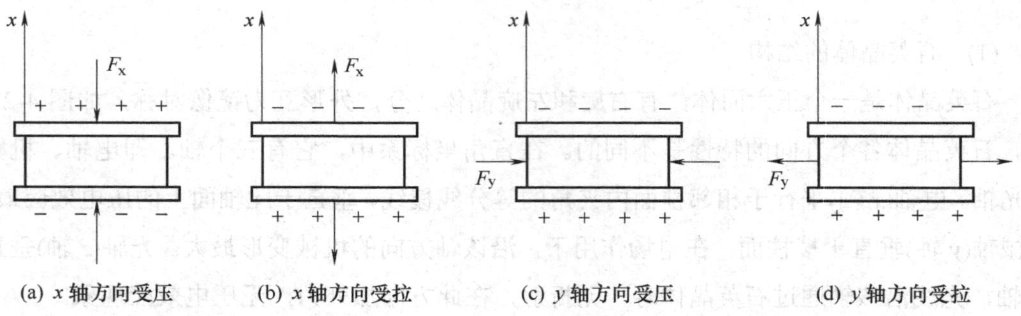

图 4-24 压电效应

(3) 石英晶体压电效应的物理解释

石英晶体 SiO_2，每个晶体单元中有 3 个硅离子和 6 个氧离子，两两成对，微观分子结构为一个正六边形，垂直于 x 轴端面有无数个此分子结构。

① 未受外力作用时，如图 4-25(a)所示正、负离子正好分布在正六边形的顶角上，形成三个互成 120° 夹角的电偶极矩 P_1、P_2、P_3，此时 $P_1 + P_2 + P_3 = 0$，正负电荷中心重合，晶体垂直 x 轴表面不产生电荷，呈中性。

② 受 x 轴方向的压力作用时，如图 4-25(b)所示晶体沿 x 方向将产生压缩变形，正负离子的相对位置也随之变动，此时正负电荷重心不再重合，电偶极矩在 x 方向上的分量由于 P_1 的减小和 P_2、P_3 的增加而不等于零，即 $P_1 + P_2 + P_3 < 0$。在 x 轴的正方向出现负电荷，电偶极矩在 y 方向上的分量仍为零，不出现电荷。

③ 受到沿 y 轴方向的压力作用时，晶体的变形如图 4-25(c)所示，P_1 增大，P_2、P_3 减小，即 $P_1 + P_2 + P_3$。在垂直于 x 轴正方向出现正电荷，在 y 轴方向上不出现电荷。

④ 受到沿 z 轴方向的压力时，由于正负离子平移，故在表面上没有电荷出现，因此，沿 z 轴方向不产生压电效应。

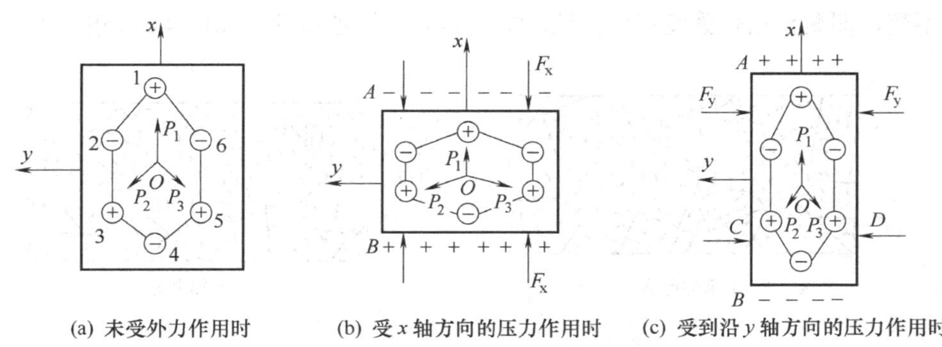

(a) 未受外力作用时　(b) 受 x 轴方向的压力作用时　(c) 受到沿 y 轴方向的压力作用时

图 4-25　压电效应的物理解释

石英最明显的优点是它的介电和压电常数的温度稳定性好，适于做工作温度范围很宽的传感器。石英晶体的机械强度很高，可用来测量大量程的力和加速度。天然石英的稳定性很好，但资源少并且大多存在一些缺陷。故一般只用在校准用的标准传感器或精度很高的传感器中。

2)　多晶体的压电特性

压电陶瓷是典型的多晶体，多晶压电陶瓷是一种经极化处理后的人工多晶体，主要有极化的铁电陶瓷(钛酸钡)、锆钛酸铅等。钛酸钡是使用最早的压电陶瓷，它具有较高的压电常数，约为石英晶体的 50 倍，但它的居里点低，约为 120℃，机械强度和温度稳定性都不如石英晶体。锆钛酸铅系列压电陶瓷(PZT)，随配方和掺杂的变化可获得不同的性能。它的压电常数很高，约为 $(200\sim500)\times10^{-12}$ C/N，居里点约为 310℃，温度稳定性比较好，是目前使用最多的压电陶瓷。

由于压电陶瓷比石英晶体的压电常数大得多，灵敏度高，价格低廉，在一般情况下，都采用它作为压电式传感器的压电元件。

(1)　压电陶瓷的极化

①　未加电场

压电陶瓷是人工制造的多晶体压电材料。材料内部的晶粒有许多自发极化的电畴，它有一定的极化方向，从而存在电场。在无外电场作用时，电畴在晶体中杂乱分布，它们的极化效应被相互抵消，压电陶瓷内极化强度为零，如图 4-26(a)所示。因此原始的压电陶瓷呈中性，不具有压电性质。

②　加电场

电畴方向发生转动，趋向于按外电场方向的排列，从而使材料得到极化。外电场愈强，就有更多的电畴更完全地转向外电场方向。让外电场强度大到使材料的极化达到饱和的程度，即所有电畴极化方向都整齐地与外电场方向一致时，外电场去掉后，电畴的极化方向基本不变，即剩余极化强度很大，这时的材料具有压电特性，如图 4-26(b)所示。

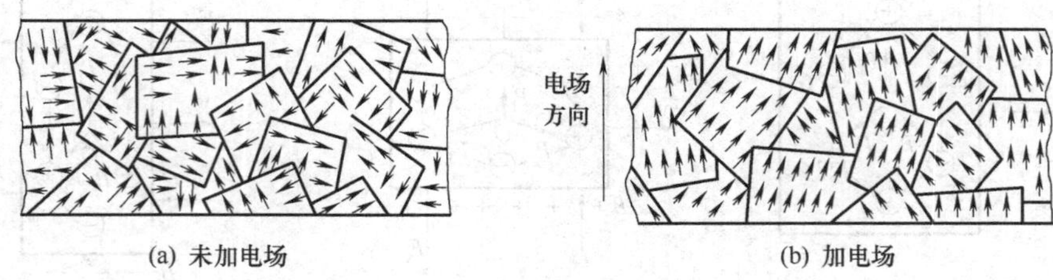

图 4-26 压电陶瓷的极化

(2) 压电陶瓷力与电荷的关系

当陶瓷材料受到外力作用时，电畴的界限发生移动，电畴发生偏转，从而引起剩余极化强度的变化，因而在垂直于极化方向的平面上将出现极化电荷的变化。这种因受力而产生的由机械效应转变为电效应，将机械能转变为电能的现象，就是压电陶瓷的正压电效应。电荷量的大小与外力成正比关系。

3) 新型压电材料的压电特性

新型压电材料主要有有机压电薄膜和压电半导体等。有机压电薄膜是由某些高分子聚合物，经延展拉伸和电场极化后形成的具有压电特性的薄膜，如聚偏氟乙烯、聚氟乙烯等。有机压电薄膜具有柔软、不易破碎、面积大等优点，可制成大面积阵列传感器和机器人触觉传感器。

压电半导体材料有硫化锌、氧化锌、硫化钙等，既具有半导体特性又具有压电特性，这种力敏器件具有灵敏度高，响应时间短等优点。用 ZnO 作为表面声波振荡器的压电材料，可检测力和温度等参数。由于同一材料上兼有压电和半导体两种物理性能，故可以利用压电性能制作敏感元件，又可以利用半导体特性制成电路器件，研制成新型集成压电传感器。

2. 压电式加速度传感器

压电传感器主要应用在加速度、压力和力等的测量中。压电式加速度传感器是一种常用的加速度计。它具有结构简单、体积小、重量轻、使用寿命长等优异的特点。压电式加速度传感器在飞机、汽车、船舶、桥梁和建筑的振动和冲击测量中已经得到了广泛的应用，特别是航空和宇航领域中更有它的特殊地位。

1) 结构

压电式加速度传感器的结构图如图 4-27 所示，它主要由压电元件、质量块、预压弹簧、基座及外壳等组成。 整个部件装在外壳内，并用螺栓加以固定。压电片用高压电系数的压电陶瓷制成。两个压电片并联。质量块用高比重的金属块，对压电元件施加预载荷。

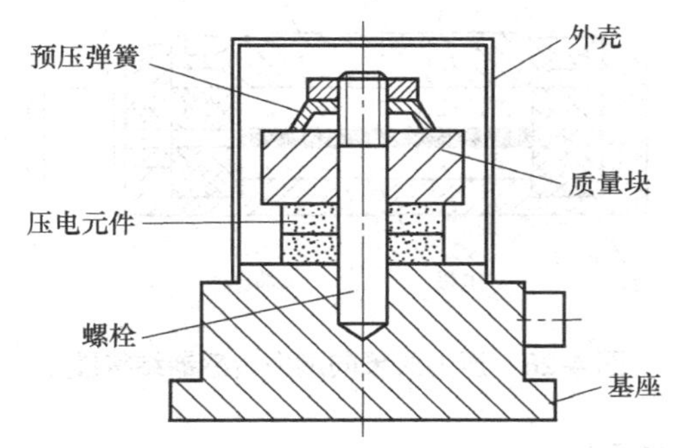

图 4-27　压电式加速度传感器结构图

2)　工作原理

使用压电式加速度传感器测量桥墩水下部位裂纹时，将基底与桥墩固定在一起，然后通过放电炮的方式使桥墩上的水箱振动，桥墩承受垂直方向的激励，传感器基底同时承受振动，内部质量块也产生相同的振动，并受到与加速度方向相反的惯性力的作用。这样，质量块就有一正比于加速度的交变力作用在压电片上。由于压电片的压电效应，两个表面上就产生了交变电荷，当振动频率远低于传感器的固有频率时，传感器的输出电荷与作用力成正比，亦即与试件的加速度成正比。经电荷放大器放大后输入数据记录仪，再输入频谱分析仪，经频谱分析后就能知道桥墩有无缺陷了。

若桥墩为没有缺陷的一个坚固整体，相当于一个大质量块，振荡激励后只有一个谐振点，频谱曲线呈现单峰；若桥墩有缺陷，相当于两个或数个质量——弹簧系统，具有多个谐振点，频谱曲线呈现双峰或多峰。

3．压电式力传感器

压电式力传感器在直接测量拉力时，通常采用双片或多片石英晶体做压电元件。压力式单向测力传感器的结构如图 4-28 所示，由石英晶体、基座、电极、绝缘套及上盖组成。传感器上盖为传力元件，当外力作用时，它将产生弹性变形，将力传递到石英晶片上。两块石英晶片采用并联方式(提高其灵敏度)作为传感元件，被测力通过传力上盖使石英晶片沿电轴方向受压力作用，由于纵向压电效应使石英晶片在电轴方向上出现电荷，两块晶片沿电轴方向叠加，负电荷由片形电极输出，压电晶片正电荷一侧与基底连接。压力元件弹性变形部分的厚度较薄，其厚度由测力大小决定。这种结构的单向传感器体积小，重量轻(仅 10g)，固有频率高(约 50～60kHz)，可检测高达 5000N 的动态力，需注意的是上盖与石英晶体间应有一定的预压力。

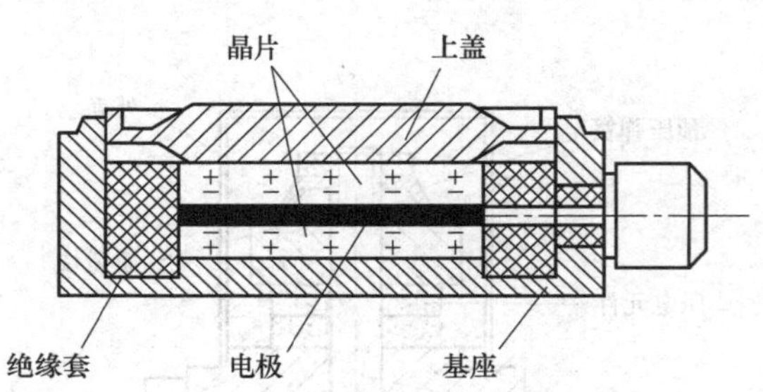

图 4-28　压力式单向测力传感器结构图

二、压电传感器的使用

1．压电材料的主要特性指标

(1) 压电系数 d：它表示压电材料产生电荷与作用力的关系。它是衡量材料压电效应强弱的参数，它直接关系到压电元件的输出灵敏度。一般用单位作用力产生电荷的多少来表示，单位为 C/N(库仑/牛顿)。压电系数越大，压电效应越明显。

(2) 弹性常数：压电材料的弹性常数。机械强度、刚度决定着压电器件的线性范围、固有振动频率。

(3) 介电常数：这是决定压电晶体固有电容的主要参数，对于一定形状、尺寸的压电元件，其固有电容与介电常数有关；而固有电容影响传感器工作频率的下限值。

(4) 机械耦合系数：衡量压电材料机电能量转换效率的重要参数，其值等于转换输出能量(如电能)与输入能量(如机械能)之比的平方根。

(5) 电阻：压电材料的绝缘电阻决定着电荷泄漏快慢，是决定压电传感器低频特性的主要参数。

(6) 居里点：压电材料的温度达到某一值时，便开始失去压电特性，这一温度称为居里点或居里温度。

2．压电式传感器的等效电路

由压电元件的工作原理可知，压电式传感器可以看作一个电荷发生器，如图 4-25 (a)所示。同时，它也是一个电容器，晶体上聚集正负的电荷的两表面相当于电容的两个极板，极板间物质等效于一种介质，则其电容量为

$$C_a = \frac{\varepsilon_r \varepsilon_0 A}{d}$$

式中：A——压电片的面积(m^2)；

d——压电片的厚度(m)；

ε_r——压电材料的相对介电常数(石英晶体为 4.58)；

ε_0——真空介电常数($\varepsilon_0 = 8.85\times10^{-12}$ F/m)。

压电元件受外力时，两表面产生等量的正负电荷，如图 4-29(a)所示，压电元件的开路电压 $U_a = \frac{q}{C_a}$。因此，压电传感器可以等效为一个与电容器并联的电荷源 q，如图 4-29(b)所示；也可等效为一个与电容器 C_a 串联的电压源 U_a，如图 4-29(c)所示。

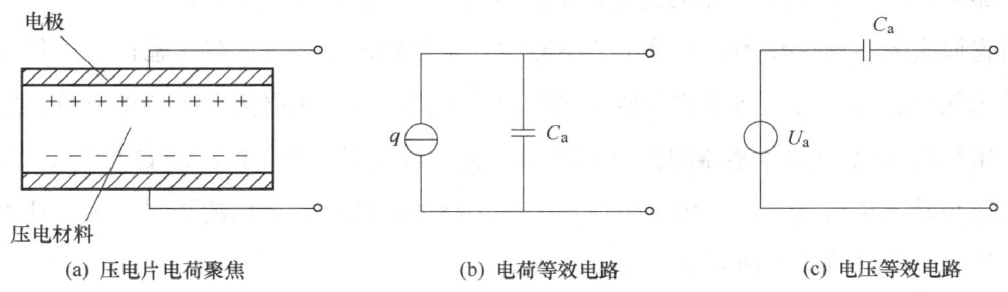

(a) 压电片电荷聚焦　　(b) 电荷等效电路　　(c) 电压等效电路

图 4-29　等效电路

由等效电路可以看出，只有传感器内部信号电荷无“漏损”，外电路负载无穷大时，压电传感器受力作用后产生的电压或电荷才能长期保存下来。实际上，压电传感器内部不可能没有泄漏，外电路负载也不可能无穷大，只有外力以较高的频率不断的作用，压电传感器的电荷才能得到补充，从这个意义上讲，压电传感器不适合于静态测量。

3. 压电元件结构及组合形式

压电传感器中，单片压电元件产生的电荷量甚微，为了提高压电传感器的输出灵敏度，在实际应用中常采用两片(或两片以上)同型号的压电元件黏结在一起。因为电荷的极性关系，电元件有串联和并联两种接法，图 4-30(a)所示为并联，外力作用下正负电极上的电荷量增加了 1 倍，电容量也增加了 1 倍，输出电压与单片时相同，适用于测量缓慢变化的信号，并以电荷为输出量；图 4-30(b)所示为串联，上、下极板的电荷量与单片时相同，总电容量为单片的一半，输出电压增大了 1 倍，适用于测量电路有高输入阻抗，并以电压为输出量。

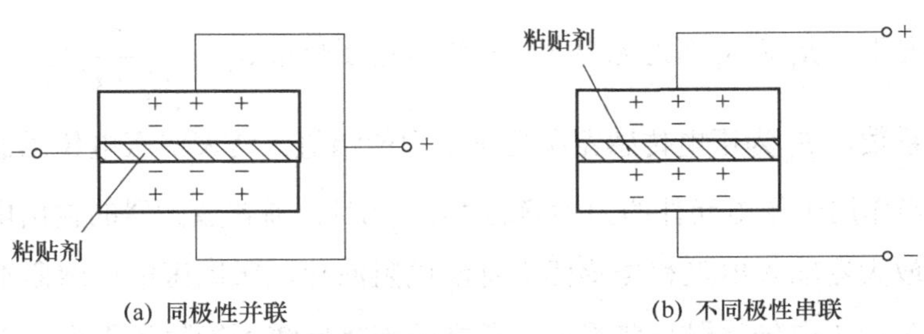

(a) 同极性并联　　(b) 不同极性串联

图 4-30　压电元件的两种接法

4．压电式传感器的测量电路

由于压电式传感器的输出电信号很微弱，通常先把传感器信号先输入到高输入阻抗的前置放大器中，经过阻抗交换以后，方可用一般的放大检波电路再将信号输入到指示仪表或记录器中。(其中，测量电路的关键在于高阻抗输入的前置放大器。)

前置放大器有两个作用：一是将传感器的高阻抗输出变换为低阻抗输出；二是放大传感器输出的微弱电信号。前置放大器电路有两种形式：一是用电阻反馈的电压放大器，其输出电压与输入电压(即传感器的输出)成正比；另一种是用带电容板反馈的电荷放大器，其输出电压与输入电荷成正比。由于电荷放大器电路的电缆长度变化的影响不大，几乎可以忽略不计，故而电荷放大器应用日益广泛。

1)　电压放大器(阻抗变换器)

图 4-31(a)所示为压电传感器连接放大器的等效电路，图 4-31(b)所示是其简化电路。实际使用时，压电传感器通过导线与测量仪器相连接，压电元件的绝缘电阻 R_a、连接导线的等效电容 C_c、前置放大器的输入电阻 R_i 和输入电容 C_i 对电路的影响就必须一起考虑进去。简化后的电路中电阻 $R=\dfrac{R_aR_i}{R_a+R_i}$，电容 $C=C_c+C_i$，而 $u_a=\dfrac{q}{C_a}$。

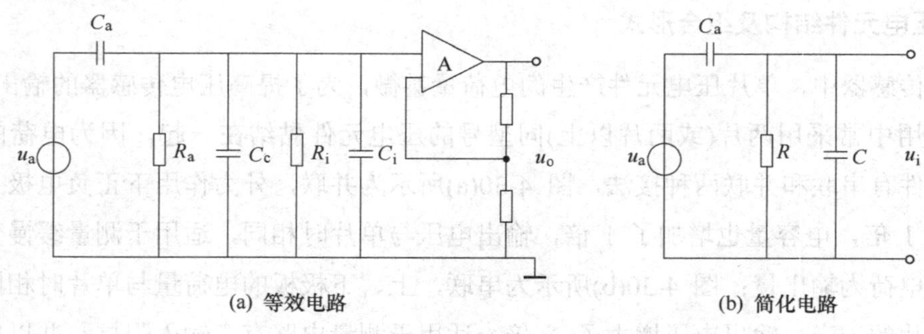

图 4-31　压电传感器连接放大器电路

在理想情况下，R_a 和 R_i 都为无限大，故输入电压幅值 $U_{im}=\dfrac{d_{33}F_m}{C_a+C_c+C_i}$。其中，$d_{33}$ 为传感器的压电系数，F_m 为压电传感器所受正弦力的幅值。这表明压电传感器有很好的高频响应，但是，当作用于压电元件的力为静态力(Ω=0)时，前置放大器的输出电压等于零，因为电荷会通过放大器输入电阻和传感器本身漏电阻漏掉，所以压电传感器不能用于静态力的测量。测量时，压电传感器与前置放大器之间连接电缆不能随意更换，否则将引入测量误差。

2)　电荷放大器

电荷放大器常作为压电传感器的输入电路，如图 4-32 所示，由一个反馈电容 C_f 和高增益运算放大器构成。由于运算放大器输入阻抗极高，放大器输入端几乎没有分流，故可略去 R_a 和 R_i 并联电阻。可得放大器输出电压 $U_O \approx -\frac{q}{C_f}$ 。

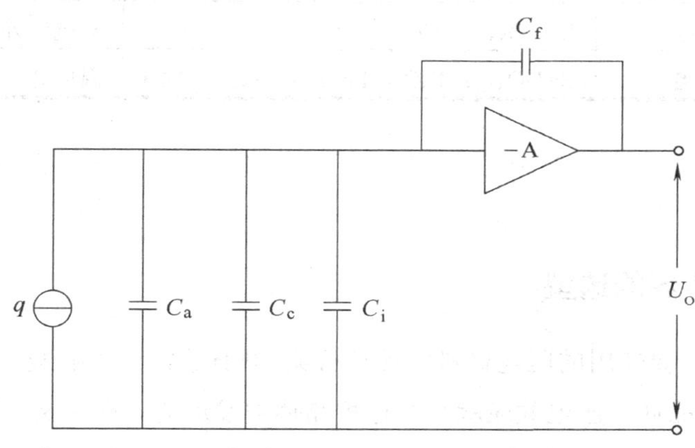

图 4-32　电荷放大器等效电路

可知，电荷放大器的输出电压 U_O 只取决于输入电荷与反馈电容 C_f，与电缆电容 C_c 无关，且与 q 成正比。因此，采用电荷放大器时，即使连接电缆长度在百米以上，其灵敏度也无明显变化，这是电荷放大器的最大特点。在实际电路中，C_f 的容量做成可选择的，范围一般为100~ 10^4pF 。

5. 压电式传感器主要应用类型

表 4-1 中列出了压电传感器的主要应用类型。目前它们已经在工业、民用和军事方面得到广泛应用，但其中用得最多的还是力敏类型。压电式传感器在测量低压力时线性度不好，主要是传感器受力系统中力传递系数非线性所致。为此，在力传递系统中加入预加力，称预载。这除了消除低压力使用中的非线性外，还可以消除传感器内外接触表面的间隙，提高刚度。特别是，它只有在加预载后才能用压电传感器测量拉力和拉、压交变力及剪力和扭矩。

表 4-1　压电传感器的主要应用类型

传感器类型	转换方式	压电材料	用　途
力敏	力→电	石英、罗思盐、ZnO、$BaTiO_3$、PZT、RMS、电致伸缩材料	微拾音器、声纳、应变仪、气体点火器、电压计、压电陀螺、压力和加速度传感器

续表

传感器类型	转换方式	压电材料	用 途
声敏	声→电 声→压	石英、压电陶瓷	振动器、微音器、超声波探测器、助听器
	声→光	$PbMoO_4$、$PbYiO_3$、$LiNbO_3$	声光效应器件
光敏	光→电	$LiTaO_3$、$PbTiO_3$	热电红外线探测器
热敏	热→电	$BaTiO_3$、$LiTaO_3$、$PbTiO_3$、TGS、PZO	温度计

◆ 任务实施

一、压电传感器的选型

压电传感器中主要使用的压电材料包括有石英、酒石酸钾钠和磷酸二氢胺。其中石英(二氧化硅)是一种天然晶体，压电效应就是在这种晶体中发现的，在一定的温度范围之内，压电性质一直存在，但温度超过这个范围之后，压电性质完全消失(这个高温就是所谓的"居里点")。由于随着应力的变化电场变化微小(也就说压电系数比较低)，所以石英逐渐被其他的压电晶体所替代。

压电陶瓷的压电系数比石英晶体的大得多，所以采用压电陶瓷制作的压电式传感器的灵敏度较高。极化处理后的压电陶瓷材料的剩余极化强度和特性与温度有关，它的参数也随时间变化，从而使其压电特性减弱。最早使用的压电陶瓷材料是钛酸钡($BaTiO_3$)。它是由碳酸钡和二氧化钛按一定比例混合后烧结而成的。它的压电系数约为石英的50倍，但使用温度较低，最高只有 70℃，温度稳定性和机械强度都不如石英。目前使用较多的压电陶瓷材料是锆钛酸铅(PZT 系列)，它是钛酸钡($BaTiO_3$)和锆酸铅($PbZrO_3$)组成的 $Pb(ZrTi)O_3$，其特点是有较高的压电系数和较高的工作温度。

二、压电传感器的实际应用

压电传感器的工作原理是基于压电效应，但压电传感器不能用于静态测量，这是因为当外力作用在压电元件上产生的电荷只有在无泄漏的情况下才能保存，这实际上是不可能的，所以压电元件不能用于静态测量。而在交变力的作用下，电荷可以不断补充，瞬时的电荷输出正比于外部作用力，故能用于动态测量。

利用压电元件受到冲击能产生电荷的现象，能将压电元件用来点火，如煤气灶、打火机、燃气热水器等点火装置都采用了压电传感器。图 4-33 所示为煤气灶电子点火装置示意图。

三、测量参考电路

煤气灶电子点火装置如图 4-33 所示。

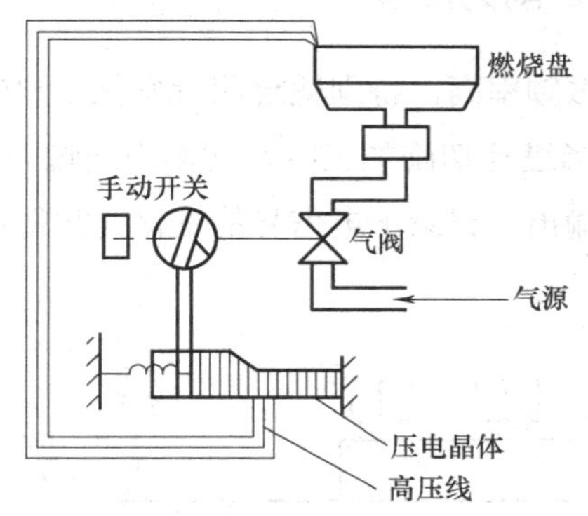

图 4-33　煤气灶电子点火装置示意图

四、总结调试

当使用者将开关往里按时，用很大的力冲击压电陶瓷，由于压电效应，在压电陶瓷上产生数千伏高压脉冲，通过电极尖端放电，产生了电火花；使用者按下开关的同时，将开关旋转，把气阀门打开，电火花就将燃烧气体点燃了。

◆ 能力拓展

一、压电式玻璃破碎报警器

压电式玻璃破碎报警器利用压电元件对振动敏感的特性来感知玻璃受撞击和破碎时产生的振动波。传感器把振动波转换成电压输出，输出电压经放大、滤波、比较等处理后提供给报警系统，如图 4-34 所示。

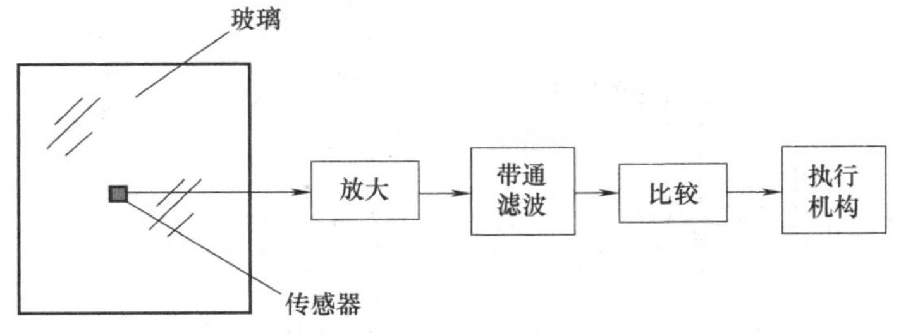

图 4-34　压电式玻璃破碎报警电路框图

检测时传感器用胶粘贴在玻璃上，然后通过电缆和报警电路相连。带通滤波使玻璃振动频率范围内的输出电压信号通过，其他频段的信号滤除。比较器作用是当传感器输出信号高于设定的阈值时，输出报警信号，驱动报警执行机构工作，如进行声光报警。

二、压电式金属加工切削力测量

由于压电陶瓷元件的自振频率高，特别适合测量变化剧烈的载荷。图 4-35 所示压电传感器位于车刀前部的下方，当进行切削加工时，切削力通过刀具传给压电传感器，压电传感器将切削力转换为电信号输出，记录下电信号的变化便测得切削力的变化。

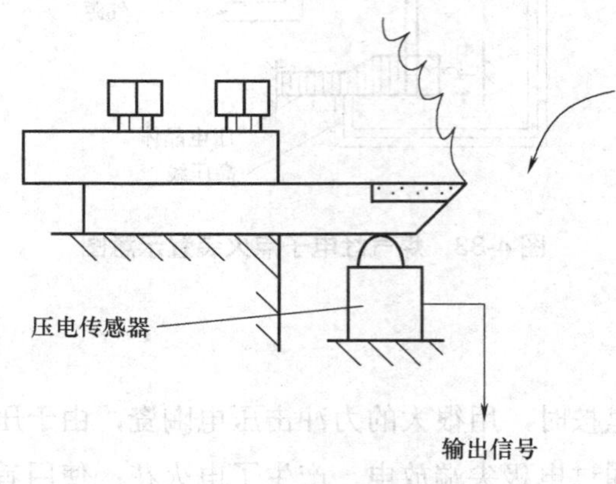

图 4-35 压电式刀具切削力测量示意图

三、简易压电式传感器的制作

压电式力传感器是以压电元件为转换元件，输出电荷与作用力成正比的力-电转换装置。制作图 4-36 所示的简易压电式力传感器可提高对压电式传感器的认识，制作中应正确选用压电材料，也可选用不同的压电材料进行调试，以比较其各自的使用特性。

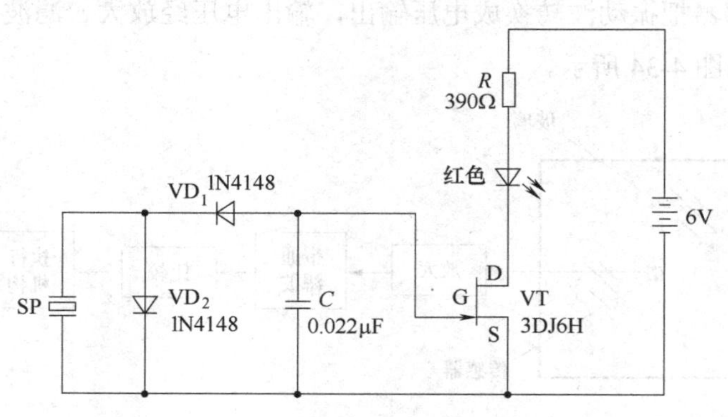

图 4-36 简易压电式力传感器电路

在图 4-36 所示的传感开关电路中，VT 采用场效应晶体管 3DJ6H，SP 采用压电陶瓷片，VD_1、VD_2 选用硅开关二极管 IN4148。接通电源时，电容器 C 极板两端电压为零，与之相连的场效应管控制栅板极 G 的偏压为零，这时 VT 导通，其漏源电流使红色发光二极管点亮。当用小的物体，例如：将火柴杆从 10cm 高度自由下落砸到压电陶瓷片上时，SP 产生负向脉冲电压，通过二极管 VD_1 向电容器 C 充电，VT 的控制栅极加上负偏压，并超过 3DJ6H 所需要的夹断电压 –9V，这时 VT 截止，红色发光二极管熄灭。二极管 VD_1 旁路 SP 在碰撞结束后，电容器 C 上的电压由于元器件漏电而逐渐降低，小于夹断电压(绝对值)，VT 处于导通状态，产生漏源电流，红色发光二极管逐渐点亮，最终电路恢复到初始状态。

思考与练习题

4-1．在传感器中，弹性元件的作用是什么？

4-2．简述电阻应变效应和半导体的压阻效应。

4-3．为什么应变式传感器大多采用不平衡电桥为测量电路?该电桥为什么又都采用半桥和全桥两种方式?简述单臂、双臂和全桥测量电路的异同点。

4-4．采用阻值为 120Ω，灵敏度系数 K=2.0 的金属电阻应变片和阻值为 120Ω 的固定电阻组成电桥电压为 10V，并假定负载电阻无穷大。当应变片上的应变分别为 1με和 1000με 时，求单臂工作电桥、双臂工作电桥和全桥工作时的输出电压？并比较它们的灵敏度。

4-5．图 4-37 所示为一直流电桥，供电桥压 E=10V，固定电阻 R_3=R_4=100Ω，相同型号的电阻应变片 R_1=R_2=350Ω，灵敏度系数 K=2.0，两个应变片分别粘贴于等强度梁同一截面的正反两面。设等强度梁在受力后产生的应变为 2000με，试求此时电桥输出端的电压为多少？

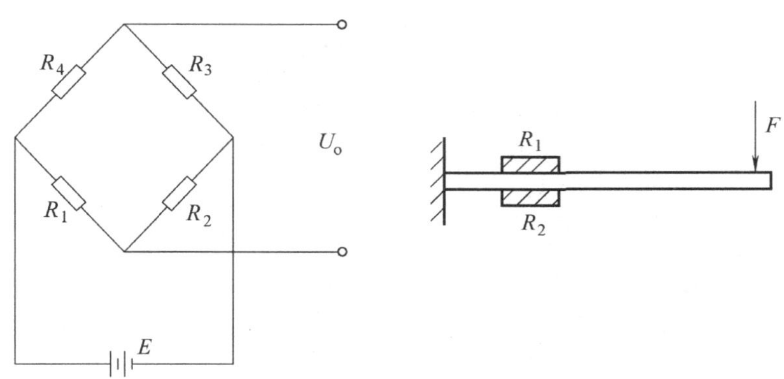

图 4-37　直流电桥电路及应变片粘贴位置示意图

4-6．描述一个称重系统。指出它经过了哪些环节将压力信号转换为可测量的电量的？并简要描述各转换环节的工作原理。

4-7．说出测力传感器使用的注意事项和接线等事项。

4-8．简述石英晶体和压电陶瓷的工作原理。

4-9．为什么压电式传感器只适用于动态测量而不能用于静态测量？

4-10．压电式传感器测量电路的作用是什么？核心是解决什么问题？

情境五　液位的检测

【情境描述】

液体液位的检测在工业生产、野外勘测、医疗检查和船舶航行中被广泛地应用，国内外采用的电子化和数字化等自动化检测技术和手段，以提高检测的准确性，随着科技的发展，检测技术更趋向于智能化。液位的检测有浮体式、电容式、差压式、电极式和超声波法等多种检测方法，其基本情况见表 5-1。

表 5-1　常用液位传感器的基本情况

检测液位方式	检测液位种类	基本工作原理	使用范围
接触式液位传感器	浮体式	浮体式传感器主要分为浮筒式和浮子式。一般情况下，浮体与某个测量机构相连，如重锤或内置若干个干簧继电器的不锈钢管，浮体的运动被重锤或对应位置上的干簧继电器转换为相应的液位	适用于清洁液体的连续式检测与开关式的液位检测
	电容式	电容液位式传感器是利用液位的变化会引起其导电率的变化，从而转换成电容值发生变化的检测装置	适用于腐蚀性液体、沉淀性液体和其他化工工艺液体液位检测
	差压式	利用液体的压强原理，在液体底部检测液底压强和标准大气压的压差，用固态压阻传感器作为检测压差的核心部件	适用于液体密度均匀、底部固定条件下的液位检测
	直流电极式	利用液体的导电特性，将导电液体的液面升高转换为电路的开关闭合，该开关信号直接或经由一个简单电路传给后续处理电路	适用于导电液体液位的测量
	光线液位式	根据光导纤维中光在不同介质中传输特性的改变对液位进行检测	可适用于任何液体液位高度的检测与控制，特别适用于易燃、易爆、腐蚀性的液体检测
非接触式液位传感器	超声波	先向液位面发射声波，剂量声波从发射后到达液面再反射回来所需时间，利用该时间与液位高度成比例的原理进行检测。超声波传感器必须用于能充分反射声波且传播声波的介质	适用于多种液体液位的检测
	核辐式	利用放射性同位素来进行测量的，根据被测物质对射线的吸收、反射或射线对被测物质的电离激发作用而进行检测	因反射性物质对人类有害，只用于部分特殊场合

任务一　储水池的液位检测

◆ 任务要求

工业生产及生活中经常要用到储水池，在保持储水池水位的自动抽水系统中，通常要用到液位传感器来进行水位的测量，一般采用电容式液位传感器来测量水池液位。

◆ 知识引入

电容式传感器利用了将非电量的变化转换为电容量的变化来实现对物理量的测量，它实质上是一个具有可变参数的电容器。广泛用于位移、振动、角度、加速度以及压力、差压、液面(料位)、成分含量等方面的测量。具有结构简单、体积小、分辨率高；动态响应好；能在高温、辐射和强振动等恶劣条件下工作；可实现非接触式测量；电容量小，功率小，输出阻抗高，负载能力差，易受外界干扰产生不稳定现象等特点。

一、认识电容式传感器

常见的电容式液位传感器如图 5-1 所示，主要有棒式和缆式两种。电容传感器的结构示意图如图 5-2 所示，有变极距或变间隙(δ)型、变面积型(S)型和变介电常数(ε)型三种基本结构形式。

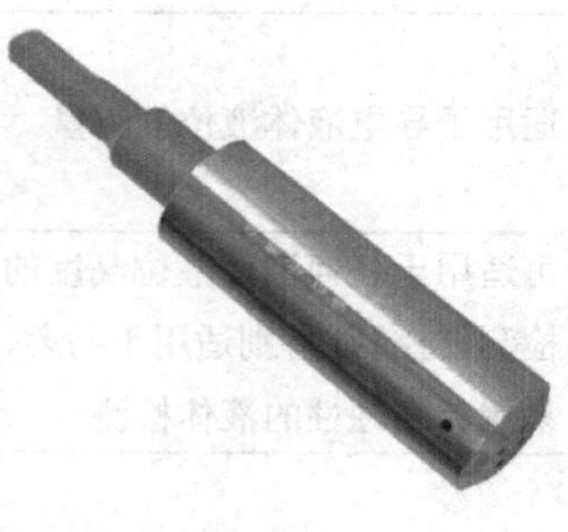

(a) 液位压力传感器

(b) 投入式液位传感器

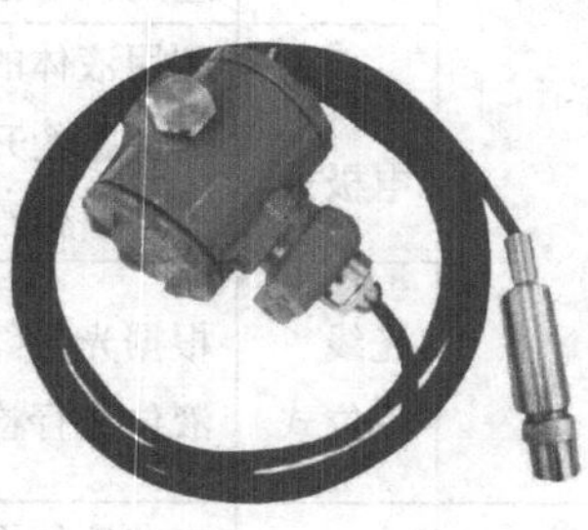

(c) 蓝宝石高温智能液位传感器

图 5-1　电容式液位传感器的外形图

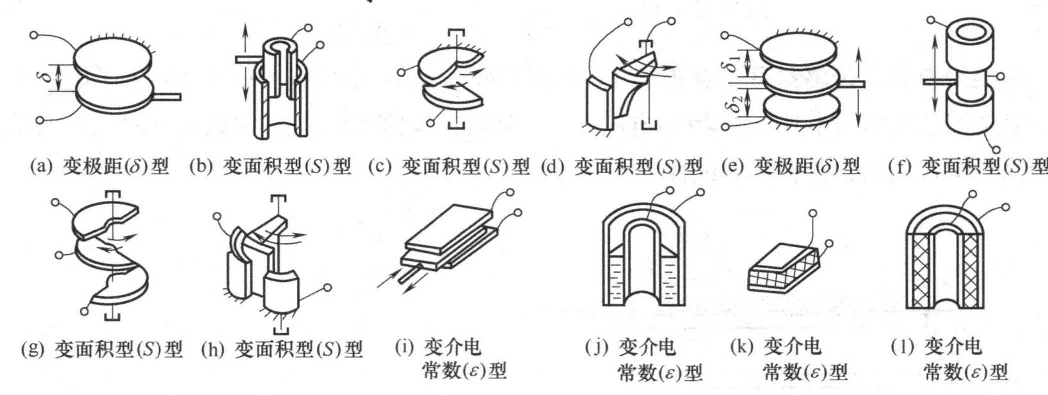

图 5-2　电容传感器的结构示意图

用两块金属平板作电极可构成电容器，如图 5-3 所示，当忽略边缘效应时，其电容量为

$$C = \frac{\varepsilon S}{\delta} \tag{5-1}$$

式中：S——极板相对覆盖面积；

δ——极板间距离；

ε——两极板间介质的介电常数。

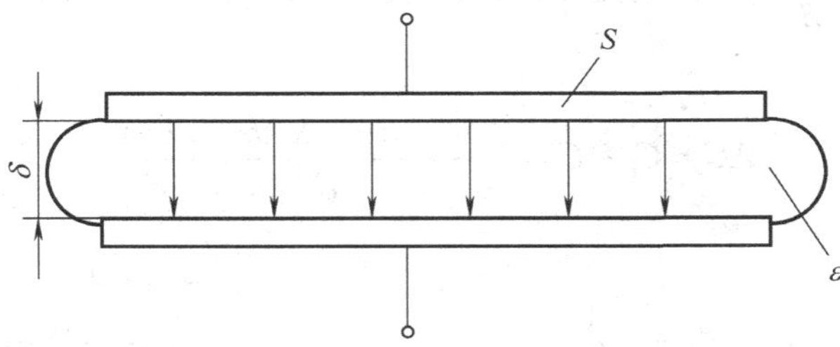

图 5-3　电容器结构图

δ、S 和 ε 中的某一项或几项有变化时，就改变了电容 C，δ 或 S 的变化可以反映线位移或角位移的变化，也可以间接反映压力、加速度等的变化；ε_r 的变化则可反映液面高度、材料厚度等的变化。因此，电容传感器有变极距或变间隙(δ)型、变面积型(S)型和变介电常数(ε)型三种基本结构形式。

1．变极距型电容传感器

变极距型电容传感器的结构如图 5-4(a)所式，极板 1 固定不动，极板 2 为可动电极(动片)，当动片随被测量变化而移动时，使两极板间距变化，从而使电容量产生变化，初始电容 $C_0 = \dfrac{\varepsilon S}{\delta}$，其电容变化量 ΔC 为

$$\Delta C = C - C_0 = \frac{\varepsilon S}{\delta - \Delta\delta} - \frac{\varepsilon S}{\delta} = \frac{\varepsilon S}{\delta}\frac{\Delta\delta}{\delta - \Delta\delta} = C_0\frac{\Delta\delta}{\delta - \Delta\delta} \tag{5-2}$$

该类型电容式传感器存在着非线性，如图 5-4(b)所示，所以实际应用中，为了改善非线性、提高灵敏度和减小外界因素(如电源电压、环境温度)的影响，常常做成差动式结构或采用适当的测量电路来改善其非线性。

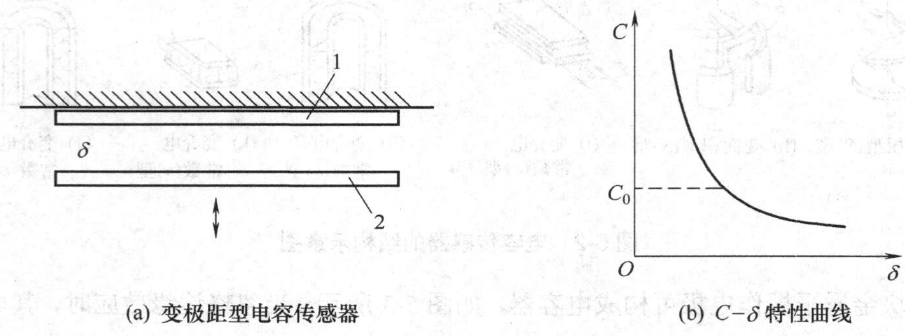

(a) 变极距型电容传感器　　(b) $C-\delta$ 特性曲线

图 5-4　变极距型电容传感器

2. 变面积型电容传感器

常用的变面积型电容传感器如图 5-5 所示，其中直线位移型电容传感器，如图 5-5(a)所示，起始电容为$C_0 = \dfrac{\varepsilon ab}{\delta}$，当可动极板相对于定极板沿着长度方向平移$\Delta x$时，其电容量减少$\Delta C$为

$$\Delta C = C_0 - C = \frac{\varepsilon ab}{\delta} - \frac{\varepsilon(a - \Delta x)b}{\delta} = \frac{\varepsilon b\Delta x}{\delta} \tag{5-3}$$

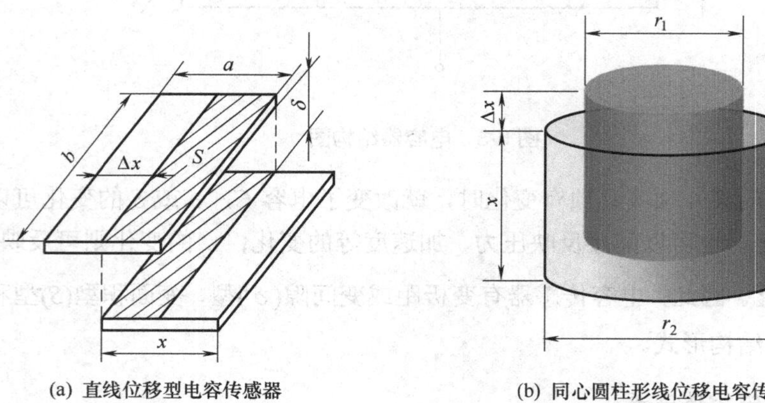

(a) 直线位移型电容传感器　　(b) 同心圆柱形线位移电容传感器

图 5-5　变面积型电容传感器

由式 5-3 可知，ΔC与Δx间呈线性关系。

变面积型电容传感器中，平板形结构对极距变化特别敏感，测量精度受到影响。而圆柱形结构受极板径向变化的影响很小，成为实际中最常采用的结构，如图 5-5(b)所示，其中线位移单组式的电容量在忽略边缘效应时 C_0 为

$$C_0 = \frac{2\pi\varepsilon x}{\ln(r_2/r_1)} \tag{5-4}$$

式中：x ——外圆筒与内圆柱覆盖部分的长度；

r_2、r_1——圆筒内半径和内圆柱外半径。

当两圆筒相对移动 Δx 时，电容变化量 ΔC 为

$$\Delta C = C_0 - C = \frac{2\pi\varepsilon x}{\ln(r_2/r_1)} - \frac{2\pi\varepsilon(x-\Delta x)}{\ln(r_2/r_1)} = \frac{2\pi\varepsilon\Delta x}{\ln(r_2/r_1)} = C_0\frac{\Delta x}{x} \tag{5-5}$$

由式 5-5 可知，ΔC 与 Δx 间呈线性关系。因此这类传感器具有良好的线性，大多用来检测位移等参数。

3．变介电常数型电容传感器

变介电常数型电容式传感器大多用来测量电介质的厚度、液位，还可根据极间介质的介电常数随温度、湿度改变而改变来测量介质材料的温度、湿度等，其常用结构有平板或圆板形和圆柱(圆筒)形。若忽略边缘效应，单组式平板形线位移传感器如图 5-6 所示，极板长度为 L_0，宽度为 b，间距为 δ，初始电容为(未有固体介质，即 L=0 时)

$$C_0 = \frac{\varepsilon_0\varepsilon_{r1}L_0 b}{\delta}$$

传感器的电容量与被位移的关系为

$$C = C_1 + C_2 = \varepsilon_0 b\frac{\varepsilon_{r1}(L_0 - L) + \varepsilon_{r2}L}{\delta} \tag{5-6}$$

当被测电介质进入极板间 L 深度后，引起电容相对变化量为

$$\frac{\Delta C}{C_0} = \frac{C - C_0}{C_0} = \frac{\left(\frac{\varepsilon_{r2}}{\varepsilon_{r1}} - 1\right)L}{L_0} \tag{5-7}$$

可见电容变化量与电介质移动量 L 呈线性关系。

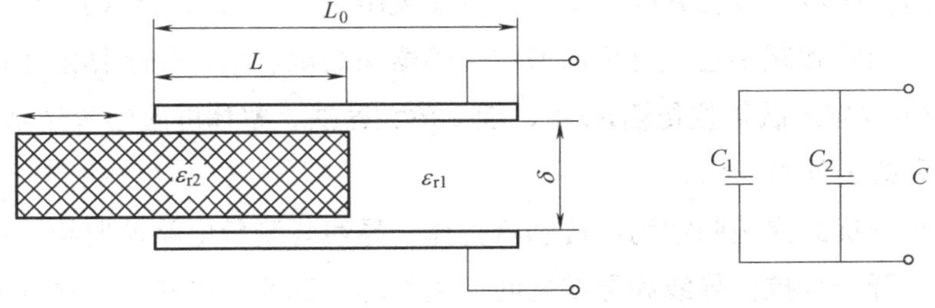

图 5-6　变介电常数型电容传感器

如图 5-7 所示的圆筒式液位传感器中传感器电容量 C 与被测液位高度 h_x 也呈线性关系，此处不再赘述。

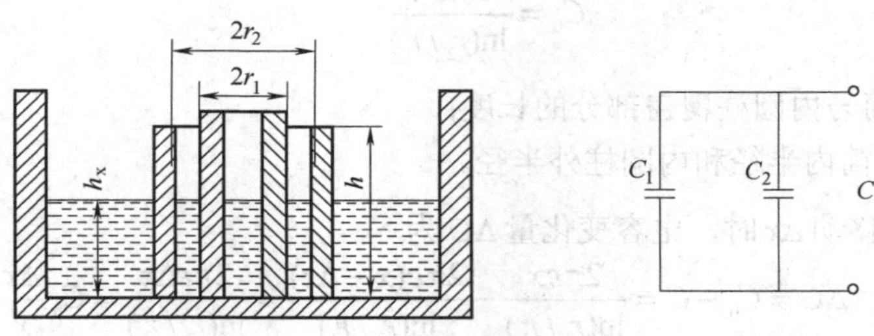

图 5-7　圆筒式液位传感器

二、电容式传感器的使用

电容式传感器具有温度稳定性好(电容值与电极材料无关，本身发热极小)；结构简单、适应性强；动态响应好；可以实现非接触测量、具有平均效应等优点。但电容传感器的电容量受其电极几何尺寸等限制，一般为几十到几百皮法，使传感器的输出阻抗很高。因此电容传感器负载能力差，易受外界干扰影响，输出阻抗高、负载能力差；传感器的初始电容量小，而引线电缆电容、电路的杂散电容以及传感器内极板与其周围导体构成的电容等寄生电容却较大，这一方面降低了传感器的灵敏度；另一方面这些电容常常是随机变化的，将使传感器工作不稳定，影响测量精度。所以在使用电容式传感器应保证。

(1)　减小环境温度、湿度等变化所产生的影响，保证绝缘材料的绝缘性能。

(2)　消除和减小边缘效应。

适当减小极间距，使电极直径或边长与间距比增大，可减小边缘效应的影响，但易产生击穿并有可能限制测量范围。电极应做得极薄使之与极间距相比很小，这样也可减小边缘电场的影响。

(3)　消除和减小寄生电容的影响，防止和减少外界干扰。

寄生电容与传感器电容相并联，影响传感器灵敏度，而它的变化则为虚假信号影响仪器的精度，必须消除和减小它。可采用增加传感器原始电容值、传感器的接地和屏蔽、集成化、驱动电缆(双层屏蔽等位传输)技术、运算放大器法、整体屏蔽法等技术。

(4)　防止和减小外界干扰。

防止和减小干扰的措施归纳为：传感器壳体、导线与测量电路前置级屏蔽和接地；增加原始电容量，降低容抗；导线和导线之间要离得远，线要尽可能短，最好成直角排列，若必须平行排列时，可采用同轴屏蔽电缆线；尽可能一点接地，避免多点接地。地线要用粗的良导体或宽印制线；采用差动式电容传感器，减小非线性误差，提高传感器灵敏度，减小寄生电容的影响和温度、湿度等误差。

电容式传感器检测系统包括转换元件、测量电路和显示仪表。转换元件将被测非电量的变化转换为电容变化后，必须采用测量电路将其转换为电压、电流或频率信号，用电压电流和频率仪表，也可用数字电路、计算机和记录仪来显示或记录被测非电量的变化。其测量电路的种类很多，一般由桥式电路、调频电路、脉冲宽度调制电路和运算式电路等。

1. 交流桥式测量电路

将电容式传感器接入交流电桥的一个臂(另一个臂为固定电容)或两个相邻臂，另两个臂可以是电阻或电容或电感，也可是变压器的两个二次线圈。其中另两个臂是紧耦合电感臂的电桥具有较高的灵敏度和稳定性，且寄生电容影响极小、大大简化了电桥的屏蔽和接地，适合于高频电源下工作。而变压器式电桥使用元件最少，如图 5-8(a)所示，桥路内阻最小，因此目前较多采用。其特点是：

(1) 高频交流正弦波供电。

(2) 电桥输出调幅波，要求其电源电压波动极小，需采用稳幅、稳频等措施。

(3) 通常处于不平衡工作状态，所以传感器必须工作在平衡位置附近，否则电桥非线性增大，且在要求精度高的场合应采用自动平衡电桥。

(4) 输出阻抗很高(几到几十兆欧)，输出电压低，必须后接高输入阻抗、高放大倍数的处理电路。

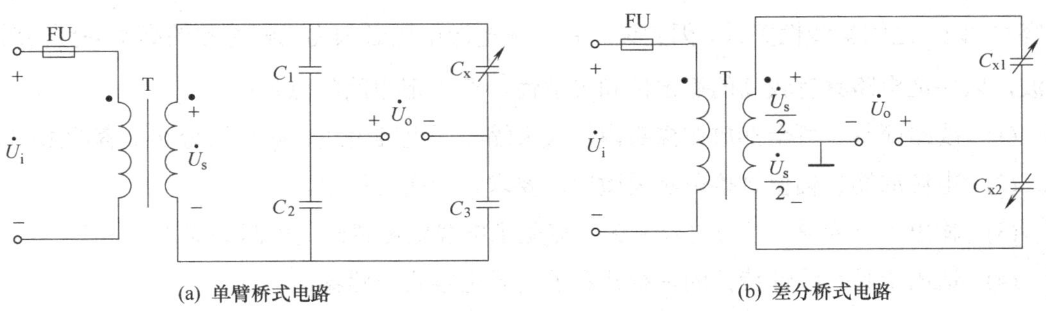

(a) 单臂桥式电路　　(b) 差分桥式电路

图 5-8　交流电桥电路

2. 二极管双 T 形电路

二极管双 T 形电路原理如图 5-9(a)所示。供电电压是幅值为 $\pm U_E$、周期为 T、占空比为 50%的方波。若将二极管理想化，则当电源为正半周时，如图 5-9(b)所示，其中二极管 VD_1 导通、VD_2 截止，电容 C_1 被以极其短的时间充电至 U_E，经 R 以电流 i_{C1} 向负载 R_L 供电。若电容 C_2 的初始已充电，则 C_2 以电流 i_{C2} 经 R、R_L 放电，所以负载电流为 i_{C1} 与 i_{C2} 的代数和。

当电源为负半周时，如图 5-9(c)所示，其中二极管 VD_2 导通、VD_1 截止，电容 C_2 被充电至 U_E，而电容 C_1 的经 R 、R_L 放电，所以负载电流为 i'_{C1} 与 i'_{C2} 的代数和。

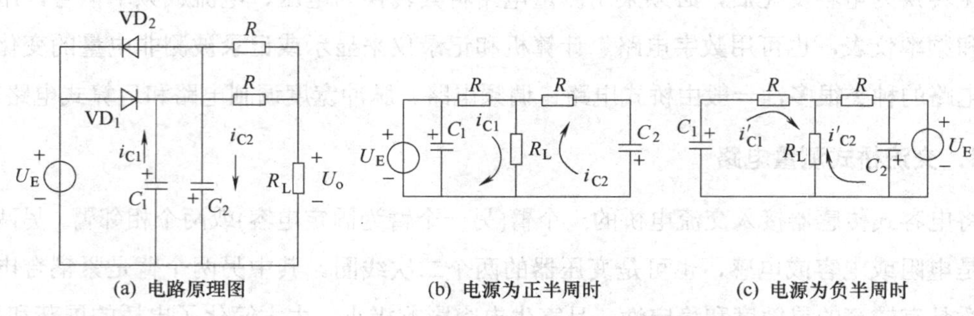

(a) 电路原理图 (b) 电源为正半周时 (c) 电源为负半周时

图 5-9 双 T 形电路

由于两二极管特性相同，初始时 $C_1=C_2$，则流过负载的电流的平均值大小相等，方向相反，在一个周期内平均电流为零，负载上无输出电压。当传感器工作时，$C_1 \neq C_2$，在负载上产生的平均电流将不为零，R_L 上有信号输出，输出的平均电压为

$$U_o=\frac{R(R+2R_L)}{(R+R_L)^2}R_L U_E(C_1-C_2)f=KU_E f(C_1-C_2) \tag{5-8}$$

式中：U_E——电源电压的幅值；

f——频率。

从式(5-8)可看出，在 R 、R_L 、U_E 、f 均为定值时，双 T 形电路的输出电压与传感器电容 C_1 和 C_2 之间呈线性关系。因此该电路要求电源电压必须为稳幅稳频的高幅高频的对称方波，以保证电路具有较高的稳定性和灵敏性。双 T 形电路特点是：

(1) 线路简单，可全部放在探头内，大大缩短了电容引线、减小了分布电容的影响。

(2) 电源周期、幅值直接影响灵敏度，要求它们高度稳定。

(3) 输出阻抗为 R，而与电容无关，克服了电容式传感器高内阻的缺点。

(4) 适用于具有线性特性的单组式和差动式电容式传感器。

3．脉宽调制电路

脉宽调制电路是利用对传感器电容的充放电使电路输出脉冲的宽度随传感器电容量变化而变化，通过低通滤波器得到对应被测量变化的直流信号。图 5-10 所示为差动脉冲调宽电路原理图，它主要由比较器 A_1 、A_2 和双稳态触发器集电容充放电回路组成。u_r 为参考电压，C_1 、C_2 为差动式传感器的两个电容，利用传感元件电容的慢充电和快放电的过程，使输出脉冲的宽度随电容量的变化而变化，通过低通滤波器得到对应于被测量变化的直流信号。

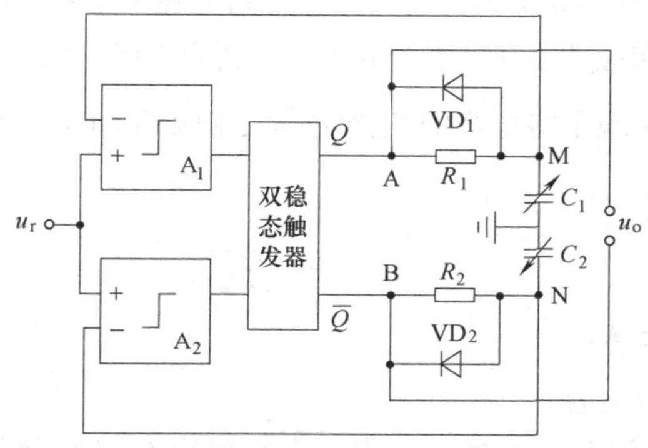

图 5-10　脉冲宽度调制电路原理图

脉冲宽度调制电路具有100Hz～1MHz的矩形波，如图 5-11 所示，可以数字式输出或接计算机进行处理后显示，也可以经过低通滤波器处理后，获得较好的线性直流电压输出。

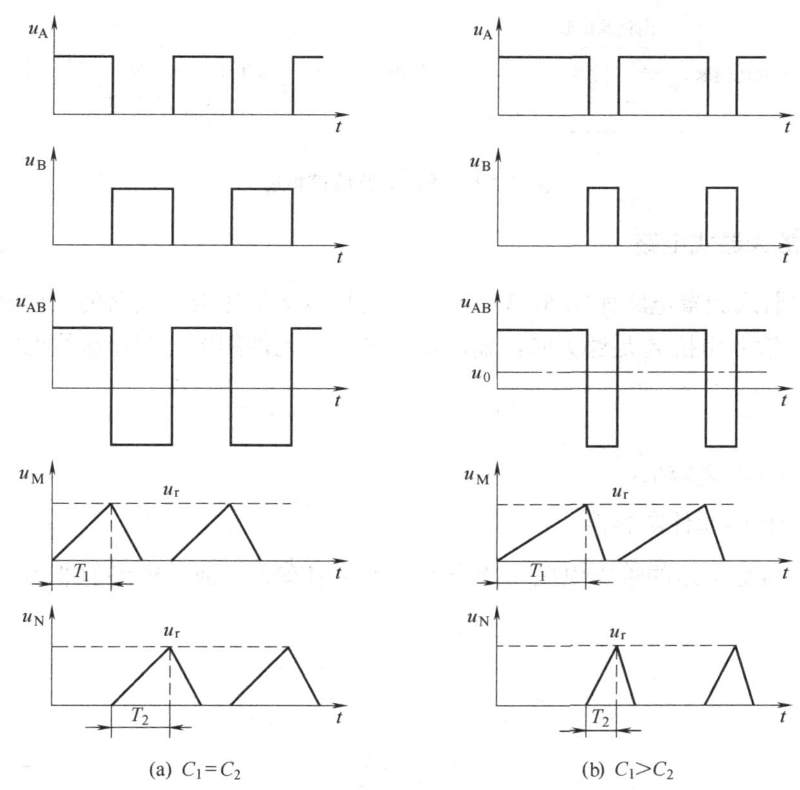

图 5-11　脉冲宽度调制波形

4. 调频电路

调频电路的原理框图如图 5-12 所示，由调谐振荡、限幅、鉴频、放大等电路组成。电容式传感元件作为LC振荡器谐振回路的一部分，当电容传感器工作时，电容C_0发生变化，使振荡器的频率f发生相应的变化，在经过鉴频电路将频率的变化转换为振幅的变化，经放大器放大后再显示，实现了将电容的变化转换成相应频率的变化，故称为调频电路。调频振荡器的振荡频率为

$$f = \frac{1}{2\pi\sqrt{LC}} \tag{5-9}$$

式中：L——振荡回路电感；

C——振荡回路总电容。

C包括传感元件电容C_0、谐振回路中的微调电容C_1和传感器电缆分布电容C_c，即$C = C_0 + C_1 + C_c$。此种转换电路抗干扰能力强，能取得高电平的直流信号(伏特数量级)。缺点是振荡频率受电缆电容的影响大。随着电子技术的发展，可直接将振荡器装在电容传感器旁，克服电缆电容的影响。

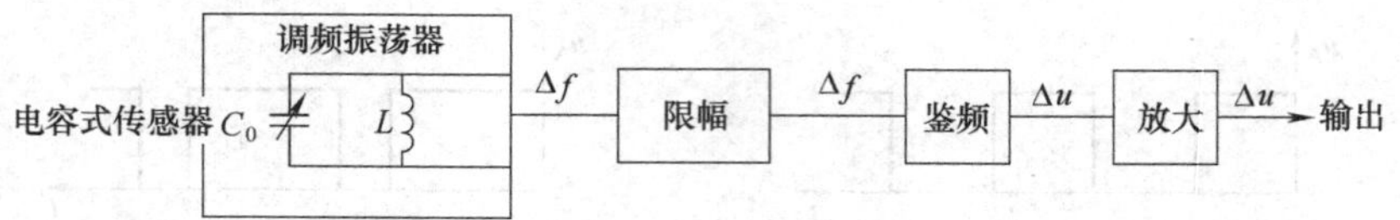

图 5-12　调频电路原理框图

5．运算放大器式电路

运算放大器式测量电路如图 5-13 所示，根据集成运算比例放大器的工作原理，当放大器的开环A_v和输入阻抗Z_i足够大时，输出电压与传感元件的电容变化呈线性关系，即

$$u_0 = \frac{C_x}{C_0}u_i \tag{5-10}$$

式中：C_0——标准电容值；

C_x——传感元件电容值。

运算放大器是电路的输出电压与两个电容的比值有关，故该电路的非线性误差小，测量精度高。

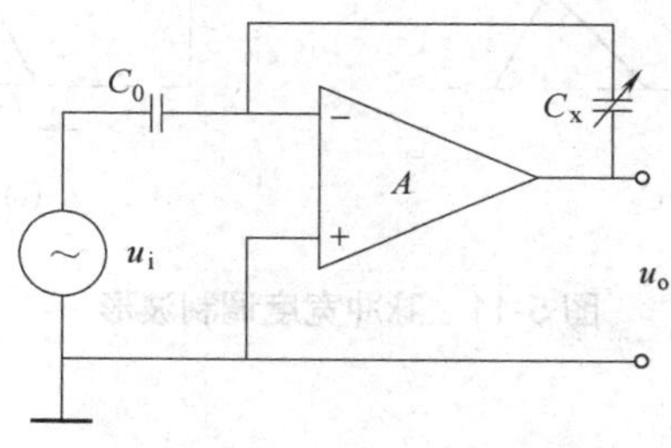

图 5-13　运算放大器式电路

◆ 任务实施

一、电容传感器的选型

在保持储水池水位的自动抽水系统中，通常采用浮标传感器或电极式传感器。浮标传感器的缺点是有活动部件，在冬季易被冻结；电极式传感器虽然没有活动部件，但在冬季也被冰块覆盖。利用电容式液位传感器，可克服以上缺点，且运行、保养简单。电容式液位传感器利用储水池的金属壁和垂直放入储水池的金属探杆作为电极，传感器的总电容与水池储水的液位有关。

二、电容传感器的实际应用

自动抽水站系统的原理电路如图 5-14 所示。电容传感器 C_x 与 R_7、R_8 和 R_{P1} 组成交流测量电桥。$IC_{1.1}$ 和 $IC_{1.2}$ 构成振荡器，经 $IC_{1.3}$ 放大、$IC_{2.1}$ 和 $IC_{2.2}$ 组成的 RS 触发器整形，再经晶体管 VT_1 和 VT_2 电流放大，为电桥提供交流电源。测量桥输出的信号加在由比较器 $IC_{3.1}$、$IC_{3.2}$ 和运算放大器 A_1 构成的同步检波器上，检波器将交流信号的幅度变化转换成正比于传感器电容 C_x 的直流电平。调节 R_{P2} 可调整同相信号部分的衰减系数。直流放大器 A_2, A_3 将信号电压放大到所需要的电平。RC 滤波器(R_{18}、C_5)抑制已放大直流信号中的交流分量。电位器 R_{P3} 为直流放大器调平衡。已放大的信号加在水位上限比较器 A_4 的同相输入端和水位下限比较器 A_5 的反相输入端。A_4 的阈值电位高于 A_5 的阈值电位，它们分别由 R_{P4}、R_{P5} 调整。由于二极管 VD_1、VD_2 的限幅作用，A_4 和 A_5 输出的低电位不低于 $-0.7V$ 。

当储水池中无水或水位很低时，信号电压低于 A_5 的阈值电位，A_4 输出为低电平，A_5 输出为高电平。该液位信号电压经直接加到触发器 IC_4 的 K、J 输入端，即 K=0、J=1，JK 触发器 IC_4 输出高电平。VT_3 和晶闸管 VS 导通，水泵电动机开始工作，向水池注水。随着水位上升、传感器电容增大，水位检测电路输出电压升高，当达到低液位标志时，A_5 输出低电平，A_4 仍输出低电平，即 K=0、J=0，JK 触发器 IC_4 输出状态不变，水泵继续工作。

当水位达到上限标志时，A_4 输出高电平，A_5 仍输出低电平，即 K=1、J=0，JK 触发器 IC_4 输出转换到低电平，VT_3 截止，VS 关断，水泵断电停止工作。在水消耗过程中，水位变低，A_4 输出为低电平，触发器 IC_4 的 K=0、J=0，IC_4 的输出状态不变。直至水位下降到低位标志时，触发器 IC_4 的 K=0、J=1，IC_4 输出高电平，重新接通水泵电源。

电容传感器是垂直放入水池中而与水绝缘的导体(如带外皮的导线)，传感器的长度与储水池的深度有关，其位置相对于水池中各点无严格要求。但是传感器的位置必须固定，以保证在运行过程中电容不发生改变。如果储水池由混凝土制成，必须在水池中垂直放入两个导体，彼此间隔一定的距离。自动抽水控制系统由 ±15V 双极性稳压电源供电，消耗的电流不大于 2×100mA 。

三、测量参考电路

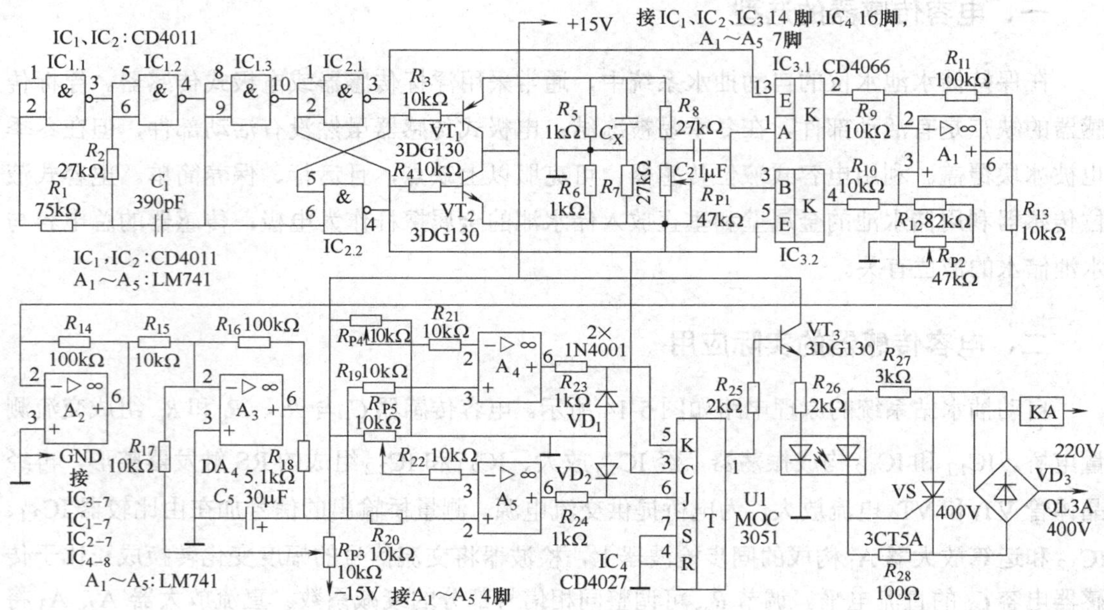

图 5-14　电容式液位传感器制作的自动抽水系统电路

四、总结调试

调试时，首先将比较器 $IC_{3.1}$、$IC_{3.2}$ 输出之间短路，调节 R_{P2} 使 C_5 上电压最小，然后调 R_{P3} 使直流放大器平衡，电容器 C_5 上的电压等于零。此后断开比较器输出端。在空的储水池里安装传感器并将其接至电路 C_x 处。调 R_{P1} 平衡测量电桥，使 C_5 上的电压最小。此时液位比较器 A_5 输出高电平，而上限液位比较器 A_4 输出低电。然后向水池注水，当水位达到低位标志时，调 R_{P5} 使比较器 A_5 输出为低电平。当储水液位达到上限标志时，调 R_{P4} 使比较器 A_4 输出为高电平。最后，在储水池水位变化的情况下，检查接通继电器和水泵的控制部件的工作是否正常。

◆ 能力拓展

一、电磁式流量传感器

1. 电磁式流量传感器的工作原理及使用

如图 5-15 所示，在励磁线圈加上励磁电压后，绝缘导管便处于磁力线密度为 B 的均匀磁场中，当导电性液体流经绝缘导管时，电极上便会产生如下式所示的电动势 $e = B\bar{v}D(\text{v})$；管道内液体流动的容积流量与电动势的关系为 $Q = \frac{\pi D^2}{4}\bar{v} = \frac{\pi D}{4B} \cdot e(\text{m}^3/\text{s})$，所以可以通过对电动势的测定，求出容积流量。

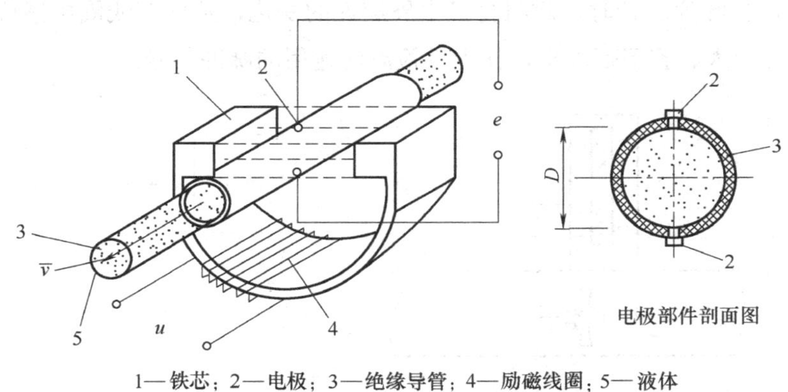

1—铁芯；2—电极；3—绝缘导管；4—励磁线圈；5—液体

图 5-15　电磁式流量计工作原理图

2. 电磁式流速传感器电路

电磁式流速传感器电路用于自来水、工业用水、农业用水、海水、污水、污泥、化学药品、食品、矿浆等流量检测，如图 5-16 所示。励磁电压信号为方波信号，由方波发生器发出的方波信号一路经励磁放大器功率放大后，送入传感器的励磁线圈进行励磁；另一路作为采样、鉴相脉冲信号。流动液体在电极上产生的信号经输入回路阻抗变换和前置放大，再由主放大器进行放大，放大后的信号经采样、倒相、鉴相。所得信号滤去杂波后由直流放大器放大输出为检测到的流速信号 U_{OUT}。

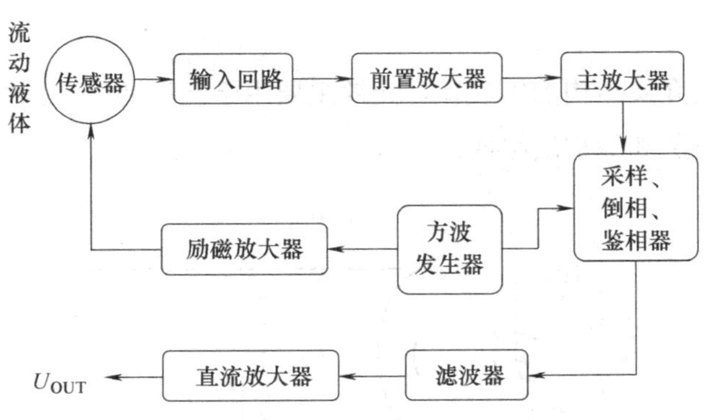

图 5-16　电磁式流速传感器的电路框图

二、涡轮式流速传感器

涡轮式流速传感器是利用放在流体中的叶轮的转速进行流量测试的一种传感器。叶轮转速的测量如图 5-17 所示，叶轮的叶片可以用导磁材料制作，由永久磁铁、铁芯及线圈与叶片形成磁路，当叶片旋转时，磁阻将发生周期性的变化，从而使线圈中感应出脉冲电压信号。该信号经放大、整形后输出，作为供检测转速用的脉冲信号。

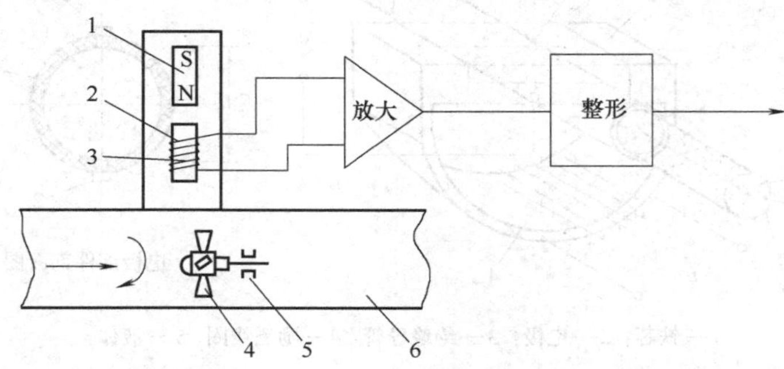

1—永久磁铁；2—线圈；3—铁芯；4—叶轮；5—轴承；6—管道

图 5-17　涡轮流量传感器结构原理图

三、光纤传感器

光纤最早在光学行业中用于传光和传像，在 20 世纪 70 年代初生产出低损耗光纤后，光纤在通信技术中用于长距离传递信息。由于光纤不仅可以作为光波的传输媒质，而且光波在光纤中传播时，表征光波的特征参量(振幅、相位、偏振态、波长等)因外界因素(如温度、压力、磁场、电场和位移等)的作用而间接或直接地发生变化，从而可将光纤作为传感器元件来探测各种待测量(物理量、化学量和生物量)。

1. 光纤结构

光纤是一种多层介质结构的圆柱体，光缆主要用于光纤通信，其结构如图 5-18 所示，该圆柱体由纤芯、包层和保护层组成。

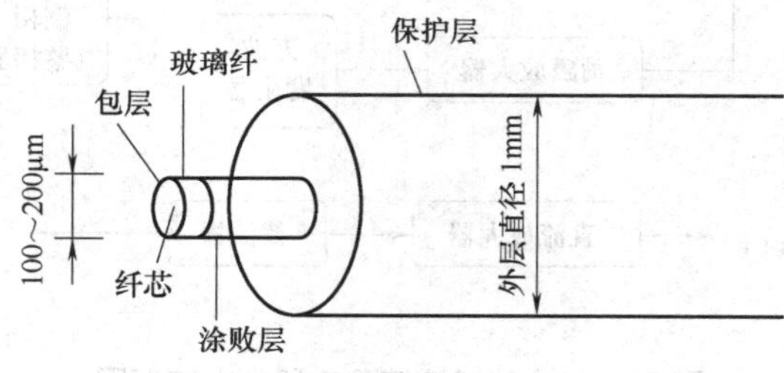

图 5-18　光纤结构

纤芯材料的主体是二氧化硅或塑料，制成很细的圆柱体，其直径在 5～75μm 内。有时在主体材料中掺入极微量的其他材料如二氧化锗或五氧化二磷等，以便提高光的折射率。围绕纤芯的是一层圆柱形套层(包层)，包层可以是单层，也可以是多层结构，层数取决于光纤的应用场所，但总直径控制在 100～200μm 范围内。包层材料一般为SiO_2，也有的掺入极微量的三氧化二硼或四氧化硅，包层掺杂的目的是为了降低其对光的折射率。包层外面还要涂上如硅铜或丙烯酸盐等涂料，其作用是保护光纤不受外来的损害，增加光纤的机械强度。光纤最外层是一层塑料保护管，其颜色用以区分光缆中各种不同的光纤。光缆是由多根光纤组成，并在光纤间填入阻水油膏以此保证光缆传光性能。

2．光纤传感器的工作原理

光纤传感器的基本工作原理是将来自光源的光经过光纤送入调制器，使待测参数与进入调制区的光相互作用后，导致光的光学性质(如光的强度、波长、频率、相位和偏振态等)发生变化，成为被调制的信号光，再经过光纤送入光探测器，经解调器解调后，获得被测参数。根据工作原理，光纤传感器可以分为传感型和传光型两大类。

利用外界因素改变光纤中光的特征参量，从而对外界因素进行计量和数据传输的，称为传感型光纤传感器，它具有传、感合一的特点，信息的获取和传输都在光纤之中。传光型光纤传感器是指利用其他敏感元件测得的特征量，由光纤进行数据传输，它的特点是充分利用现有的传感器，便于推广应用。

光纤对许多外界参数有一定的效应，如电流、温度、速度和射线等。光纤传感器原理的核心是如何利用光纤的各种效应，实现对外界被测参数的“传”和“感”的功能。光纤传感器的核心就是光被外界参数的调制原理，调制的原理就能代表光纤传感器的机理。研究光纤传感器的调制器就是研究光在调制区与外界被测参数的相互作用，外界信号可能引起光的特性(强度、波长、频率、相位、偏振态等)变化，从而构成强度、波长、频率、相位和偏振态调制原理。

利用被测量的因素改变光纤中光的强度，再通过光强的变化来测量外界物理量，称为强度调制。强度调制是光纤传感器使用最早的调制方法，其特点是技术简单、可靠，价格低，可采用多模光纤；光纤的连接器和耦合器均已商品化。光源可采用 LED 和高强度的白炽光等非相干光源。探测器一般用光电二极管、三极管和光电池等。

利用外界因素改变光纤中光的波长或频率，然后通过检测光纤中的波长或频率的变化来测量各种物理量的原理，分别称为波长调制和频率调制。波长调制技术的解调技术比较复杂，对引起光纤或连续损耗增加的某些器件的稳定性不敏感，该调制技术主要用于液体浓度的化学分析、磷光和荧光现象分析、黑体辐射分析等方面。例如，利用热色物质的颜色变化进行波长调制，从而达到测量温度以及其他物理量。频率调制技术主要利用多普勒效应指物体辐射的波长因为光源和观测者的相对运动而产生变化来实现，光纤常采用传光型光纤，当光源发射出的光经过运动物体后，观察者所见到的光波频率相对于原频率发生了变化。根据此原理，可设计出多种测速光纤传感器。如激光多普勒光纤流速测量系统，如图 5-19 所示。

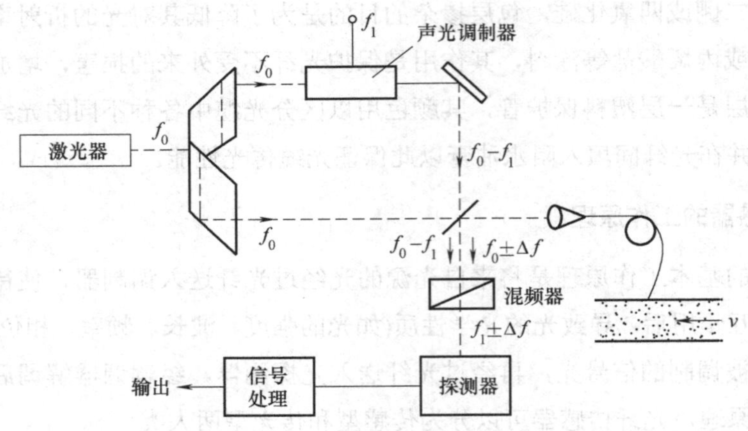

图 5-19　光纤多普勒流速测量系统

设激光光源频率为 f_0，经分束器分成两束光，其中被声光调制器调制成频率为 f_0-f_1 的一束光，射入探测器中；另一束频率为 f_0 的光经光纤射到被测物体流，如血流里的红血球以速度 v 运动时，根据多普勒效应，其反射光的光谱产生频率为 $f_0\pm\Delta f$ 的光，它与 f_0-f_1 的光在光电探测器中混频后，形成 $f_1\pm\Delta f$ 的振荡信号，通过测量 Δf，从而换算出血流速度 v_0，声光调制频率 f_1 一般取 40MHz。在频谱分析仪上，除有 40MHz 的调制频率的一个峰外，还有移动的 Δf 次峰，根据次峰可确定血流等流体的速度。

光纤传感器的调制方法除了上面介绍的，还有利用外界因素改变光纤中光波的相位，通过检测光波相位变化来测量物理量的相位调制；利用外界因素调制返回信号的基带频谱，通过检测基带的延迟时间、幅度大小的变化来测量各种物理量的大小和空间分布的时分调制；利用电光、磁光、光弹等物理效应进行的偏振调制等调制方法。

3. 光纤传感器的特点

与传统的传感器相比，光纤传感器具有以下独特的优点。

(1) 抗电磁干扰，电绝缘，耐腐蚀。由于光纤传感器是利用光波传输信息，而光纤又是电绝缘、耐腐蚀的传输媒质，并且安全可靠，这使它可以方便有效地用于各种大型机电，石油化工、矿井等强电磁干扰和易燃易爆等恶劣环境中。

(2) 灵敏度高。光纤传感器的灵敏度优于一般的传感器，如测量水声、加速度、辐射、磁场等物理量的光纤传感器，测量各种气体浓度的光纤化学传感器和测量各种生物量的光纤生物传感器等。

(3) 重量轻，体积小，可弯曲。光纤除具有重量轻、体积小的特点外还有可自由弯曲的优点，因此可以利用光纤制成不同外形、不同尺寸的各种传感器，这有利于航空航天以及狭窄空间的应用。

(4) 测量对象广泛。光纤传感器是最近几年出现的新技术，可以用来测量多种物理量，比如声场、电场、压力、温度、角速度和加速度等，还可以完成现有测量技术难以完成的测量任务。目前已有性能不同的测量各种物理量、化学量的光纤传感器在现场使用。

(5) 对被测介质影响小。光纤传感器与其他传感器相比具有很多优异的性能，例如，具有抗电磁干扰和原子辐射的性能；径细、质软、重量轻的机械性能；绝缘、无感应的电气性能；耐水、耐高温、耐腐蚀的化学性能等。这些性能对被测介质的影响较小。它能够在人达不到的地方(如高温区)，或者对人有害的地区(如核辐射区)，起到人的耳目的作用。而且还能超越人的生理界限，接收人的感官所感受不到的外界信息。有利于在医药卫生等具有复杂环境的领域中应用。

(6) 便于复用，便于成网。有利于与现有光通信技术组成遥测网和光纤传感网络。

(7) 成本低。有些种类的光纤传感器的成本大大低于现有的其他同类传感器。

4．光纤传感器涡轮流量计

光纤传感器是最近几年出现的新技术，可以用来测量多种物理量，比如声场、电场、压力、温度、角速度、加速度、流量等，还可以完成现有测量技术难以完成的测量任务。在狭小的空间里，在强电磁干扰和高电压的环境里，光纤传感器都显示出了独特的性能。

涡轮流量计在工业上已有五十多年的历史，它是通过内磁式传感器检测涡轮的转速而实现流量测量，是一种用途广泛的流量测量仪表。随着光纤传感器技术的发展，可将反射型光纤传感器与传统的涡轮流量测量原理相结合，制造出具有双光纤传感器的涡轮流量计。与传统的内磁式涡轮流量计相比，光纤传感器涡轮流量计具备了正反流量测量的性能。在检测原理上，光纤传感器克服了内磁式传感器磁性引力带来的影响，有效地扩大了涡轮流量计的量程比。

光纤传感器涡轮流量计，就是把涡轮叶片进行改进使其叶片端面适宜反射光线，利用反射型光纤传感器及光电转换电路检测涡轮叶片的旋转，从而测量出流量。其原理如图 5-20 所示。

反射型光纤传感器一般用多模玻璃光纤，单根芯纤直径 200μm，孔径为 0.3mm，由两根光纤组成，包括光发射纤和光接收纤，检测端固化在一铝合金护套内，可替代内磁式传感器安装在涡轮流量计上。为了提高反射型光纤传感器的信噪比，保证接收反射信号的分辨率，光电转换器中的光源发射电路设计为 10～12kHz 的调制光输出，通过发射纤经涡轮叶片反射从接收纤接收调制光的反射信号，经滤波后转换为流量脉冲信号，信号响应时间小于 0.2ms，检测范围为 1mm。

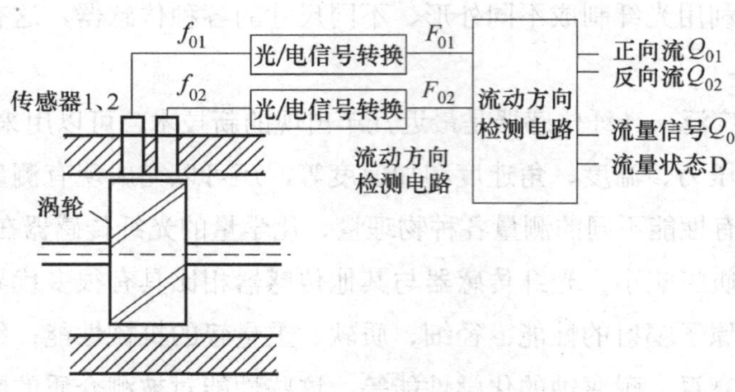

图 5-20　光纤传感器流量计原理

传统的内磁式传感器受其结构限制只能检测叶片的转速，由于反射型光纤传感器体积细小，因而将两个反射型光纤传感器并列装配在涡轮流量计上，这样两个传感器可检测同一涡轮叶片不同位置的反射信号，而两个传感器信号互不干扰，如图 5-21 所示。传感器输出的 f_{01} 信号和 f_{02} 信号经相位鉴别电路后可输出流量计的正向流动计量信号和反向流动计量信号。

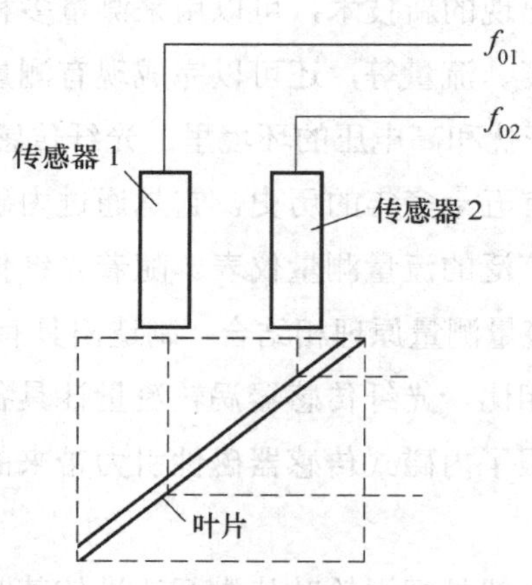

图 5-21　双向流量测量原理图

由于光纤传感器不存在内磁式传感器在低流速时与涡轮叶片产生磁阻而引起的误差，也克服了内磁式传感器在高流量区信号产生饱和的问题，其调制光参数还可以随总体设计的要求而变化，为涡轮的设计创造了方便条件。另外，光纤传感器具有防爆、无电气信号直接与流量计接触的特点，因而适用于煤气、轻质油料等透明介质的流量测量。

四、液面传感器制作的液面报警控制电路

VG4620 是一种单片式液面报警控制集成电路，双列直插 8 脚封装，如图 5-22 所示，使用极为简单。该电路向位于液体中的传感器电极发送信号，并检测返回的信号，根据信号衰减量来判定液面的具体位置。如果传感器露出液面或者液体温度超过设定值，电阻的变化都会使衰减量达到阈值，电路经一定的延时后将输出脉冲报警信号，这时内部的锁存器一直锁存于报警状态，只有关闭电源才能解除。这一特性保证了报警信号将不会因传感器中断而受到阻碍。VG4620 的内部框图如图 5-22 所示。其主要技术指标为：典型工作电压为 6V；电源电流(I_S)为 200mA；传感器输入电压为 6V；输出电流(I_{OUT})为 500mA；最大耗散功率为 0.8W；极限工作温度范围(T)为 –155 ～150 ℃。

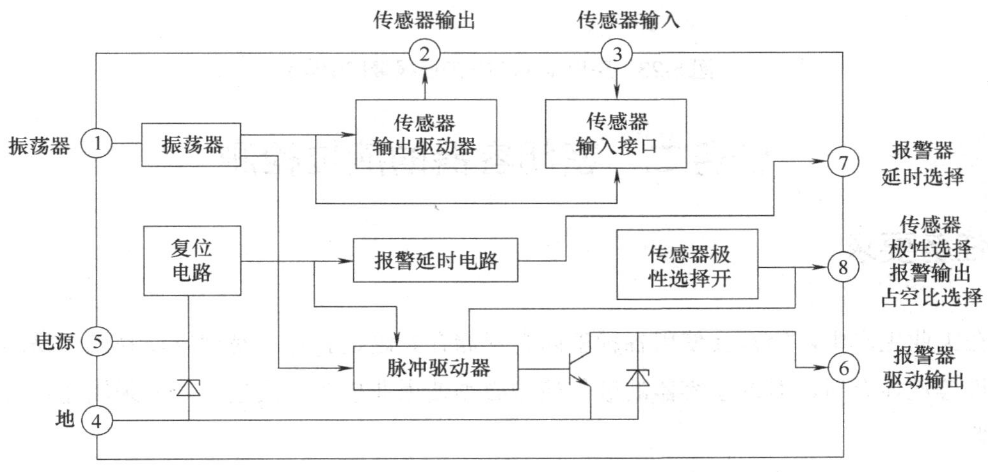

图 5-22　VG4620 内部框图

为防止误报警，芯片提供了两种预防机制：一种是芯片的 3 脚只对传感器输入的正半周信号作比较测量，并且只有当 4 次测量结果都满足条件时才报警；另一种是报警器信号要经历一段延时，延时的长短取决于 7 脚电位的高低。如果 7 脚接地，延时为 10.24s(秒)；如果 7 脚接电源正极，延时为 20.48s；在延时期间，如果报警条件不再满足，将取消本次报警动作。

采用 VG4620 的液面报警控制电路如图 5-23 所示。A、B 液面传感器可选用耐腐蚀的金属导体，对于不同的金属材料和被测液体，可通过实验改变 C_1 、 C_2 、 R_1 、 R_2 的数值，由于 7 脚接地，因此当其 3 脚输入电压高于阈值时，再延时 10.24s 后报警发声。该电路可广泛应用于啤酒、酱食、化工等行业。

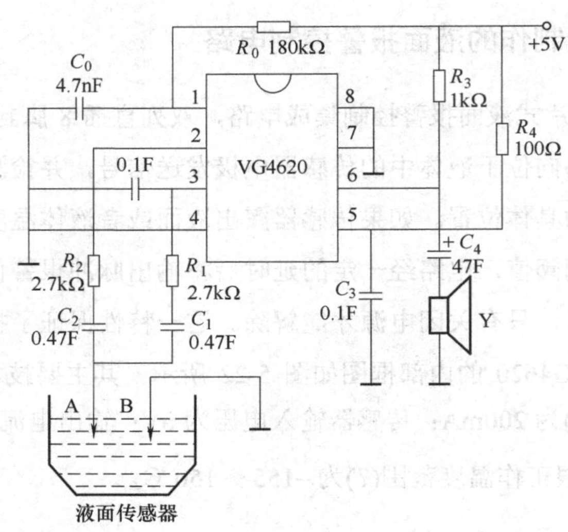

图 5-23 采用 VG4620 液面报警控制电路

任务二 密闭容器的液位检测

◆ 任务要求

在工业生产中，经常会使用各种密闭容器储存高温、有毒、易挥发、易燃、易爆、强腐蚀性等液体介质，对这些容器的液位检测必须使用非接触式测量，一般采用超声波液位传感器。

◆ 知识引入

超声波传感器是利用超声波的特性研制而成的传感器。超声波是一种振动频率高于声波的机械波，由换能晶片在电压的激励下发生振动产生的，它具有频率高、波长短、绕射现象小，特别是方向性好、能够成为射线而定向传播等特点。超声波对液体、固体的穿透本领很大，尤其是在不透明的固体中，它可穿透几十米的深度。超声波碰到杂质或分界面会产生显著反射形成反射成回波，碰到活动物体能产生多普勒效应。因此超声波检测广泛应用在工业、国防、生物医学等方面。

一、认识超声波传感器

常见的超声波传感器如图 5-24 所示。

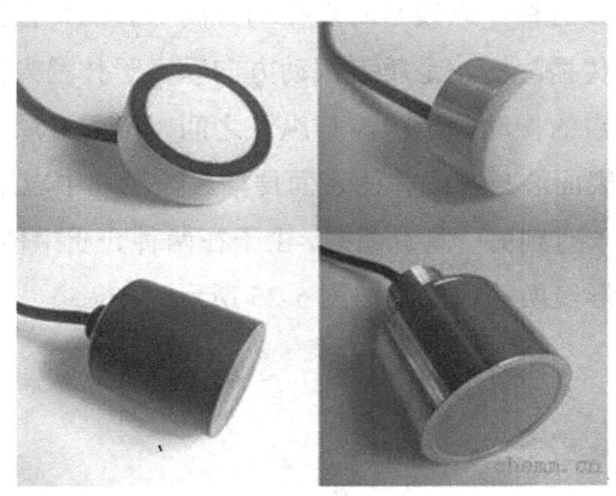

图 5-24　超声波传感器的外形

1. 超声波传感器的组成

以超声波作为检测手段，必须产生超声波和接收超声波。完成这种功能的装置就是超声波传感器，习惯上称为超声换能器，或者超声探头。

超声波探头主要由压电晶片组成，既可以发射超声波，也可以接收超声波。小功率超声探头多作探测用。它有许多不同的结构，可分直探头(纵波)、斜探头(横波)、表面波探头(表面波)、兰姆波探头(兰姆波)、双探头(一个探头反射、一个探头接收)等。

超声探头的核心是其塑料外套或者金属外套中的一块压电晶片。构成晶片的材料可以有许多种，晶片的大小，如直径和厚度也各不相同，因此每个探头的性能是不同的。超声波传感器的主要性能指标包括：

(1) 工作频率。工作频率就是压电晶片的共振频率，当加到它两端的交流电压的频率和晶片的共振频率相等时，输出的能量最大，灵敏度也最高。

(2) 工作温度。由于压电材料的居里点一般比较高，特别是诊断用超声波探头使用功率较小，所以工作温度比较低，可以长时间地工作而不失效。医疗用的超声探头的温度比较高，需要单独的制冷设备。

(3) 灵敏度。主要取决于制造晶片本身。机电耦合系数大，灵敏度高；反之，灵敏度低。

2. 超声波的工作原理

人们能听到的声音是由物体振动产生的，它的频率在 20Hz~20kHz 范围内。超过 20kHz 的机械波称为超声波，低于 20Hz 称为次声波。超声波穿透能力较强，具有一定的方向性，传输过程中衰减较小，反射能力较强，可以用于探伤、测距、测厚和自动控制等，检测常用的超声波频率范围为几十千赫兹到几十兆赫兹。超声波是一种在弹性介质中的机械振荡，波形有纵波、横波、表面波三种。纵波是质点振动方向与波的传播方向一致的波，它能在固体、液体和气体介质中传播；横波是质点振动方向垂直于传播方向的波，它只能在固体介质中传播；表面波是质点的振动介于横波与纵波之间，沿着介质表面传播，其振幅随深度增加而迅速衰减的波，表面波只在固体的表面传播。在工业中应用主要采用纵向振荡。

当超声波由一种介质入射到另一种介质时，由于在两种介质中传播速度不同，在介质面上会产生反射、折射和波形转换等现象，如图 5-25 所示。

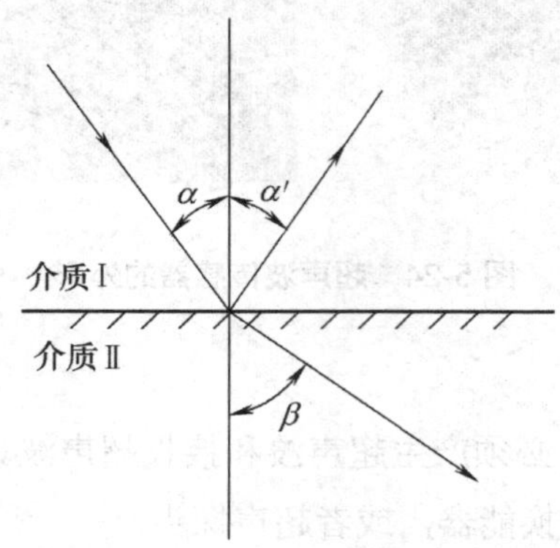

图 5-25　超声波的反射和折射

超声波的频率越高，声场的方向性越好，能量越集中，声波越接近光波的某些特性(如反射、折射定律)。当超声波向两个不同的介质传播时，入射波以α角从第一种界面传播到第二种介质时，在介质分界面会有部分能量反射回原介质中的波，称为反射波；剩余的能量透过介质分界面在第二种介质内继续传播，又称为折射波。

超声波可以在气体、液体及固体中传播，其传播速度不同。在空气中传播超声波，其频率较低，一般为几十千赫兹，而在固体、液体中则频率可用得较高。超声波在空气中衰减较快，而在液体及固体中传播，衰减较小，传播较远。利用超声波的特性，可做成各种超声传感器，配上不同的电路，制成各种超声测量仪器及装置，并在通信、医疗家电等各方面得到广泛应用。

3．超声波传感器的检测原理

由于超声波指向性强、能量消耗缓慢和在介质中传播的距离较远，而且超声波检测比较迅速、测量精度高和易于实时控制，因此，超声波经常用于距离的测量，如图 5-26 所示。超声波发射器向某一方向发射超声波，在发射时刻的同时开始计时，超声波在空气中传播，途中碰到障碍物就立即返回来，超声波接收器收到反射波就立即停止计时。超声波在空气中的传播速度，一般约为 340m/s。根据计时器记录的时间 t，就可以计算出发射点距障碍物的距离 s，即

$$s = \frac{340t}{2} \tag{5-11}$$

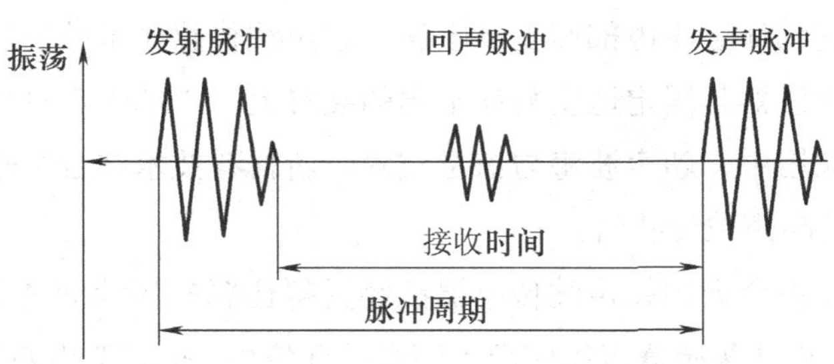

图 5-26　超声波传感器测距的工作原理

利用超声波物理特性和各种效应而研制的装置称为超声波换能器，或超声波探测器、超声波传感器，有时也叫超声波探头。

超声波传感器主要材料有压电晶体(电致伸缩)及镍铁铝合金(磁致伸缩)两类。电致伸缩的材料有锆钛酸铅(PZT)等。压电晶体组成的超声波传感器是一种可逆传感器，它可以将电能转变成机械振荡而产生超声波，同时它接收到超声波时，也能转变成电能，所以它可以分成发送器或接收器。有的超声波传感器既能用作发送，也能用作接收。这里仅介绍小型超声波传感器，发送与接收略有差别，它适用于在空气中传播，工作频率一般为 23～25kHz 及 40～45kHz。这类传感器适用于测距、遥控、防盗等用途。具体产品有 T/R-40-60，T/R-40-12 等。另有一种密封式超声波传感器(MA40EI 型)，它的特点是具有防水作用(但不能放入水中)，可以用作料位和接近开关用，它的性能较好。超声波应用有三种基本类型，透射型用于遥控器，防盗报警器、自动门、接近开关等；分离式反射型用于测距、液位或料位；反射型用于材料探伤、测厚等。

二、超声波传感器的使用

许多仪器及控制应用中均涉及超声波传感器，尤其是在流量测量、材料无损检验及料位测量等方面，超声波传感器的应用尤为普遍。超声波传感技术应用在生产实践的不同方面，而医学应用是其最主要的应用之一，下面以医学为例子说明超声波传感技术的应用。超声波在医学上的应用主要是诊断疾病，它已经成为了临床医学中不可缺少的诊断方法。超声波诊断的优点是：对受检者无痛苦、无损害、方法简便、显像清晰、诊断的准确率高等。因而推广容易，受到医务工作者和患者的欢迎。超声波诊断可以基于不同的医学原理，其中有代表性的一种被称为 A 型方法。这个方法是利用超声波的反射。当超声波在人体组织中传播遇到两层声阻抗不同的介质界面时，在该界面就产生反射回声。每遇到一个反射面时，回声在示波器的屏幕上显示出来，而两个界面的阻抗差值也决定了回声的振幅的高低。

在工业方面，超声波的典型应用是对金属的无损探伤和超声波测厚两种。过去，许多技术因为无法探测到物体组织内部而受到阻碍，超声波传感技术的出现改变了这种状况。当然更多的超声波传感器是固定地安装在不同的装置上，“悄无声息”地探测人们所需要的信号。在未来的应用中，超声波将与信息技术、新材料技术结合起来，将会出现更多的智能化、高灵敏度的超声波传感器。

新技术的应用使得今天的超声波传感器能经受得住恶劣环境的考验，比如有 IP67 和 IP69K 防护等级的超声波传感器可以应用于潮湿的环境中；传感器内建温度补偿电路，在正常或者变化的操作状态下，当有明显的温度变化时，由温度补偿电路进行校对；Teflon 型号的超声波传感器的表面有一种特殊涂层可以用来抵御有害化学物质的侵蚀；先进的过滤电路可以让超声波传感器屏蔽现场干扰；新型传感器感应头有着更强的自我保护能力，可以抵御物质损害，适应比较脏乱的环境等。

1. 使用超声波传感器的基本原则

超声波传感器是利用传感器头部的压振陶瓷的振动，产生高频的人耳听不见的声波来进行感应的，如果这声波碰到了某个物体，传感器就能接收到返回波。传感器通过声波的波长和发射声波以及接收到返回声波的时间差就能确定物体的距离。比较具有代表性的，一个传感器可以通过按钮的设定来拥有近距离和远距离两种设定，无论物体在哪一种界限里，传感器都可以检测到。例如：超声波传感器可以安装在一个装液体的池子上，或者是一个装小球的箱子上，向这个容器发出声波，通过接收到返回波的时间长短就能确定这个容器是满的、空的或者是部分满的。

超声波传感器还有使用的是独立的发射器和接收器的型号，当检测缓慢移动的物体或者在潮湿环境中应用时，这种对射式的超声波传感器就非常适用。在检测透明物体、液体，检测光滑、粗糙、有光泽的半透明材料等物体表面，以及检测不规则物体时，超声波传感器都是首选。超声波传感器不适用的情况有：户外、极热的环境、有压力的容器内及有泡沫的物体。

2. 超声波传感器选型要点

1) 范围和尺寸

被检测的物体的尺寸大小会影响超声波传感器的最大有效范围，传感器必须探测到一定级别的声波才能被激励输出信号，一个较大的物体可以将大部分声波反射给传感器，所以传感器可以在它的最大限度内对此物体进行感应，而一个小物体只能反射很少的声波，这样就明显地减小了感应的范围。

2) 被测物

能运用超声波传感器进行检测的最理想的物体应该是大型、平坦、高密度的物体，垂直放置并面对着传感器感应面。最难检测的是那些面积非常小，或者是可以吸收声波的材料制作的，比如泡沫塑料，或者是角面对着传感器的。用于液体测量时需要液体的表面垂直面对超声波传感器，如果液体的表面非常不平整，那么传感器的响应时间要调的更长一些，它会将这些变化做个平均，可以比较固定的读取。

3) 振动

无论是传感器本身还是周围机械的振动，都会影响距离测量的精确度。这时可以考虑采取一些减震措施，例如：用橡胶的抗震设备给传感器做一个底座，可以减少振动，用固定杆也可以消除或者最大程度的减少振动。

4) 衰减

当周围环境温度缓慢变化的时候，有温度补偿的超声波传感器可以做出调整，但是如果温度变化过快，传感器将无法做出调整。

5) 误判

声波可能会被附近的一些物体反射，比如导轨或者固定夹具，为了确保检测的可靠性，必须减少或者排除周围物体对声波反射的影响，为了避免对周围物体的错误检测，许多超声波传感器都有一个 LED 指示器来引导操作人员进行安装，以确保这个传感器被正确地安装，减少出错的风险。

3. 超声波探测用耦合剂

超声波探头与被测物体接触时，探头与被测物体表面件存在一层空气薄层，造成干扰，必须将接触面之间的空气排挤掉，使超声波能顺利地入射到被测介质中。在工业中，经常使用一种称为耦合剂的液体物质，使之充满在接触层中，起到传递超声波的作用。常用的耦合剂有水、机油、甘油、水玻璃、胶水、化学浆糊等。耦合剂的厚度应尽量薄些，以减小耦合损耗。

◆ 任务实施

一、超声波传感器的选型

小型超声波传感器(ϕ12~ ϕ16)的遥控距离约 10m，其外形如图 5-27(a)所示。遥控器的发送电路如图 5-27(b)所示，这是由 555 时基电路组成的振荡器，调整 20kΩ 电位器，使振荡频率为 40kHz，传感器接于 555 定时器的 3 脚，接通电源，即发送出超声波，或使用单片机的 P1.0 脚做为 40kHz 的输入，并使用必要的门电路和拉电阻以提高输出功率。

二、超声波传感器的实际应用

由于超声波在空气中有一定的衰减，则发送到液面及从液面反射回来的信号大小与液位有关，液面位置越高，信号越大；液面越低，则信号就小。超声波接收及液位指示与控制电路如图 5- 27(c)(d)所示。

当没有发射超声波信号时，A 点的电位是 0，B 点的电位是 0，C 点的电位也为 0，而 D 点的电位是 1。当接收到超声波信号时，经过 LM386 放大，通过电感电容滤波，使其只有 40kHz 的信号通过，再经过 LM386 进行二次放大，当测量距离远时，二次放大后的信号仍然太弱，所以还得进行三次放大；当测量距离较近时，二次放大后的信号就很强了，但由于第三级的输入电压不能太高，所以需用二极管做限幅。收到第一个信号的上升沿时(C 点为上升沿)，经过非门变成下降沿(D 点)，送给单片机的中断(P3.2)进行处理。

三、测量参考电路

四、总结调试

(1) 被测液体中不能充满密集气泡，不能悬浮大量固体，如结晶物等。

(2) 在测量有黏度的液体时需要注意液体的温度影响。

(3) 安装测量探头的容器壁要求用能够良好传递信号的硬质材料制成，例如碳钢、不锈钢、各种硬金属、玻璃钢、硬质塑料、陶瓷、玻璃、硬橡胶等材料或其复合材料。

(4) 由于超声波也是声信号的一种，所以使用专用的声音芯片 LM386 进行信号放大。接收到的超声波信号在 5～30mV 之间，LM386 运放足可以胜任，而且价格低，其 1 脚和 8 脚之间的电阻电容能够提高放大增益。

(5) 由于对小信号放大时存在的杂波比较大，所以级和级之间需加个带通滤波器，让 40kHz 的信号通过，其他的信号全都截止，图 5-27(d)中 R_2(100Ω)的阻值不能太大，否则带通太宽，达不到滤波效果。

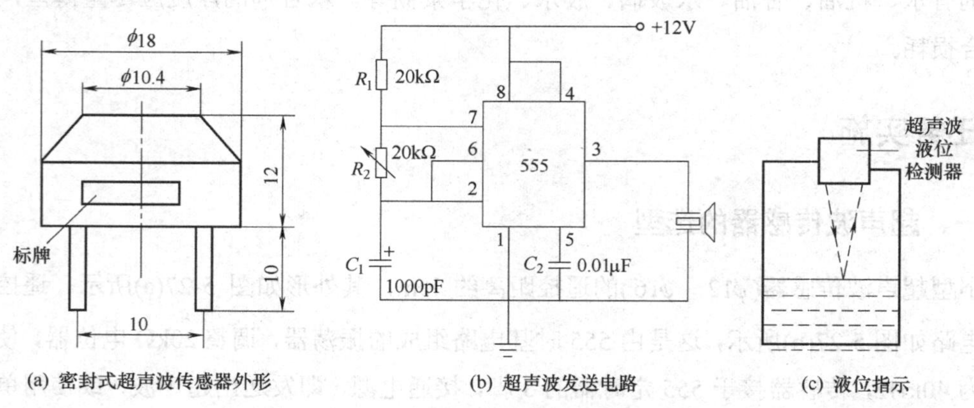

(a) 密封式超声波传感器外形　(b) 超声波发送电路　(c) 液位指示

图 5-27 超声波液位指示及控制电路

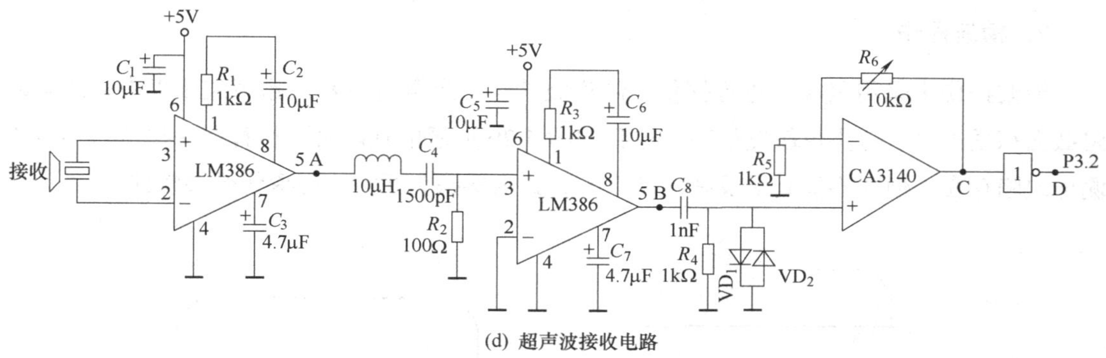

(d) 超声波接收电路

图 5-27　超声波液位指示及控制电路(续)

(6)　C_8是个隔直电容，可以把直流成分去掉。这个电容最好不使用电解电容，因为这类电容漏电比较大，会夹杂直流成分。

(7)　VD_1、VD_2 两个二极管的作用是限幅，因为当 CA3140(高输入阻抗运算放大器)的输入大于 2.5V 时，CA3140 工作将异常，所以需要进行输入限幅。

◆ 能力拓展

一、超声波探伤

超声波探伤是无损探伤技术中的一种主要检测手段。它主要用于检测板材、管材、锻件和焊缝等材料中的缺陷(如裂缝、气孔、夹渣等)、测定材料的厚度、检测材料的晶粒、配合断裂力学对材料使用寿命进行评价等。

1．纵波探伤

纵波探伤使用直探头，如图 5-28 所示。探伤仪面板上有一个荧光屏，通过荧光屏可知工件中是否存在缺陷、缺陷大小及缺陷的位置。

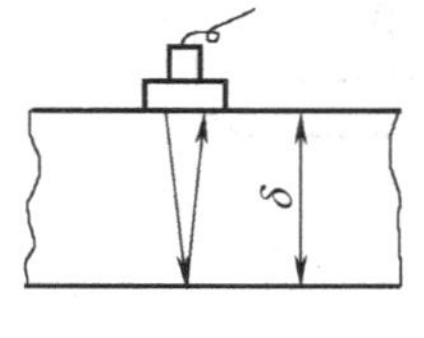

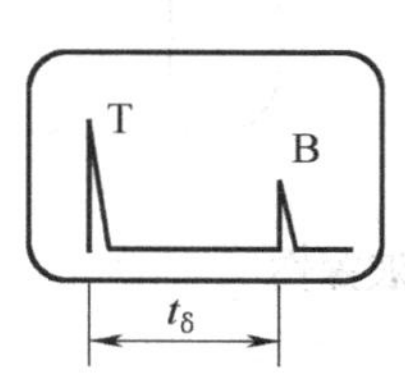

(a) 无缺陷时超声波的反射及显示的波形

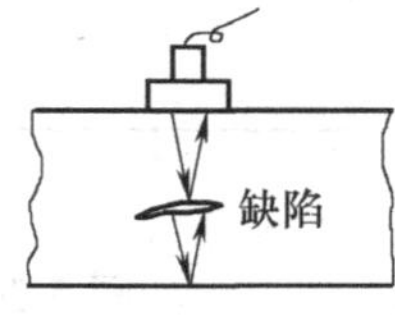

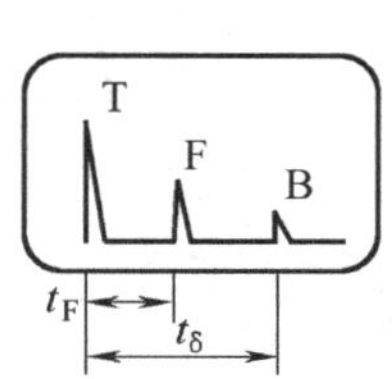

(b) 有缺陷时超声波的反射及显示波

图 5-28　超声波探伤

2．横波探伤

横波探伤多采用斜探头进行探伤。超声波的一个显著特点是：超声波波束中心线与缺陷截面积垂直时，探头灵敏度最高。遇到如图 5-29 所示的缺陷时，用直探头探测虽然可探测出缺陷存在，但并不能真实反映缺陷大小。如用斜探头探测，则探伤效果较佳。

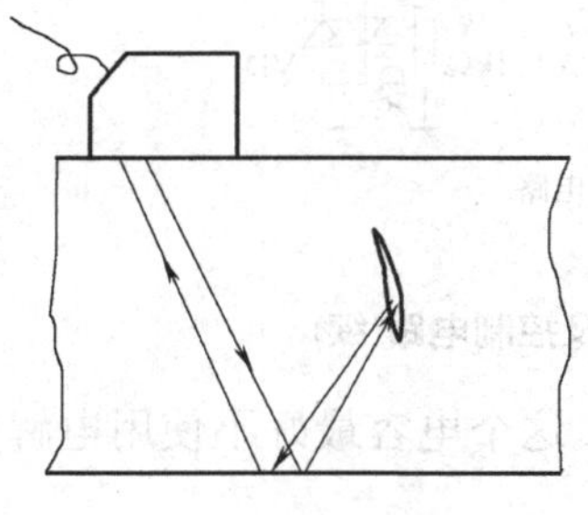

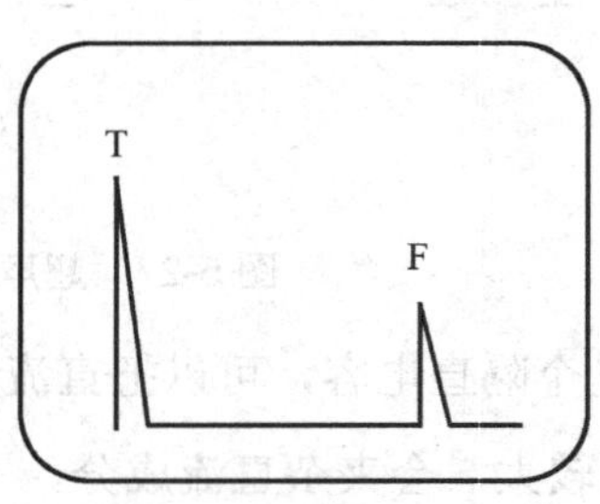

图 5-29　横波单探头探伤

3．表面波探伤

表面波探伤如图 5-30 所示。当超声波的入射角 α 超过一定值后，折射角 β 可达到 90°，这时固体表面受到超声波能量引起的交替变化的表面张力作用，质点在介质表面的平衡位置附近作椭圆轨迹振动，这种振动称为表面波。当工件表面存在缺陷时，表面波被反射回探头，可以在荧光屏上显示出来。

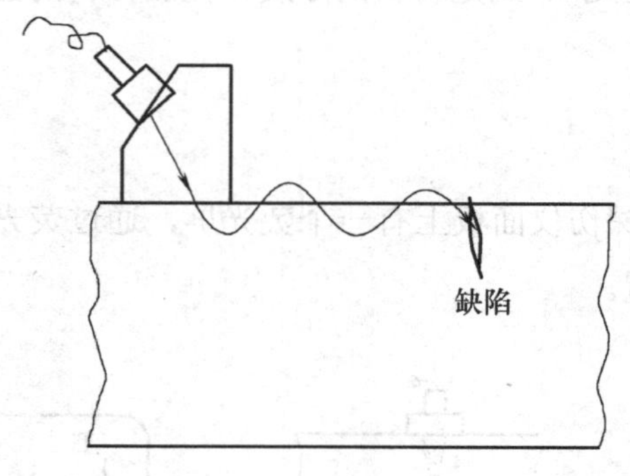

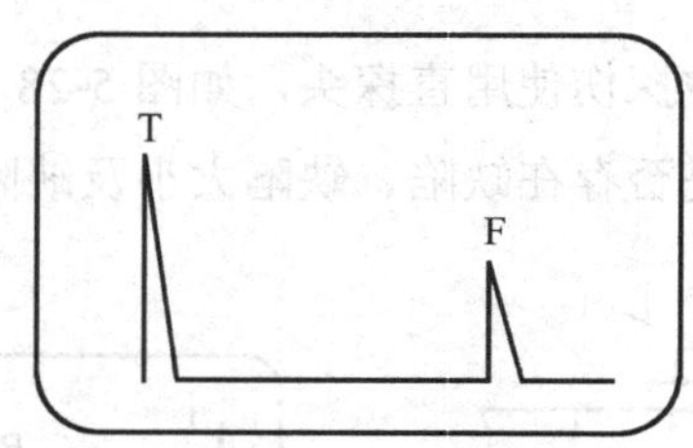

图 5-30　表面波探伤

二、超声波流量计

流量的检测对于实现生产过程中的自动化，提高生产效率，保证产品质量，保障安全生产，促进科学技术的进步，都具有十分重要的意义。流量是指流体在单位时间内通过某一截面的体积数或质量数，分别称为体积流量和质量流量。超声波流量计可以做成非接触式传感器，常用于强腐蚀性、非导电性、放射性及易燃易爆介质的流量测量。

超声波流量计检测原理如图 5-31 所示。在被测管道上下游的一定距离上，分别安装两对超声波发射和接收探头(F_1，T_1)、(F_2，T_2)。其中(F_1，T_1)的超声波是顺流传播的，而(F_2，T_2)的超声波是逆流传播的。根据这两束超声波在流体中传播速度的不同，采用测量两接收探头上超声波传播的时间差、相位差或频率差等方法，可测量出流体的平均速度及流量。

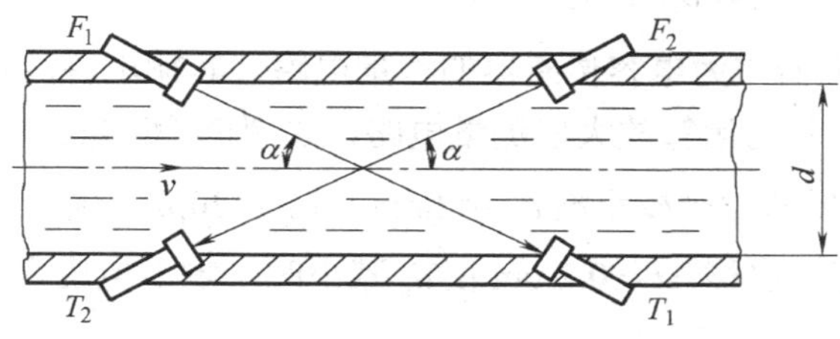

图 5-31　超声波流量计原理图

使用频率差法测流量，则可克服温度的影响。频率差法测流量的原理如图 5-32 所示。F_1、F_2是完全相同的超声探头，安装在管壁外面，通过电子开关的控制，交替地作为超声波发射器与接收器使用。顺流发射频率 f_1 与逆流发射频率 f_2 的频率差 Δf 只与被测流速成正比，而与声速 c 无关。频率差 $\Delta f = f_1 - f_2 \approx \dfrac{\sin 2\alpha}{D} v$。

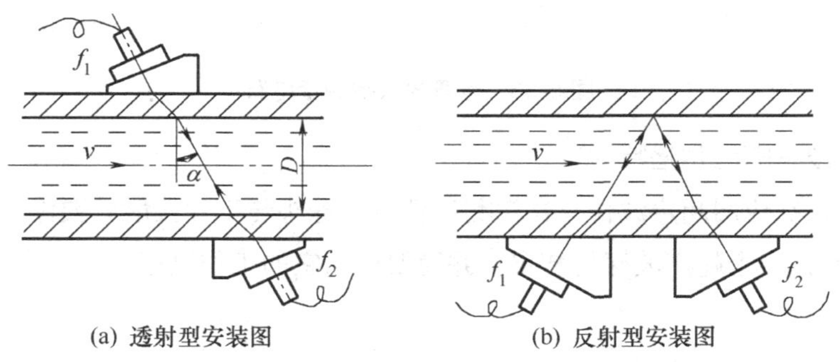

(a) 透射型安装图　　(b) 反射型安装图

图 5-32　频率差法测流量原理图

思考与练习题

5-1．简述电容式传感器三种类型的工作原理及特性。

5-2．分析变面积式电容传感器和变间隙式电容传感器的灵敏度？若要提高传感器的灵敏度可采取什么措施？同时要注意什么问题？

5-3．电容式传感器的测量电路完成了什么功能？常用的有哪几种？

5-4．有一只变极距电容传感器，两极板重叠有效面积为$8\times10^{-4}\,m^2$，两极板间距为1mm，已知空气的相对介电常数是1.0006，计算该传感器的位移灵敏度。

5-5．某电容测微仪，其传感器的圆形极板半径$r=4mm$，工作初始间隙δ_0=0.3mm，介电常数$\varepsilon=8.85\times10^{-12}F/m$，问：(1)工作时，若传感器与工件间隙变化量$\Delta\delta$=±1μm，电容变化量为多少？(2)若测量电路的灵敏度$S_1=100mV/pF$，读数仪表的灵敏度S_2＝5格/mV，当$\Delta\delta$=±1μm时，读数仪表示值变化多少格？

5-6．采用运算放大器作为电容传感器的测量电路，其输出特性是否为线性？为什么？

5-7．如图5-33所示为运算放大器测量电路，C_x为变间隙式电容传感器，它的起始电容量C_{x0}＝50pF，定极板与动极板距离d_0＝2mm，C_0＝20pF，输入电压$u_i=10\sin\omega t$ V。求当电容传感器动极板有一位移$\Delta x=0.2mm$使d_0减小时，输出电压为多少？

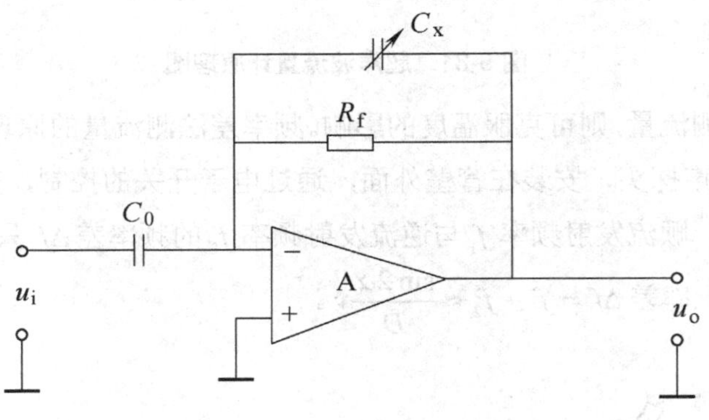

图5-33　运算放大器测量电路

5-8．超声波有哪些传播特性？

5-9．为什么在应用超声波传感器探测工件时，探头与工件接触处要涂一层耦合剂？

5-10．试设计一个超声波探伤装置，并简要说明它的工作过程。

情境六　位移的检测

【情境描述】

位移的检测是指测量位移、距离、位置、尺寸、角度、角位移等几何量，是机械加工的重要参数。许多参数如力、形变、厚度、间距、振动、速度、加速度等非电量的测量也可以转换为位移的测量。根据这类传感器的信号输出形式，可以分为模拟式和数字式两大类，参见表 6-1 所示。

表 6-1　位移传感器

位移传感器	模拟式	电位器、电阻应变片、电容传感器、螺管电感、差动变压器、涡流探头、光电元件、霍尔器件、微波器件、超声波器件
	数字式	光栅、磁栅、感应同步器

任务一　电感式接近开关用于物位的检测

◆ 任务要求

在生产流水线中物位的检测十分常见，例如在装配轴承滚珠时，为保证轴承的质量，一般要先对滚珠的直径进行分选，各滚珠直径的误差在几个微米，因此要进行微位移检测，可选用电感传感器进行检测，如图 6-1 所示。

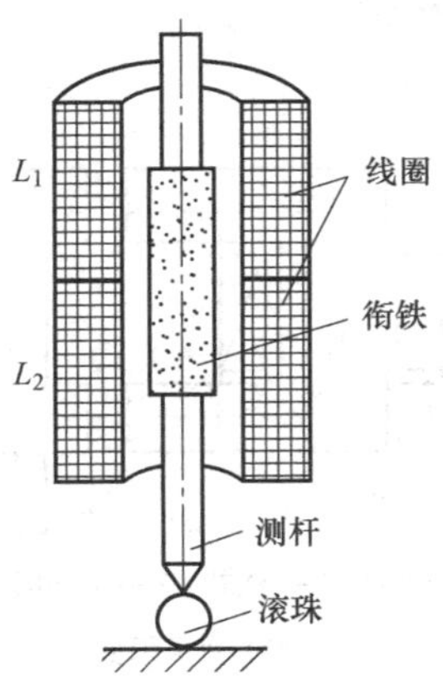

图 6-1　滚珠直径的检测

◆ 知识引入

一、认识电感传感器

电感式传感器利用电磁感应原理将被测非电量如位移、压力、流量、振动等转换成线圈自感量 L 或互感量 M 的变化，再由测量电路转换为电压或电流的变化量输出，其外形图如图 6-2 所示。

电感式传感器具有结构简单，工作可靠，测量精度高，零点稳定，输出功率较大等一系列优点，其主要缺点是灵敏度、线性度和测量范围相互制约，传感器自身频率响应低，不适用于快速动态测量。

电感式传感器种类很多，常见的有自感式传感器，互感式传感器和电涡流式传感器三种。

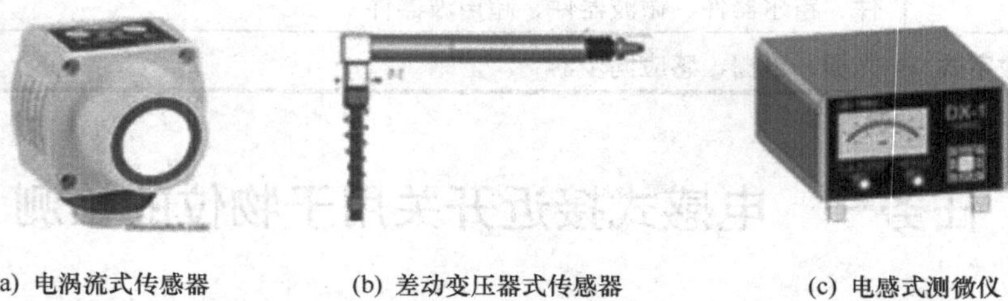

(a) 电涡流式传感器　(b) 差动变压器式传感器　(c) 电感式测微仪

图 6-2　电感传感器外形图

1. 自感式传感器

自感式传感器可分为变间隙型、变面积型和螺管型三种类型，如图 6-3 所示，虽然形式不同，但都包含线圈、铁芯和活动衔铁三部分。

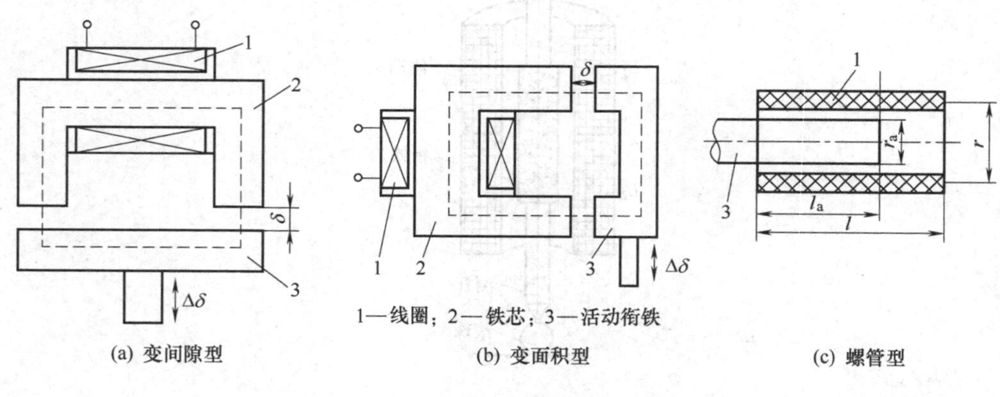

1—线圈；2—铁芯；3—活动衔铁

(a) 变间隙型　(b) 变面积型　(c) 螺管型

图 6-3　自感式传感器的类型

1)　变间隙型电感传感器

M. Faraday 电磁感应定律(1831 年)是指当一个线圈中电流 i 变化时，该电流产生的磁通 Φ 也随之变化，因而在线圈本身产生感应电势 e，这种现象称之为自感。产生的感应电势称为自感电势。

变间隙型电感式传感器结构如图 6-3(a)所示。工作时，衔铁与被测物体连接，被测物体的位移 $\Delta\delta$ 将引起气隙的长度 δ 发生变化，使磁路中气隙的磁阻发生变化，从而导致电感线圈的电感值变化，因此只要能测出这种电感量的变化，就能确定衔铁位移量的大小和方向。如果忽略磁路中其他部分的磁阻而只计气隙的磁阻 R_{m}，则磁阻为

$$R_{\mathrm{m}} = \frac{2\delta}{\mu A} \tag{6-1}$$

式中：δ——气隙高度；

μ——空气磁导率；

A——气隙截面积。

根据磁路的基本知识，整个磁路的电感为

$$L = \frac{n^2}{R_{\mathrm{m}}} = \frac{n^2 \mu A}{2\delta} \tag{6-2}$$

式中：n——线圈匝数。

上式表明，自感 L 与气隙距离成反比，而与气隙截面积 A 成正比。若固定截面积 A，当气隙长度有一微小变化 $\Delta\delta$ 时，引起自感量的变化量 ΔL 为

$$\Delta L = -\frac{n^2 \mu A}{2\delta^2}\Delta\delta \tag{6-3}$$

故变间隙型电感传感器的灵敏度为

$$K = -\frac{n^2 \mu A}{2\delta^2} \tag{6-4}$$

式(6-4)表明灵敏度 K 与气隙距离 δ 的平方成反比，δ 越小，灵敏度越高。

变间隙型电感传感器具有很高的灵敏度，这样对被测信号的放大倍数要求低。但是受气隙 δ 长度的影响，而且为了减少非线性误差，该类传感器的测量范围约在 0.001～1mm 左右，适用于较小位移的测量。由于行程小，而且衔铁在运行方向上受铁芯限制，制造装配困难，所以近年来较少使用该类传感器。

2)　变面积型电感传感器

变面积型电感传感器结构如图 6-3(b)所示，工作时气隙长度不变，铁芯与衔铁之间相对覆盖面积随被测位移量的变化而改变，从而导致线圈电感发生变化。线圈电感量 L 与气隙厚度是非线性的，但与磁通截面积 A 却是成正比，是一种线性关系，如图 6-4 所示。这类传感器的灵敏度为

$$K = -\frac{n^2\mu}{2\delta} \tag{6-5}$$

由式(6-5)可知，变面积型电感传感器灵敏度较变间隙型小，但线性度好，量程较大，使用比较广泛。

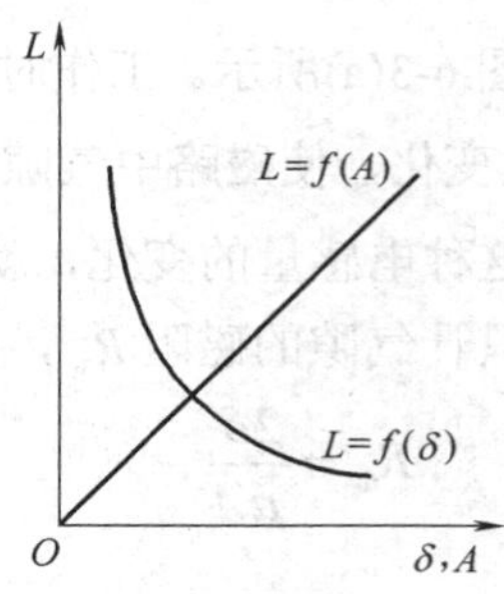

图 6-4　变面积型电感传感器特性曲线

3)　螺管型电感传感器

螺管型电感传感器结构如图 6-3(c)所示，它由一柱型衔铁插入螺管圈内构成。其衔铁随被测对象移动，线圈磁力线路径上的磁阻发生变化，线圈电感量也因此而变化。线圈电感量的大小与衔铁插入深度有关。理论上，电感相对变化量与衔铁位移相对变化量成正比，但由于线圈内磁场强度沿轴线分布不均匀。所以实际上它的输出仍有非线性。

设线圈长度为l、线圈的平均半径为r、线圈的匝数为n、衔铁进入线圈的长度为l_a、衔铁的半径为r_a、铁芯的有效磁导率为μ_m，则线圈的电感量L与衔铁进入线圈的长度l_a的关系为

$$L = \frac{4\pi^2 n^2}{l^2}[lr^2 + (\mu_m - 1)l_a r_a^2] \tag{6-6}$$

由式(6-6)可知，螺管型电感传感器的灵敏度较低，但由于其量程大且结构简单，易于制作和批量生产，因此它是使用最广泛的一种电感式传感器。

以上三种类型的传感器，由于线圈中流过负载的电流不等于零，存在起始电流，非线性较大，而且有电磁吸力作用于活动衔铁，易受外界干扰的影响，如电源电压和频率的波动、温度变化等都将使输出产生误差，所以不适用于精密测量，只用在一些继电信号装置。在实际应用中，广泛采用的是将两个电感式传感器组合在一起，形成差动式传感器。

4)　差动式电感传感器

在实际使用中，常采用两个相同的自感式线圈共用一个衔铁，构成差动式电感传感器。这样可以提高传感器的灵敏度，减小测量误差。图 6-5 是变间隙型、变面积型及螺管型三种类型的差动式电感传感器。差动变间隙型的工作行程只有几微米到几毫米，所以适用于微小位移的测量，对较大范围的测量往往采用螺管型传感器。

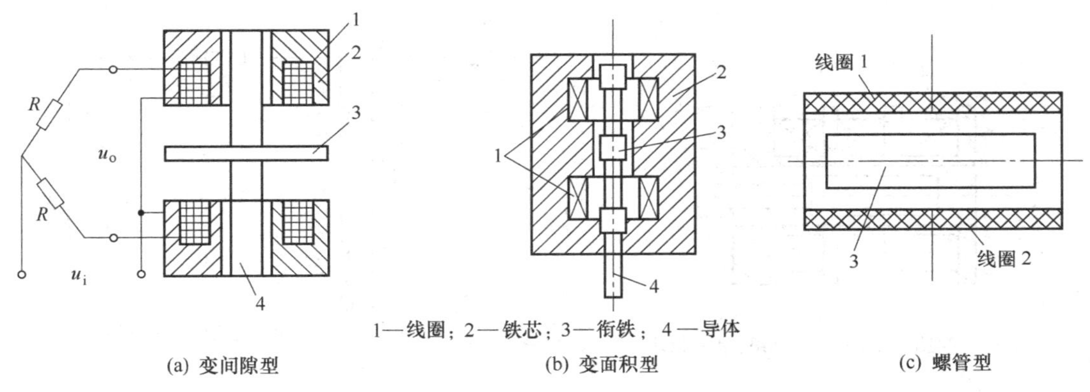

1—线圈；2—铁芯；3—衔铁；4—导体

(a) 变间隙型　(b) 变面积型　(c) 螺管型

图 6-5　差动式电感传感器

差动式电感传感器的结构要求上下两个导磁体的几何尺寸完全相同，材料性能完全相同，两个线圈的电气参数(如电感匝数、线圈铜电阻等)和几何尺寸也要求完全一致。

2. 差动变压器式传感器

把被测的非电量变化转换为线圈互感量变化的传感器称为互感式传感器。这种传感器是根据变压器的基本原理制成的，并且次级绕组都用差动形式连接，故称差动变压器式传感器。差动变压器结构形式较多，有变间隙式、变面积式和螺线管式等，但其工作原理基本一样。非电量测量中，应用最多的是螺线管式差动变压器，它可以测量 1～100mm 范围内的机械位移，并具有测量精度高，灵敏度高，结构简单，性能可靠等优点。

差动变压器的工作原理类似变压器的作用原理。这种类型的传感器主要包括有衔铁、一次绕组和二次绕组等。一、二次绕组间的耦合能随衔铁的移动而变化，即绕组间的互感随被测位移改变而变化。由于在使用时采用两个二次绕组反向串接，以差动方式输出，所以把这种传感器称为差动变压器式电感传感器，通常简称差动变压器。图 6-6 为差动变压器的结构示意图。

差动变压器工作在理想情况下(忽略涡流损耗、磁滞损耗和分布电容等影响)，它的等效电路如图 6-7 所示。U_1 为一次绕组激励电压；M_1、M_2 分别为一次绕组与两个二次绕组间的互感：L_1、R_1 分别为一次绕组的电感和有效电阻；L_{21}、L_{22} 分别为两个二次绕组的电感；R_{21}、R_{22} 分别为两个二次绕组的有效电阻。

对于差动变压器，当衔铁处于中间位置时，两个二次绕组互感相同，因而由一次侧激励引起的感应电动势相同，由于两个二次绕组反向串接，所以差动输出电动势为零。

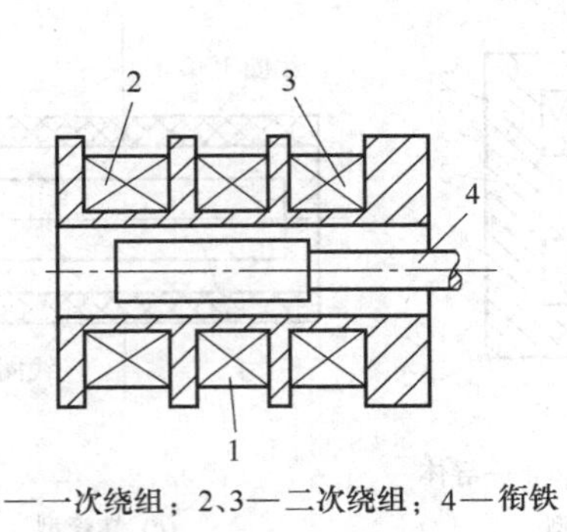

图 6-6　差动变压器的结构示意图

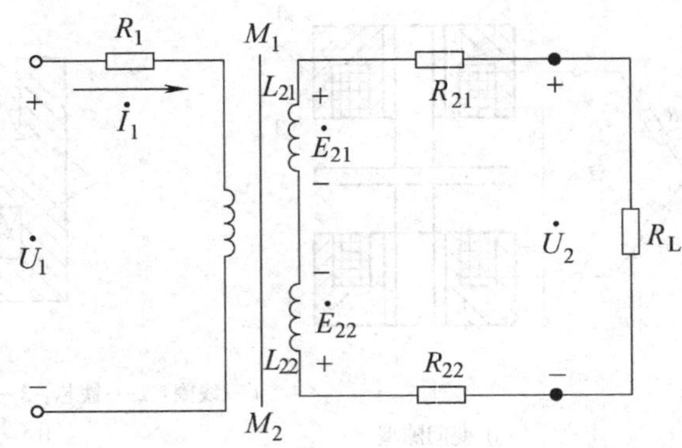

图 6-7　差动变压器的等效电路

当衔铁移向二次绕组 L_{21} 一边，这时互感 M_1 大，M_2 小，因而二次绕组 L_{21} 内感应电动势大于二次绕组 L_{22} 内感应电动势，这时差动输出电动势不为零。在传感器的量程内，衔铁移动越大，差动输出电动势就越大。

同样道理，当衔铁向二次绕组 L_{22} 一边移动差动输出电动势仍不为零，但由于移动方向改变，所以输出电动势反相。因此通过差动变压器输出电动势的大小和相位可以知道衔铁位移量的大小和方向。

3. 电涡流式传感器

电涡流式传感器是 20 世纪 70 年代以来得到迅速发展的一种传感器，它是利用电涡流效应进行工作。由于它结构简单、灵敏度高、频率响应范围宽、不受油污等介质的影响，所以能进行非接触测量，应用范围广，问世以来就受到重视。目前，电涡流传感器已广泛应用于位移、振动、厚度、转速、温度、硬度等非接触测量以及用于无损探伤等领域。

根据法拉第电磁感应定律，块状金属导体置于变化的磁场中或在磁场中作切割磁力线运动时，导体内将产生呈漩涡状流动的感应电流，称之为电涡流，这种现象称为电涡流效应。涡流的大小与金属体的电阻率 ρ、磁导率 μ、金属板的厚度以及产生交变磁场的线圈与金属导体的距离 x、线圈的激励电流频率 f 等参数有关。若固定其中若干参数，就能按涡流大小测量出另外的参数。

实验表明，线圈的激励电流频率 f 越高，涡流穿透深度越小，因此，根据涡流传感器激励电流频率的高低，可以分为高频反射式和低频透射式两大类。目前，高频反射式电涡流传感器应用广泛。

1)　高频反射式电涡流传感器

高频反射式电涡流传感器的结构比较简单，主要是一个安置在框架上的线圈，线圈可以绕成一个扁平圆形粘贴于框架上，也可以在框架上开一条槽，导线绕制在槽内而形成一个线圈，如图 6-8 所示。线圈框架应采用损耗小，电性能好、热膨胀系数小的材料，常用高频陶瓷、聚酰亚胺、环氧玻璃纤维、氮化硼火聚四氟乙烯等。线圈的导线一般采用高强度漆包线，如要求高一些，可用银或银合金线，在较高的温度条件下，须用高温漆包线。线圈外径越小，传感器的灵敏度将越高，线性范围将越小。线圈内径和厚度的变化，只是在靠近线圈处灵敏度稍有不同。

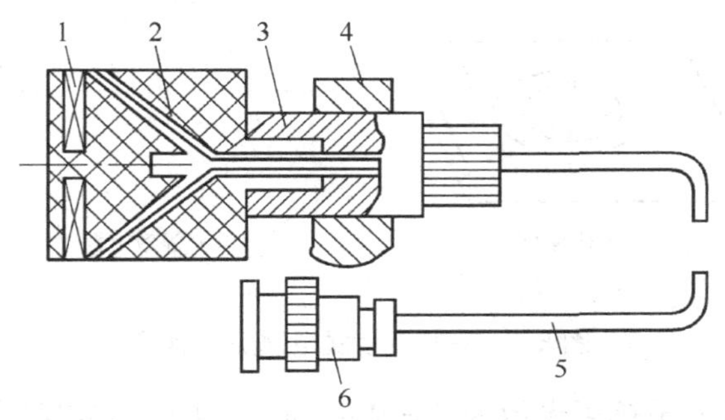

1—线圈；2—框架；3—框架衬套；4 —支架；5—电缆；6— 插头

图 6-8　高频反射式电涡流传感器的结构示意图

高频反射式电涡流传感器的工作原理如图 6-9(a)所示，传感线圈由高频电流 $\dot{I}_1$ 激磁，产生高频交变磁场 H_1，当被测金属置于该磁场范围内，金属导体内便产生涡流 $\dot{I}_2$，$\dot{I}_2$ 将产生一个新磁场 H_2，H_2 和 H_1 方向相反，因而抵消部分原磁场 H_1，从而导致线圈的电感量、阻抗和品质因数发生变化。

可见，线圈与金属导体之间存在磁性联系。若将导体形象地看作一个短路线圈，临近高频线圈 L 一侧的金属板表面感应的涡流对 L 的反射作用，可以用图 6-9(b)所示的等效电路说明。电涡流传感器类似于次级短路的空心变压器，可把传感器空心线圈看作变压器初级，线圈电阻为 R_1，电感为 L_1，金属导体中的涡流回路看作变压器次级，回路电流即 $\dot{I}_2$，回路电阻为 R_2，电感为 L_2，电涡流产生的磁场对传感器线圈产生的磁场的“反射作用”，可理解为传感器线圈与此环状电涡流之间存在着互感 M，其大小取决于金属导体和线圈的靠近程度，M 随着线圈与金属导体之间的距离 x 减小而增大。

根据图 6-9(b)所示的等效电路，按 KVL 可列出电路方程组为

$$R_2\dot{I}_1 + \mathrm{j}\omega L_1\dot{I}_1 - \mathrm{j}\omega M\dot{I}_2 = \dot{U}_1$$

$$R_2\dot{I}_2 + \mathrm{j}\omega L_2\dot{I}_2 - \mathrm{j}\omega M\dot{I}_1 = 0$$

解此方程组可得电涡流传感器的等效阻抗为

$$Z = \frac{\dot{U}_1}{\dot{I}_1} = R_1 + R_2\frac{\omega^2 M^2}{R_2^2\omega^2 L_2^2} + \mathrm{j}\omega[L_1 - L_2\frac{\omega^2 M^2}{R_2^2 + \omega^2 L_2^2}] \tag{6-7}$$

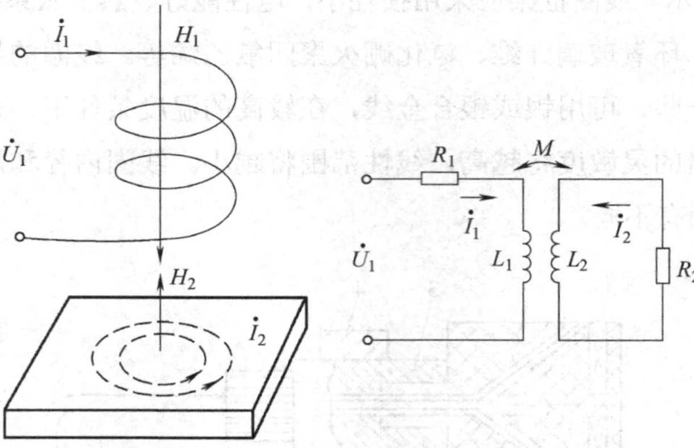

(a) 工作原理　　(b) 等效电路

图 6-9　高频反射式电涡流传感器

电涡流传感器的等效阻抗可表示为$Z = R + \mathrm{j}\omega L$，故由式(6-7)可知其等效电阻为

$$R = R_1 + R_2 \frac{\omega^2 M^2}{R_2^2 \omega^2 L_2^2} \tag{6-8}$$

等效电感为

$$L = L_1 - L_2 \frac{\omega^2 M^2}{R_2^2 + \omega^2 L_2^2} \tag{6-9}$$

线圈的品质因数无涡流时的下降为

$$Q = \frac{\omega L}{R} = \frac{\omega L_1}{R_1} \frac{1 - \dfrac{L_2}{L_1} \dfrac{\omega^2 M^2}{R_2^2 + \omega^2 L_2^2}}{1 - \dfrac{R_2}{R_1} \dfrac{\omega^2 M^2}{R_2^2 + \omega^2 L_2^2}} \tag{6-10}$$

可见，由于涡流的影响，线圈复阻抗的实数部分增大，虚数部分减小，因此线圈的品质因数Q下降。

由式(6-7)、式(6-9)和式(6-10)可知，线圈与金属导体系统的阻抗、电感和品质因数都是该系统互感系数平方的函数，而互感系数是两个磁性相连线圈距离d的非线性函数。因此，当构成电涡流式位移传感器时，设$d = x$，则$Z = f_1(x)$、$L = f_2(x)$、$Q = f_3(x)$均是非线性函数。但在一定范围内，可以将这些函数近似地用线性函数来表示，于是在该范围内通过测量线圈的Z、L或Q的变化就可以线性地获得位移的变化。

2)　低频透射式电涡流传感器

低频透射式电涡流传感器的激励频率低，贯穿深度大，适用于测量金属材料的厚度。其工作原理如图 6-10 所示。

在被测金属的上方设有发射传感器线圈 L_1，在被测金属板的下方设有接受传感器线圈 L_2。当在 L_1 上加低频电压 $\dot{U}_1$ 时，则在 L_1 上产生交变磁通 Φ_1，若两线圈之间无金属板，则交变磁场直接耦合至 L_2 中，L_2 产生感应电压 $\dot{U}_2$。如果将被测金属板放入两线圈之间，则 L_1 线圈产生的磁通将导致在金属板中产生电涡流 i_e，此时磁场能量受到损耗，到达 L_2 的磁通将减弱为 Φ_2，从而使 L_2 产生的感应电压 $\dot{U}_2$ 下降。显然，金属板厚度尺寸 d 越大，穿过金属板 L_2 到达的磁通 Φ_2 就越小，感应电压 $\dot{U}_2$ 也相应减小。因此，可根据 $\dot{U}_2$ 的大小得知被测金属板的厚度。

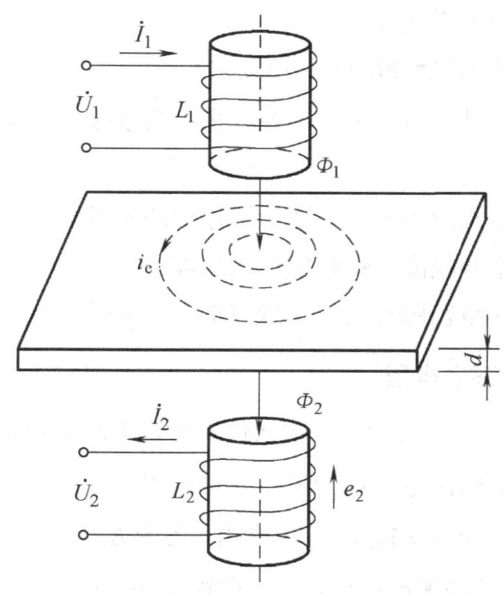

图 6-10　透射式电涡流传感器工作原理图

低频透射式涡流传感器的检测范围可达 1～100mm，分辨率为 0.1μm。在使用时要求线性好时应选择较低的激励频率(通常为 1kHz 左右)，但测薄板时应选较高的激磁频率，测厚板时应选较低的激磁频率。

二、电感传感器的使用

电感传感器能实现信息的远距离传输、记录、显示和控制，在工业自动控制系统中被广泛采用。它主要用于测量微位移，凡是能转换成位移量变化的参数，如压力、力、压差、加速度、振动、应变、流量、厚度、液位等都可以用电感式传感器来进行测量。其应用范围主要包括：可测量弯曲和偏移；可测量振荡的振幅高度；可控制尺寸的稳定性；可控制定位；可控制对中心率或偏心率。

电感传感器还可用作磁敏速度开关、齿轮龄条测速等，该类传感器广泛应用于纺织、化纤、机床、机械、冶金、机车汽车等行业的链轮齿速度检测，链输送带的速度和距离检测，齿轮龄计数转速表及汽车防护系统的控制等。另外该类传感器还可用在给料系统中小物体检测、物体喷出控制、断线监测、小零件区分、厚度检测和位置控制等。

1. 电感式传感器的优缺点

电感式传感器的主要优点是：

(1) 结构简单，可靠。

(2) 灵敏度高，最高分辨力达 0.1μm。

(3) 测量精确度高，输出线性度可达±0.1%。

(4) 输出功率较大，在某些情况下可不经放大，直接接二次仪表。

其缺点是：

(1) 传感器本身的频率响应不高，不适于快速动态测量。

(2) 对激磁电源的频率和幅度的稳定度要求较高。

(3) 传感器分辨力与测量范围有关，测量范围大，分辨力低，反之则高。

2. 差动变压器的零点残余电压

在实际使用差动变压器时，当衔铁在中间位置时，差动输出电压 u_2 并不等于零，通常把差动变压器在零位移时的输出电压称为零点残余电压。

如图 6-11 所示为差动变压器的输出特性曲线。图中 $\dot{E}_{21}$、$\dot{E}_{22}$ 分别为两个次级绕组的输出感应电动势，$\dot{U}_2$ 为次级差动输出电压，x 为衔铁偏离中心位置的距离。图中虚线为实际输出特性，$\dot{E}_0$ 就是零点残余电压。零点残余电压的存在会造成零位误差，使得传感器在零点附近的输出特性不灵敏，给测量带来了误差。

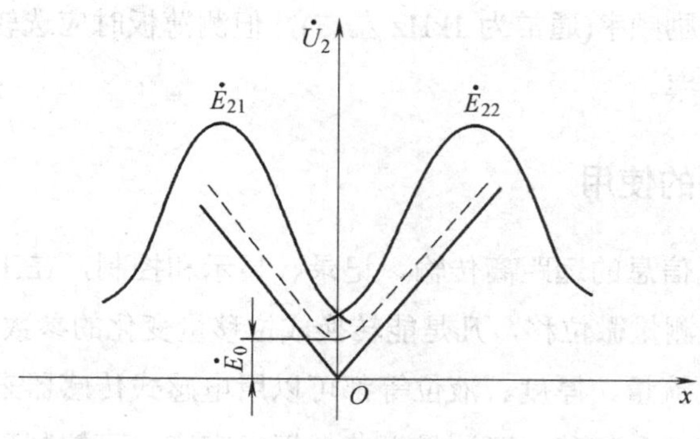

图 6-11 差动变压器输出特性

1)　零点残余电压产生的原因。

零点残余电压由基波分量和高次谐波构成，产生的主要原因如下。

(1)　基波分量主要是传感器两个次级线圈的电气参数和几何尺寸不对称，以及构成电桥另外两臂的电器参数不一致，从而使两个次级线圈感应电势的幅值和相位不相等，即使调整衔铁位置，也不能同时使幅值和相位都相等。

(2)　高次谐波主要由导磁材料磁化曲线的非线性引起。当磁路工作在磁化曲线的非线性段时，激励电流与磁通的波形不一致，导致了波形失真；同时由于磁滞损耗和两个线圈磁路的不对称，造成了两个线圈中某些高次谐波成分，于是产生了零位电压的高次谐波。

(3)　激励电压中包含的高次谐波及外界电磁干扰，也会产生高次谐波。

2)　零点残余电压的消除。

为了减小零点残余电动势，可采用以下方法。

(1)　尽量使传感器几何尺寸、线圈电气参数及磁路相互对称。

(2)　采用良好的导磁材料制作壳体，进行屏蔽抗干扰。

(3)　将传感器工作区域设置在磁化曲线的线性区。

(4)　选用相敏检波电路作为测量电路，既可判别衔铁移动方向又可改善输出特性，减小零点残余电动势。

(5)　进行外电路补偿。主要有如图 6-12 所示的几类补偿电路。图中电阻是用康铜丝绕制的，串联电阻值为 0.5～5Ω，并联电阻值为数十至数百千欧，并联电容为 100～500pF 之间，实际参数要通过实验确定。串联电阻用于减小零点残余电压的基波分量；并联电阻、电容用于减小零点残余电压的高次谐波分量；加反馈支路用于减小基波和高次谐波分量。

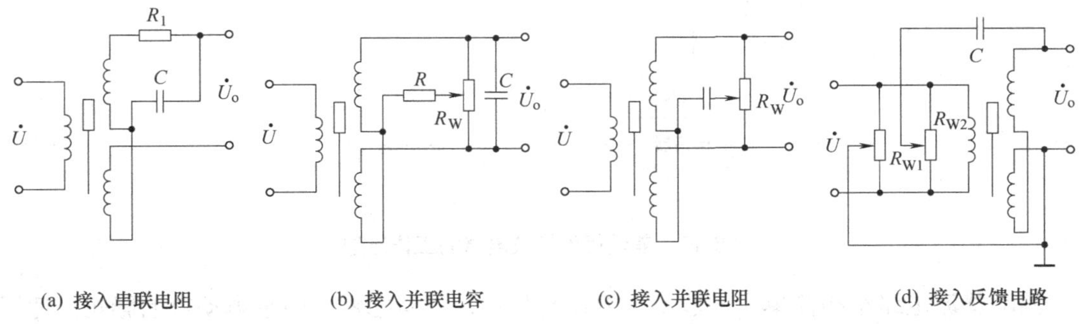

(a) 接入串联电阻　　(b) 接入并联电容　　(c) 接入并联电阻　　(d) 接入反馈电路

图 6-12　差动变压器零点残余电压补偿电路

3. 测量电路

1) 自感式传感器的测量电路

自感式传感器主要利用交流电桥电路把电感的变化转化成电压(或电流)的变化，再送入下一级电路进行放大或处理。由于差动式结构可以提高测量的灵敏度，改善线性度，所以大多数电感式传感器都采用差动结构。其测量用的交流电桥也多采用双臂工作形式，通常将传感器的两组线圈作为电桥的两个工作臂，电桥的平衡臂可以是纯电阻，也可以是变压器的二次侧绕组或紧耦合电感线圈。

差动式结构除了可以改善非线性、提高灵敏度外，由于采用差动电桥输出，对外界的抗干扰能力(如温度的变化、电源频率变化等)大为增强。另外，两只线圈铁芯对衔铁的吸引力方向正好相反，在中间位置时，吸力为零，所以铁芯对活动衔铁的电磁吸力也大为减小。

2) 差动变压器式传感器的测量电路

由于差动变压器的输出电压为交流，用交流电压表测量其输出值只能反映衔铁位移的大小，不能反映移动的方向。另外，其测量值必定含有零点残余电压。为了达到能辨别移动方向和消除零点残余电压的目的，实际测量时，常采用差动相敏检波电路和差动整流电路。

图 6-13 所示是一种用于测量小位移的差动变压器相敏检波电路。在无输入信号时，铁芯处于中间位置，调节电阻 R 使零位残余电压趋近于零；当铁芯上、下移动时，传感器有信号输出，其输出的电压信号经交流放大、相敏检波和滤波之后得到直流输出，由指示仪表指示出位移量的大小与方向。

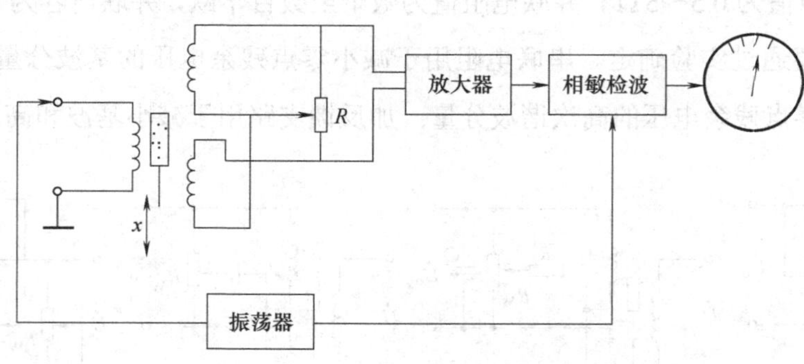

图 6-13 差动相敏检波电路的工作原理

差动整流电路结构简单，一般不需要调整相位，不考虑零点残余电动势的影响，适用于远距离传输。图 6-14 所示是差动整流的典型电路。

差动变压器式传感器的特点是测量精度高、线性量程大、稳定性好和使用方便等，广泛用于直线位移的测量，也可用于转动位移的测量。另外，借助于弹性元件也可将压力、重量等物理量转换成位移量，因此也可用于力的测量。

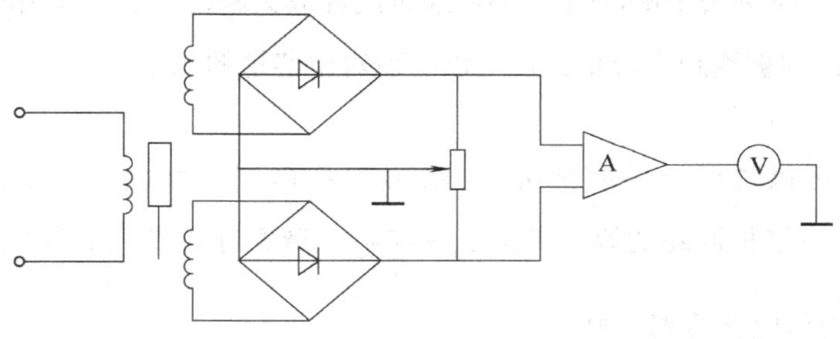

图 6-14　差动整流电路

3)　电涡流式传感器的测量电路

根据电涡流测量的基本原理和等效电路，传感器线圈与被测金属导体间距离的变化可以转化为传感器线圈的品质因数 Q、等效阻抗 Z 和等效电感 L 的变化。测量电路的任务是把这些参数的变化转换为电压或电流输出，可以用三种类型的电路即电桥电路、谐振电路和正反馈电路。利用 Z 的测量电路一般用桥路，属于调幅电路。利用 L 的测量电路一般用谐振电路，根据输出是电压幅值还是电压频率，谐振电路又分为调幅和调频两种。

(1)　电桥电路

电桥电路结构简单，主要用于差动式电涡流传感器，如图 6-15 所示。L_1 和 L_2 为差动式传感器的两个线圈，分别与选频电容 C_1 和 C_2 并联组成相邻的两个桥臂，电阻 R_1 和 R_2 组成另外两个桥臂，电源 u 由振荡器供给，振荡频率根据涡流式传感器的需求选择。电桥反应线圈阻抗的变化，线圈阻抗的变化将转换成电压幅值的变化。

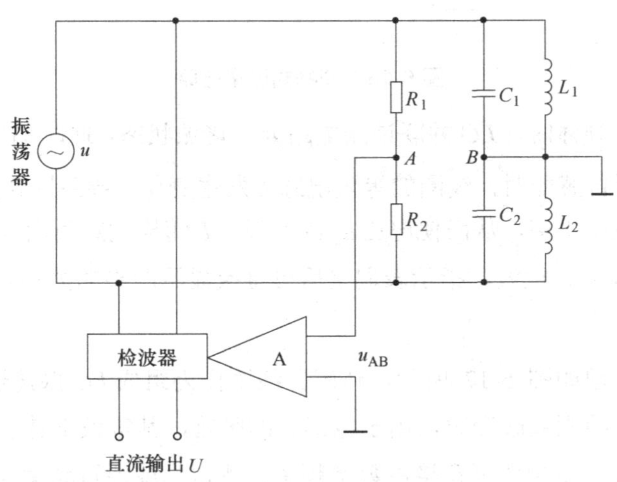

图 6-15　电桥测量电路

当静态时，电桥平衡，输出电压$u_{AB}=0$。当传感器接近被测金属导体时，传感器线圈的阻抗发生变化，电桥失去平衡，即$u_{AB}\neq 0$，经过线性放大和检波器检波后输出直流电压U，显然此输出电压U与被测距离成正比，可以实现对位移量的测量。

(2) 谐振电路

传感器线圈可以与电容并联组成LC并联谐振电路。并联谐振电路的谐振频率为$f_0=\dfrac{1}{2\pi\sqrt{LC}}$，并联谐振回路的等效阻抗$Z_0=\dfrac{L}{R'C}$，谐振时$Z_0$最大。其中，$R'$为谐振回路的等效电阻；$L$为传感器线圈的自感。

当传感器接近被测金属导体时，线圈电感L发生变化，回路的等效阻抗和谐振频率将随着L的变化而变化，因此可以利用测量回路阻抗的方法或测量回路谐振频率的方法间接反映出传感器的被测量，相对应的就是调幅法和调频法。

① 调幅法

调幅测量电路原理如图 6-16 所示，传感器线圈L和电容C并联组成谐振电路，由石英晶体振荡电路提供一个稳定的高频激励电流i_0。

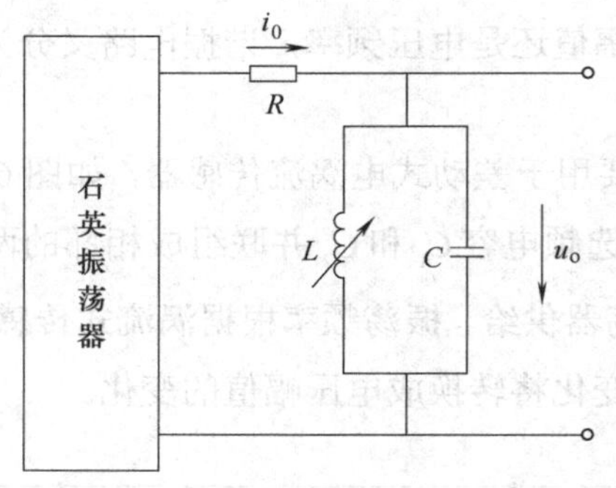

图 6-16　调幅式测量电路

当没有被测金属导体时，LC并联谐振电路处于谐振状态，此时输出阻抗最大，u_0也最大；当金属导体靠近传感器时，线圈的等效电感L发生变化，导致回路失谐，而LC并联电路在失谐状态下的阻抗下降，从而使电压u_0也下降，L随检测距离而变化，阻抗跟随变化，导致u_0也变化，经放大、检波、指示表调整后可直接显示距离的大小。

② 调频法

调频测量电路原理如图 6-17 所示，传感器线圈作为组成LC振荡器的电感元件，当传感器与被测导体之间的距离改变时，由于电涡流的影响，其等效电感 L 发生变化，引起振荡器的振荡频率变化，该频率可直接由数字频率计测得，或通过频率/电压转换后用数字电压表测量出对应的电压。

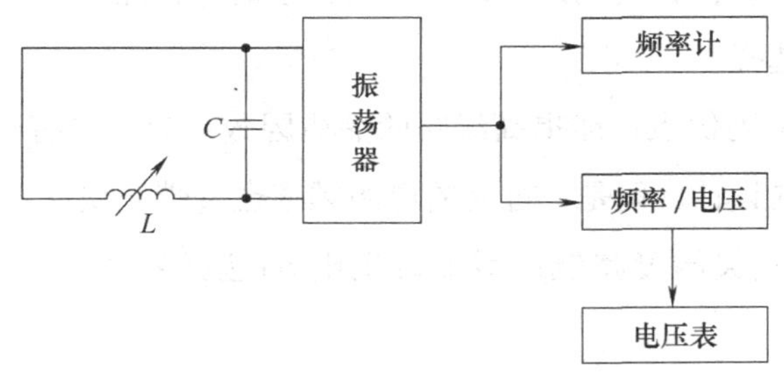

图 6-17　调频式测量电路

(3)　正反馈电路

正反馈测量电路如图 6-18 所示，Z_r 为一固定的线圈阻抗，Z_L 为传感器线圈电涡流效应的等效阻抗，D 为测量距离。放大器的反馈电路是由 Z_L 组成，当线圈与被测体之间的距离发生变化时，Z_L 变化，反馈放大电路的放大倍数发生变化，从而引起运算放大器输出电压变化，经检波放大后使测量电路的输出电压 U 变化。因此，可以通过输出电压的变化来检测传感器和被测体之间距离的变化。

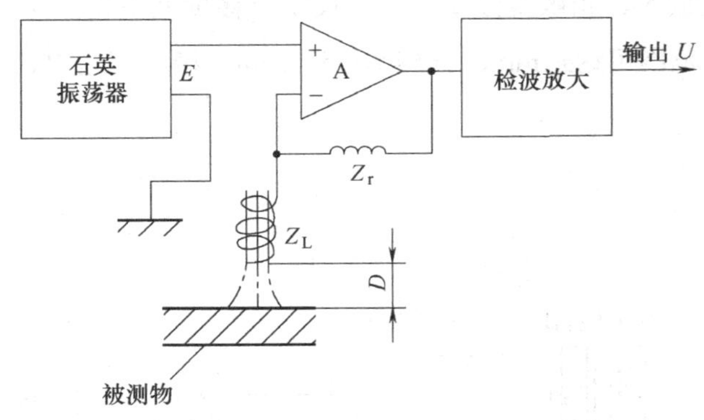

图 6-18　反馈法测量电路原理图

4．传感器使用注意事项

1)　方案选择

在选择方案之前应首先弄清给定的技术指标，如示值范围、示值误差、分辨力、重复性误差、时漂、温漂、使用环境等。

2)　铁芯材料的选择

铁芯材料选择的主要依据是要具有较高的导磁系数，较高的饱和磁感应强度和较小的磁滞损耗，剩磁和矫顽磁力都要小。另外，还要求电阻率大，居里点温度高，磁性能稳定，便于加工等。常用导磁材料有铁氧体、铁镍合金、硅钢片和纯铁。

3) 电源频率的选择

提高电源频率有下列优点：能提高线圈的品质因数；灵敏度有一定的提高；适当提高频率还有利于放大器的设计。但是，过高的电源频率也会带来缺点，如铁芯涡流损耗增加；导线的集肤效应等会使灵敏度减低；增加寄生电容(包括线圈匝间电容)以及外界干扰的影响。

◆ 任务实施

一、电感传感器的选型

轴承滚珠直径的检测应使用电感测微仪，根据测微仪的检测范围及灵敏度要求，结合电感传感器相关知识，选用差动螺管插铁型电感传感器作为微测仪的检测头。

电感测微仪的轴向式测头及其系统原理框图如图 6-19 所示。测量时，被测轴承直径的微小变化带动测量杆和衔铁一起在差动线圈中移动，从而使两线圈的电感产生差动变化，接入交流电桥，经过放大、相敏检波就得到了反映位移量大小和方向的直流输出信号。这种测微仪的动态测量范围可达±1mm，分辨率可达 1pm，精度可达 3%。

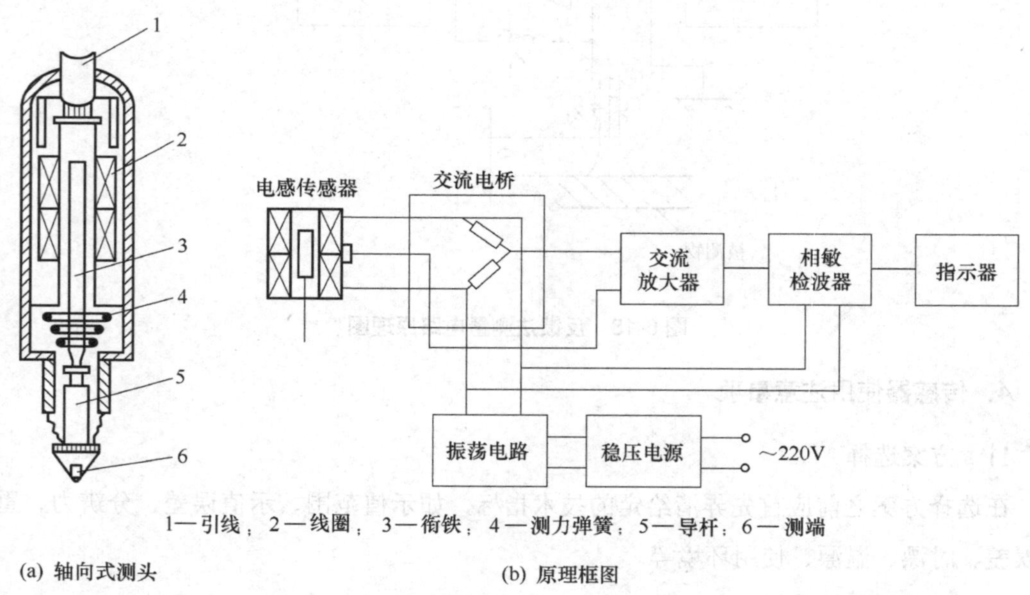

图 6-19 电感测微仪原理框图

二、电感传感器的实际应用

差动变压器根据其测量位移大小的不同，它的行程、一次绕组的激励功率、二次绕组产生的电压都不同。差动变压器一般测量的位移为几微米到几十厘米，市场销售的差动变压器测量的位移大都为几厘米。一般来说，差动变压器的一次侧阻抗为几十欧姆到几百欧姆，二次侧阻抗为几千欧姆，激励频率为 l0kHz 左右。如图 6-20 所示是差动变压器的实用电路。它由振荡电路、相敏检波电路及放大电路等基本电路组成。

1．差动变压器的激励电源电路

差动变压器的激励电源由 A_4 组成文氏桥(RC 串并联)正弦波振荡电路产生。其振荡频率为 $f=1/2\pi RC$，本电路设计为 500Hz；稳幅的负反馈回路中用灯泡代替正温度系数的热电阻或热敏电阻。图 6-20 中所示，A_5 为电压放大级；A_6 与光电耦合器 PC 构成负反馈，即自动增益控制(AGC)电路，进一步稳幅。当 A_5 输出信号增强，经二极管整流、电容滤波、A_6 反相放大输出电平降低，光电耦合器 PC 的发光二极管亮度变低，光敏电阻阻值变大，使输出信号变弱；反之，使输出信号变强，从而达到增益自动控制的目的，稳定输出电压的幅度。光电耦合器 PC 采用 MCD-521L 光敏电阻式，是因为光敏电阻具有纯电阻性质，线性度非常好，不会使波形发生变化。由于差动变压器的激励电源又是相敏检波器的参考电压，因此其电压必须保持恒定，但振荡频率的微小波动是允许的。

差动变压器的一次绕组的阻抗为几十欧姆到几百欧姆，激励电路的输出阻抗必须要低于此阻抗，否则输出电平就会降低。为此电路中增设了升压电路，由 A_7 与 VT_1、VT_2 组成。为了保证波形对称，VT_1 和 VT_2 要采用对管。VT_1 和 VT_2 的基极偏置采用小信号硅二极管，以免信号失真，47Ω 的发射极电阻为晶体管过流保护电阻。

2．差动变压器的相敏检波电路

差动变压器的相敏检波电路通常为二极管环形电路，也可用运算放大器构成，这里采用 LM1496 集成电路，使电路更加简单。LM1496 是一个双差分模拟乘法器电路，可广泛用于信号的混频和检波等。LM1496 的工作电压为 30V，功耗为 500mW，最大输入电压在信号输入端(差动)为±5 V，在载波输入端(差动)为＋5V，偏置电流为 12mA，工作温度为 0～70℃。图中的电路连接即为 LM1496 的标准应用。由于 LM1496 的 1 (SIG)脚加有直流偏置电压，因此用电容 C_1 隔直流耦合，以免影响差动变压器的工作。差动变压器的交流激励信号作为载波信号加到 LM1496 的 7(CAR)脚，用 VDW_3 稳压管降低并限定载波信号的电平。

LM1496 的标准工作电压可为±8V 或＋12V、−8V，但常用±9V。电路中用稳压管 VDW_1 和 VDW_2 为 LM1496 提供工作电压。

接在 2 脚与 3 脚间的 R_1 和 R_{P1} 用来调整 LM1496 的增益。LM1496 的 9 脚和 6 脚为对称输出，再通过 A_2 变为非对称(单端)输出。

3．差动变压器的信号放大电路

由 LM1496 相敏检波后的信号经 A_2 和 A_3 进行放大。A_2 的增益调整要进行均衡调整，要保证负反馈电阻和同相端的平衡电阻相等，因此要采用同轴电位器分别串入负反馈电阻(10kΩ)和同相端接地电阻(10kΩ)进行调整。A_3 为缓冲放大器，并能通过 R_{P4} 适当调整增益，使输出为 0～±10V 的电压。A_2 和 A_3 均选用 FET 输入型运放 LF356，这样，工作稳定，输入阻抗高，对前级电路的影响小。

三、测量参考电路

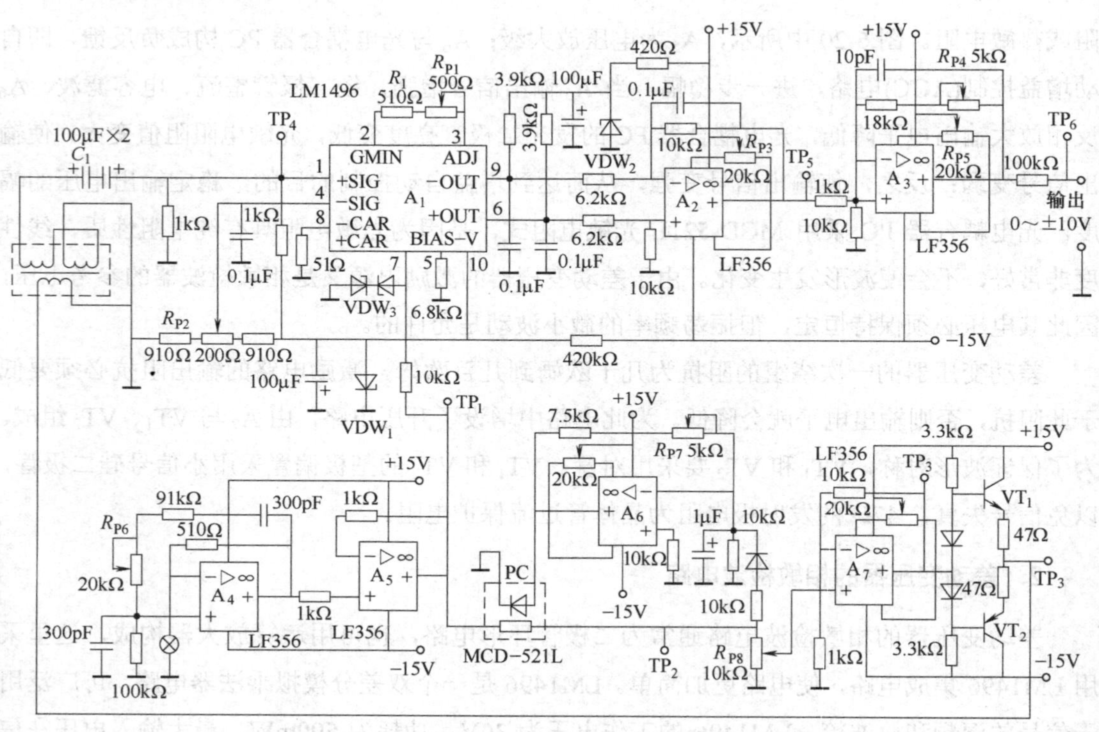

图 6-20　差动变压器的实用电路

四、总结调试

在调试图 6-20 所示电路中，电位器要选用多圈电位器，R_{P1} 调增益，R_{P2} 调载波的对称性，R_{P4} 调增益，R_{P7} 调激励电源电平。将示波器接到 T_{P1} 端，观察有 500Hz 的正弦波波形即可。示波器接到 TP_2 端，调 R_{P6} 可改变振荡频率，调 R_{P7}，观察到 TP_2 测试端信号为 TP_1 的 1/3 即可。若用手触及 A_4 的输入端，则 TP_1 端的信号电平发生变化，这时 TP_2 的信号也能跟着变，即 AGC 电路能正常工作。示波器接到 TP_4 端，移动差动变压器的磁芯，TP_4 端的波形大小变化，若没有最小点，可能是二次侧的两个绕组接反了。若观察到最小点，就不要移动磁芯。示波器和数字万用表接到 TP_5 端，调 R_{P2}，使观察到的与振荡频率相同的交流分量最小，这时万用表上应显示为 0V 电压。若不为 0V，可减小 LM1496 的 7 脚的载波输入，输入必须为正负对称的交流波形。这时若稍移动磁芯，万用表显示正负直流电压信号，则电路工作正常。若用示波器观察的波形最小，稍有些直流信号，不能完全为 0 时，调 R_{P3} 使其为 0 即可。调 R_{P4}，在 A_3 的输出可获得与差动变压器位移相应的电压。

另外在使用电感测微仪时，应注意：

(1) 传感器探头和测杆不能有任何变形和弯曲。

(2) 探头与被测钢柱要垂直接触。

(3) 系统接线牢固，接触良好。

(4) 安装测微头时，应调节夹持位置，使位移变化不超出测量范围。

◆ 能力拓展

1. 认识电位器

电位器是人们常用到的一种电子元件，其外形如图 6-21 所示。作为传感器可将机械位移转换为电阻值的变化，从而引起输出电压的变化。电位器式传感器具有结构简单、价格低廉、性能稳定、环境适应能力强、输出信号大等优点，但分辨能力有限、动态响应较差。角位移电位器的结构图如图 6-22 所示。由电阻体、电刷、转轴、滑动臂、焊片等组成，电阻体的两端和焊片 A、C 相连，因此 A、C 两端的电阻值就是电阻体的总阻值。转轴是和滑动臂相连的，在滑动臂的一端装有电刷，它靠滑动臂的弹性压在电阻体上并与之紧密接触，滑动臂的另一端与焊片 B 相连。

(a) 角位移式

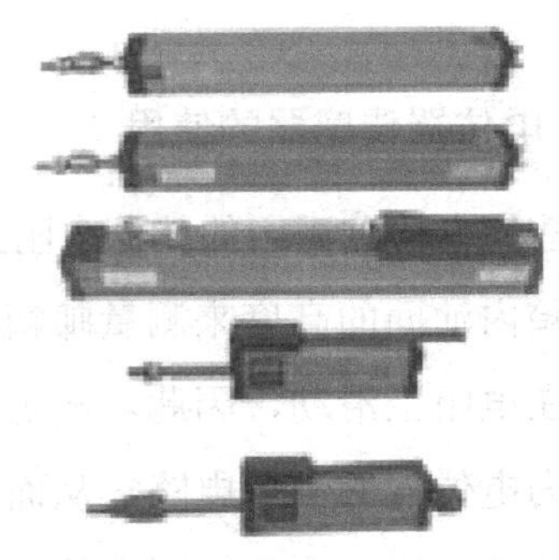

(b) 直线位移式

图 6-21　电位器传感器

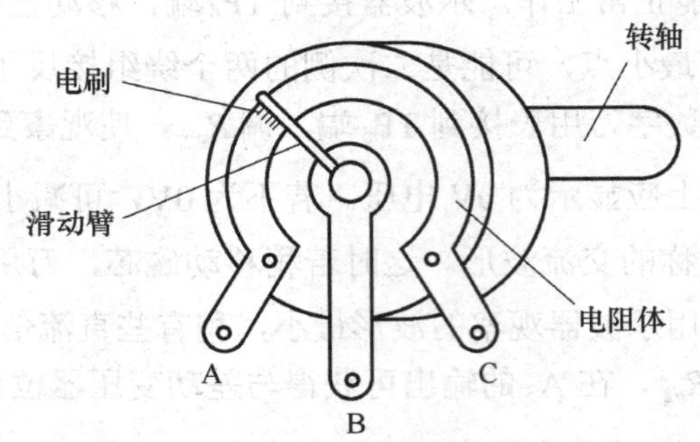

图 6-22　电位器的一般结构

电位器电路如图 6-23 所示。电位器转轴上的电刷将电阻体电阻 R_0 分为 R_{12} 和 R_{23} 两部分，输出电压为 U_{12}。改变电刷的接触位置，电阻 R_{12} 亦随之改变，输出电压 U_{12} 也随之变化。常见用于传感器的电位器有：线绕式电位器、合成膜电位器、金属膜电位器、导电塑料电位器、导电玻璃釉电位器、光电电位器。

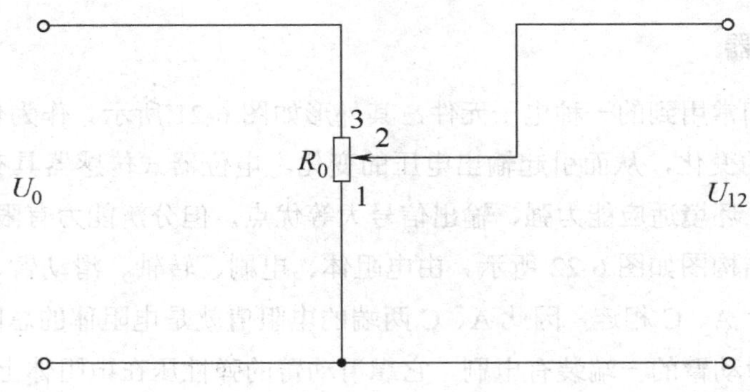

图 6-23　电位器电路

2．电位器传感器的使用

有些优良检测采用的就是电阻式位置传感器。油量表的工作原理如图 6-24 所示，通过测量油箱内油面的高度来测量邮箱内的剩余油量。油量变化时，浮子通过杠杆带动电位器的电刷在电阻上滑动，因此，一定的油面高度就对应一定的电刷位置。在油量表中，采用电桥作为电位器的测量电路，从而消除了负载效应对测量的影响。当电刷位置变化时，为保持电桥的平衡，两个线圈内的电流会发生变化，使得两个线圈产生的磁场发生变化，从而改变指针的位置，使油量表指示出油箱内的油量。

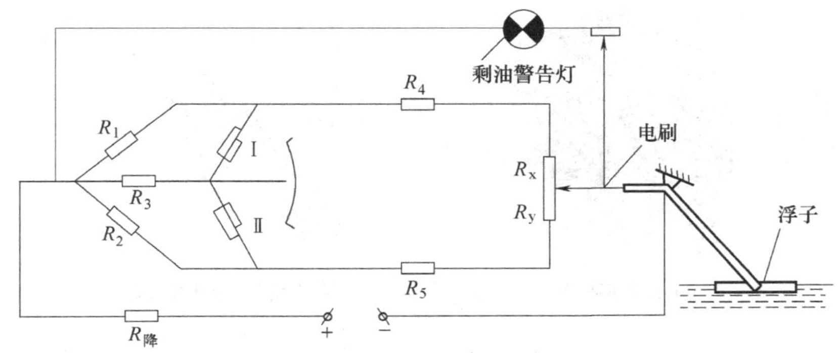

图 6-24　油量表原理示意图

任务二　光电传感器用于物位和转速的检测

◆ 任务要求

在机械、零件以及原材料的设计、加工制造过程中，经常会遇到物位和转速的检测，并将其作为保证产品质量、提高生产效益的重要参数，其检测可使用光电式传感器，如零件直径、表面粗糙度、应变、位移、振动、速度、加速度，以及物体的形状、工作状态的识别等非电量转换为光量的变化，具有非接触、响应快、性能可靠、精度高和使用方便等特点。例如各种数控机床的位移检测是工业生产中的一个关键的技术，直接关系到机床的加工精度，可以采用光电式传感器等进行位移的检测。

◆ 知识引入

一、认识光电传感器

光电传感器是将被测量的变化转换成光信号的变化，广泛应用于自动控制、广播电视、机械加工、军事等各个领域。光电检测方法具有精度高、反应快、非接触等优点，而且可测参数多，传感器的结构简单，形式灵活多样。光电传感器是采用光电元件作为检测元件的传感器，它首先把被测量的变化转换成光信号的变化，然后借助光电元件进一步将光信号转换成电信号。近年来，新的光电器件不断涌现，为光电传感器的进一步应用开创了新的一页。数控机床位移的检测就使用光电编码器和光栅位移传感器，其外形如图 6-25 所示。

(a) 光电编码器

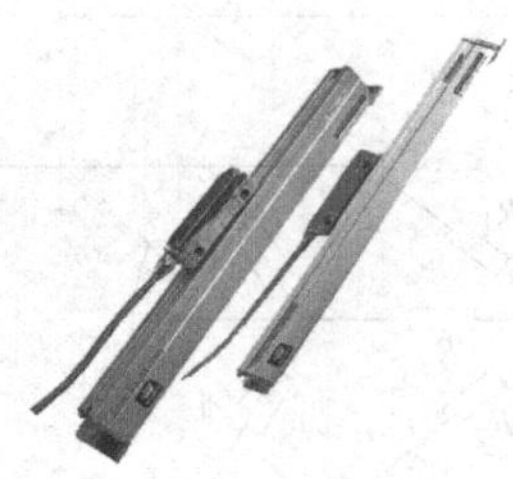

(b) 直线光栅位移传感器

图 6-25　检测数控机床位移的常用传感器的外形图

1．光电效应

光电传感器进行非电量检测的理论基础是光电效应，即物体吸收到光子能量后产生的电效应。光电效应分为外光电效应、内光电效应和光生伏特效应三大类。

1)　外光电效应

在光线作用下，能使电子逸出物体表面的现象称为外光电效应，也称为光电子发射效应。此类光电元器件主要有光电管、光电倍增管，它属于真空光电元件。

2)　内光电效应

在光线作用下能使物体电阻率变化的现象称为内光电效应，又叫做光电导效应。此类光电元器件有光敏电阻，它属于半导体光电元件。

3)　光生伏特效应

光生伏特效应又称阻挡层光电效应，是指在光线作用下能使物体产生一定方向电动势的现象。此类光电元器件主要有光电池和光电晶体管等，它属于半导体光电元件。

2．光电器件

1)　光电管

光电管的外形如图 6-26 所示，光电管由一个阴极和一个阳极构成，并密封在一支真空玻璃管内，如图 6-27(a)所示。光电管的阴极是接受光的照射，它决定了器件的光电特性。阳极由金属丝做成，用于收集电子。光电阴极材料不同的光电管，具有不同的“红限频率”，因此适用不同的光谱范围。

当一定频率的光照射到光电阴极上时，光电阴极吸收了光子的能量便有电子逸出而形成光电子，这些光电子被具有正电位的阳极所吸引，因而在光电管内便形成定向空间电子流，外电路就有了电流。光电管的图形符号及基本测量电路如图 6-27(b)所示。如果在外电路中串入一适当值的电阻，则电路中的电流便转换为电阻上的电压。这电流或电压的变化与光成一定函数关系，从而实现了光电转换。

图 6-26 光电管的外形

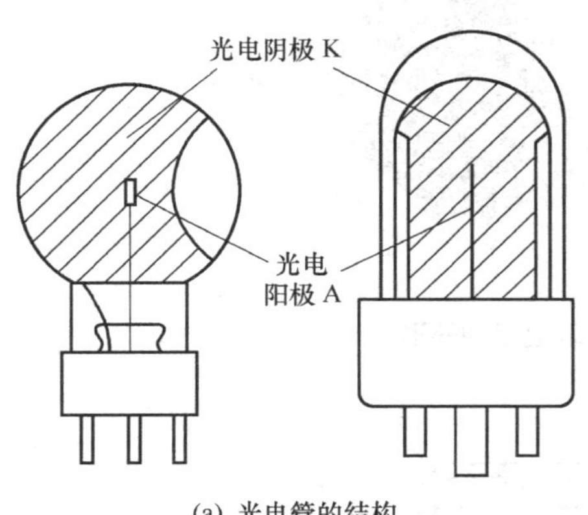

(a) 光电管的结构

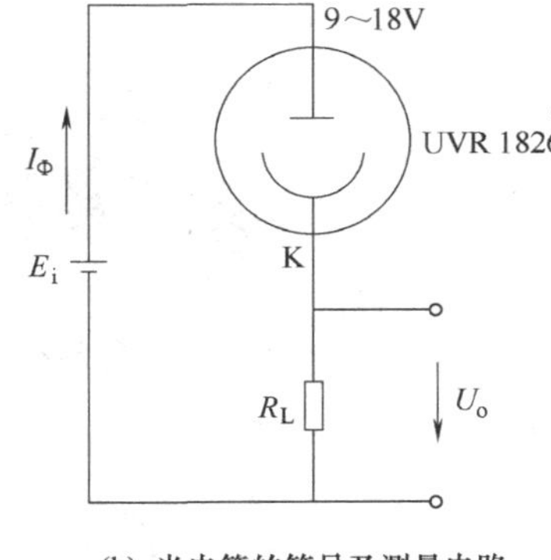

(b) 光电管的符号及测量电路

图 6-27 光电管的结构及测量电路

2) 光电倍增管

光电管的灵敏度较低，在微光测量中通常采用光电倍增管。光电倍增管的原理图如图 6-28 所示，在入射光极为微弱时，光电管能产生的光电流是很小的，而光电倍增管是在光电管的阳极和阴极之间增加若干个(11～14 个)倍增极(二次发射体)，来放大光电流。当高速电子撞击物体表面时，使得被撞击物体产生电子发射的现象称为二次电子发射，而相邻电极电位升高，电子在电场中加速，轰击下一个电极，又产生二次电子发射……，最后到达阳极，形成较大的阳极电流。通常光电倍增管的灵敏度比光电管要高出几万倍，在微光下就可产生可观的电流，因此在使用时应注意避免强光照射而损坏光电阴极。

3) 光敏电阻

光敏电阻是一种没有极性的纯电阻元件。它的结构很简单，在半导体光敏材料的两端引出电极，再将其封装在透明管壳内就构成了光敏电阻，外形如图 6-29 所示，结构如图 6-30 所示，采用半导体材料制成的利用内光电效应(光电导效应)工作的光电器件，又称光导管。光敏电阻在光线的作用下，其电导率增大，电阻值变小。

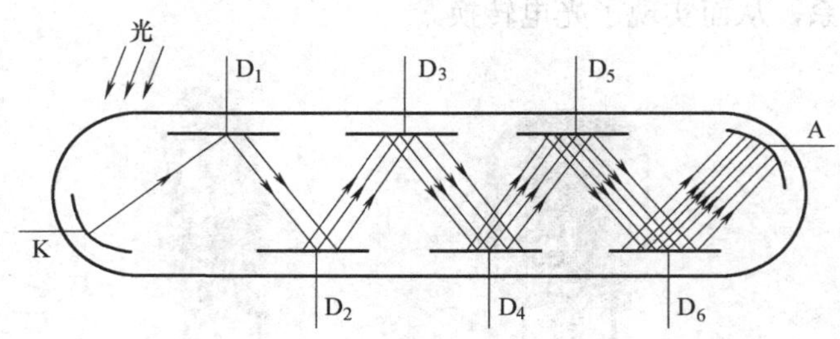

图 6-28　光电倍增管原理图

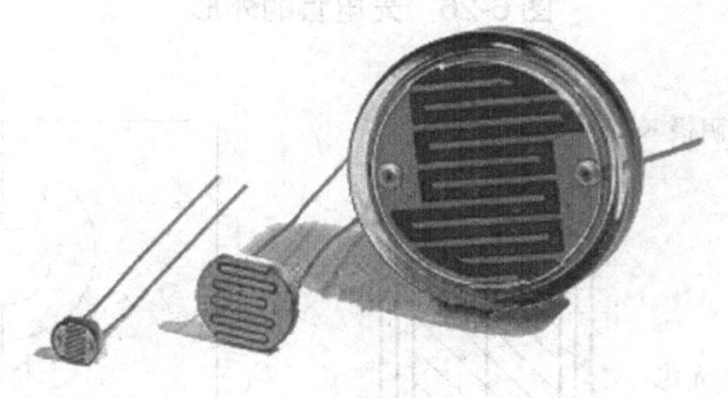

图 6-29　光敏电阻的外形

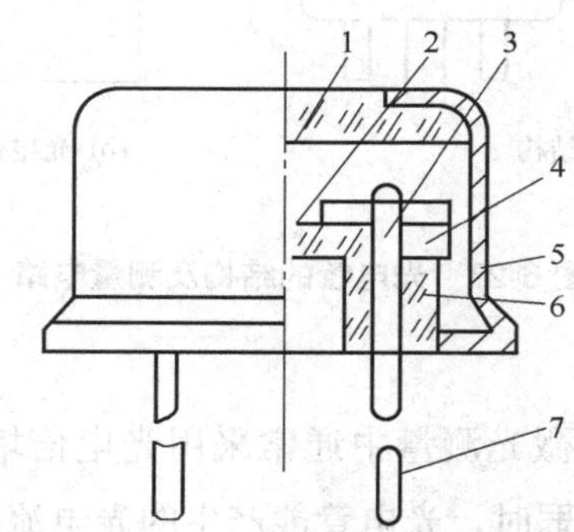

1—玻璃；2—光电导层；3—电极；4—绝缘衬底
5—金属壳；6—黑色绝缘玻璃；7—引线

图 6-30　光敏电阻的结构

光敏电阻在不受光照射时的阻值称为暗电阻，一般是兆欧数量级。光敏电阻在某一光照下的阻值称为该光照下的亮电阻，一般为几千欧姆。感光面积大的光敏电阻可以获得较大的明暗电阻差，如国产 625-A 型硫化镉光敏电阻，其光照电阻小于 50kΩ，暗电阻大于 50MΩ。流过暗电阻的电流称为暗电流，流过亮电阻的电流称为亮电流，光电流是亮电流与暗电流之差。光敏电阻的暗电阻越大，亮电阻越小，则性能越好。

光敏电阻的图形符号如图 6-31(a)所示，工作原理如图 6-31(b)所示。工作时，光敏电阻两电极间加上电压，其中便有电流通过。无光照时，光敏电阻值(暗电阻)很大，电路中电流很小；当有光照时，由于光电导效应，光敏电阻值(亮电阻)急剧减少，电流迅速增加，电流随着光强的增加而变大，实现了光电转换。

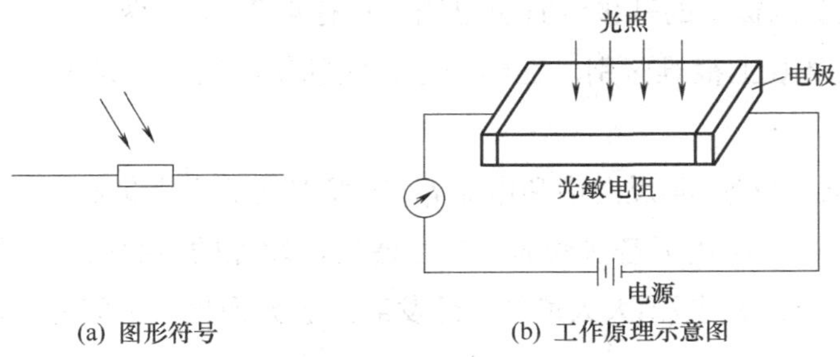

图 6-31　光敏电阻图形符号及工作原理示意图

4)　光敏二极管

光敏二极管的外形如图 6-32 所示，光敏二极管的结构与一般二极管相似，如图 6-33(a)所示，装在透明玻璃外壳中可以直接受到光的照射。在电路中一般是处于反向工作状态，其接线如图 6-33(b)所示。光敏二极管由于工作在反向状态，无光照时，少数载流子产生暗电流 10^{-8}～10^{-9}A，处于截止状态。有光照时，半导体内受激发产生电子—空穴对，少数载流子浓度大大增加，在反向电压的作用下，形成光电流，处于导通状态。光照越强，光电流越大。

图 6-32　光敏二极管的外形图

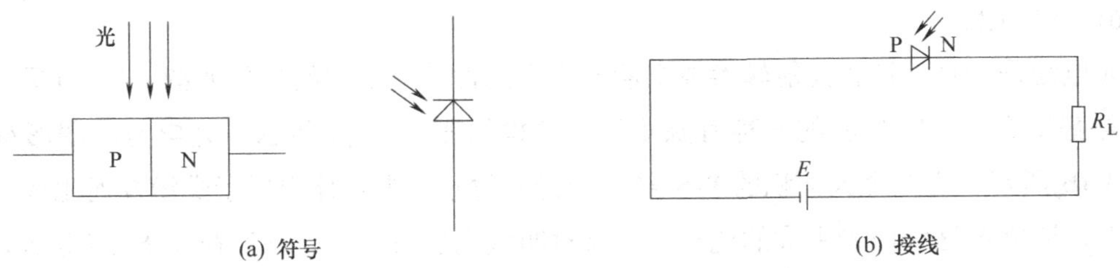

图 6-33　光敏二极管

5) 光敏三极管

光敏三极管的外形如图 6-34 所示，光敏三极管与一般晶体三极管很相似，具有两个 PN 结，如图 6-35 所示。它把光信号转换为电信号的同时，又将电流加以放大，灵敏度比光敏二极管高。多数光敏三极管的基极没有引出线，只有正负(*c*、*e*)两个引脚，所以其外形与光敏二极管相似，从外观上很难区别。在结构上，它的基区较大，发射区很小，并安置在基区的边缘。

无光照时，集电结反偏，其反向饱和电流 I_{cbo} 经发射结放大为集射之间的穿透电流 I_{ceo}(暗电流)。有光照时，集电结附近基区受光照产生激发，增加的少数载流子的浓度，使得集电结反向饱和电流(集电结光电流)大大增加，经发射结放大为集射之间光电流，即光敏三极管的光电流。

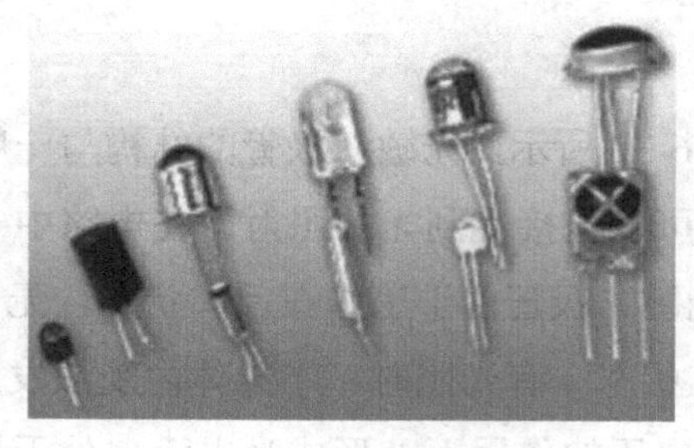

图 6-34　光敏三极管的外形图

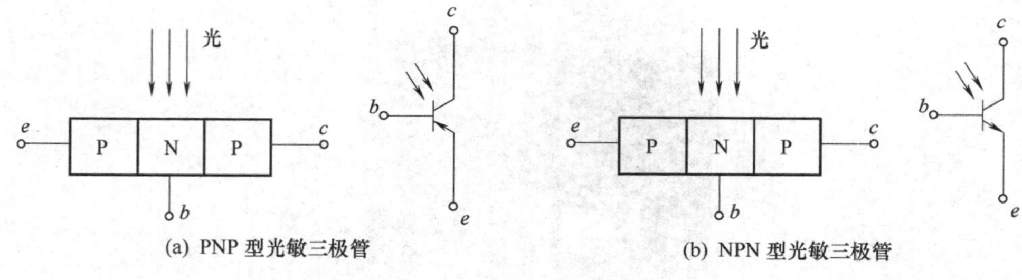

图 6-35　光敏三极管的符号

6)　光电池

光电池是一种直接将光能转换成电能的光电元件，光电池的外形如图 6-36 所示。硅光电池是基于光生伏特效应的一种有源器件，结构如图 6-37(a)所示，光电池的图形符号如图 6-37(b)所示。它有个大面积的 P-N 结，当光照射时，半导体内原子受激发而生成电子—空穴对，通常把这种由光生成的电子—空穴对叫做光生载流子。它们在 P-N 结电场的作用下，电子被推向 N 区，而空穴被拉向 P 区，结果 P 区积累了大量的过剩空穴，而 N 区积累了大量的过剩电子，使 P 区带正电，N 区带负电，两端产生了电势，若用导线连接，就有电流通过，电流的方向由 P 区流经外电路至 N 区。若将电路断开，可测出光生电动势。

图 6-36　各种光电池的外形图

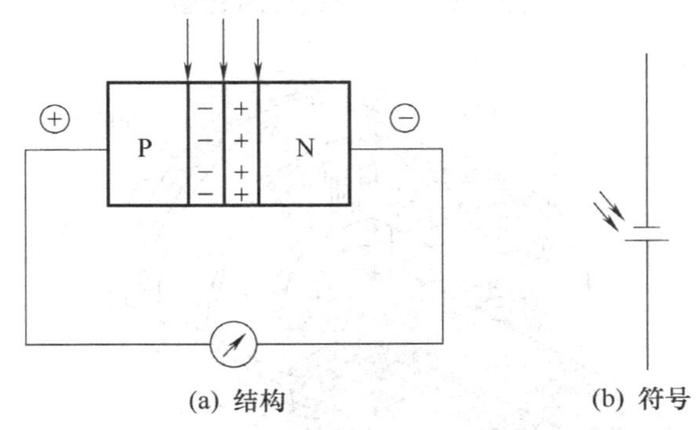

图 6-37　光电池的结构和符号

3. 光电编码器

光电编码器广泛使用于测量转轴的转速、角位移、丝杠的线位移等方面。它具有测量精度高、分辨率高、稳定性好，抗干扰能力强，便于与计算机接口，适宜远距离传输等特点。

光电编码器也是一种光电传感器，只是它将光源、透镜、随轴旋转的码盘、窄缝和光敏元件组成在一起。当码盘转动时，光敏元件接收到一串亮暗相间的光线，由后续电路转换为一串脉冲，它将转速信号直接转换为脉冲输出。因此它是一种数字式传感器。光电编码器由于它的码盘和内部结构的不同分为增量式编码器(又称脉冲盘式编码器)和绝对式编码器(又称码盘式编码器)两种，如图 6-38 所示。

1)　增量式编码器

(1)　增量式编码器的结构和组成

增量式编码器的结构图如图 6-39 所示。它由光源、光栅板、码盘和光敏元件组成。光栅板外圈有 A、B 两个窄缝，里圈有一个 C 窄缝。

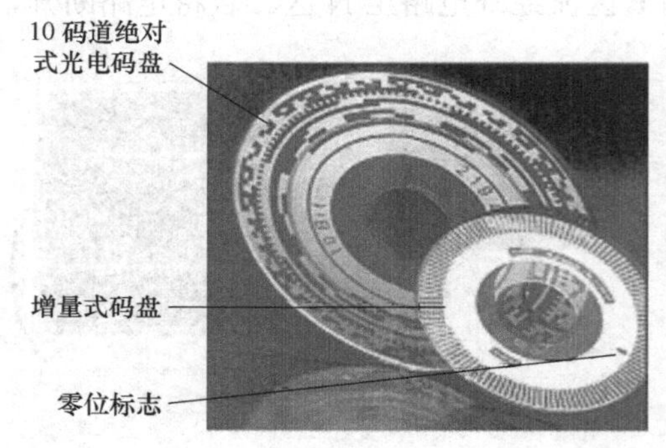

图 6-38　两种码盘的外形图

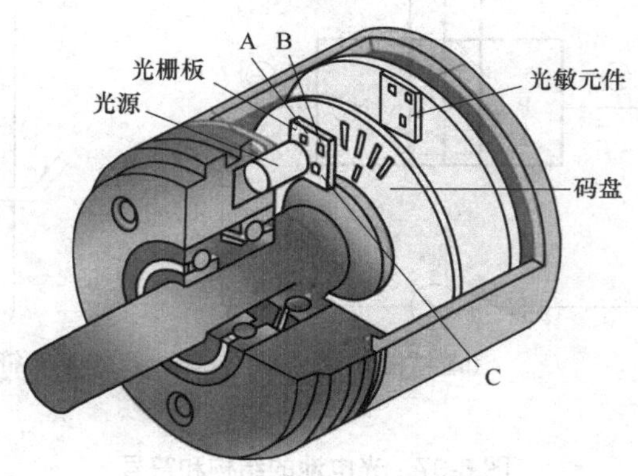

图 6-39　增量式编码器结构图

(2)　增量式编码器的工作原理

光电编码器的光栅板外圈上 A、B 两个狭缝的间距是码盘上的两个狭缝距离的(m+1/4)倍，m 为正整数，由于彼此错开 1/4 节距，两组狭缝相对应的光敏元件所产生的信号 A、B 彼此相差 90° 相位。当码盘随轴正转时，A 信号超前 B 信号 90°；当码盘反转时，B 信号超前 A 信号 90°，这样可以判断码盘旋转的方向。

码盘里圈的狭缝 C，每转仅产生一个脉冲，该脉冲信号又称“一转信号”或零标志脉冲，作为测量的起始基准。

(3)　脉冲盘式编码器的辨向方式

具体使用时，为了辨别码盘旋转方向，可以采用如图 6-40 所示的原理图。增量式编码盘两个码道产生的光电脉冲被两个光电元件接收，产生 A、B 两个输出信号，这两个输出信号经过放大整形后，产生 P_1 和 P_2 脉冲，将它们分别接到 D 触发器的 D 端和 CP 端。D 触发器在 CP 脉冲(P_2)的上升沿触发。当正转时，P_1 脉冲超前 P_2 脉冲 90°，触发器的 Q =“1”，表示正转；当反转时，P_2 超前 P_1 脉冲 90°，触发器的 Q =“0”，$\overline{Q}$ =“1”，表示反转。分别用 Q =“1”和 $\overline{Q}$ =“1”控制可逆计数器是正向还是反向计数，即可将光电脉冲变成编码输出。由零位产生的脉冲信号接至计数器的复位端，实现每转动一圈复位一次计数器的目的。无论正转还是反转，计数器每次反映的都是相对于上次角度的增量，故这种测量称为增量法。

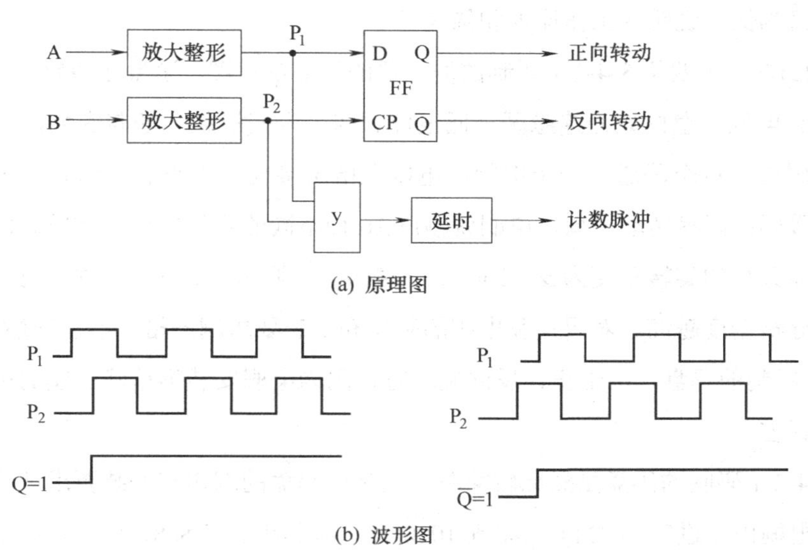

(a) 原理图

(b) 波形图

图 6-40　增量式编码器的辨向原理图

综上所述，可知。

① 当轴旋转时，光电编码器有相应的脉冲输出，其旋转方向的判别和脉冲数量的增减需外部的判向电路和计数器来实现。

② 其计数起点可任意设定，并可实现多圈的无限累加和测量，还可以把每转发出一个脉冲的 C 信号作为参考机械零位。

③ 编码器的转轴转一圈输出固定的脉冲，输出脉冲数与码盘的刻度线相同。

④ 输出信号为一串脉冲，每一个脉冲对应一个分辨角 α，对脉冲进行计数 N，就是对 α 的累加，即角位移 $\theta=\alpha N$。

如：分辨角 α =0.352°，脉冲数 N =1000。

则：角位移 θ =0.352°×1000=352°。

2) 绝对式编码器

绝对编码器也称为码盘式编码器，它将角度转换为数字编码，能方便地与数字系统(如微机)联接。绝对编码器按其结构可分为接触式、光电式和电磁式三种，后两种为非接触式编码器。

(1) 接触式编码器

接触式编码器由码盘和电刷组成。码盘是利用制造印刷电路板的工艺，在铜箔板上制作某种码制图形(如 8-4-2-1 码等)的盘式印刷电路板。电刷是一种活动触头结构，在外界力的作用下旋转码盘时，电刷与码盘接触处就产生某种码制的某一数字编码输出。下面以四位二进制码盘为例，说明其工作原理和结构。

图 6-41(a)是一个四位 8-4-2-1 码制的编码器的码盘示意图。涂黑处为导电区，将所有导电区连接到高电位；空白处为绝缘区，低电位。四个电刷沿某一径向安装，四位二进制码盘上有四圈码道，每个码道有一个电刷，电刷经电阻接地。当码盘转动某一角度后，电刷就输出一个数码；码盘转动一周，电刷就输出 16 种不同的四位二进制数码。由此可知，二进制码盘所能分辨的旋转角度为$\alpha = 360/2^n$。若 n=4，则 α =22.5°。位数越多，分辨精度越高。当然分辨精度越高，对码盘和电刷的制作和安装要求越严格。所以一般取 $n<9$。另外，8-4-2-1 码制的码盘，由于正、反向旋转时，因为电刷安装不精确引起的机械偏差，会产生非单值误差。

采用 8-4-2-1 码制的码盘虽然比较简单，但是对码盘的制作和安装要求严格，否则会产生错码。当电刷由二进制码 0111 过渡到 1000 时，本来是 7 变为 8，但是，如果电刷进入导电区的先后不一致，可能会出现 8～15 之间的任一十进制数，这样就产生了前面所说的非单值。若使用循环码制即可避免此问题，其编码见表 6-2，码盘结构如图 6-41(b)所示。循环码的特点是相邻两个数码间只有一位变化，即使制造或安装不精确，产生的误差最多也只是最低位，在一定程度上可消除非单值误差。因此采用循环码盘比 8-4-2-1 码盘的精度更高。

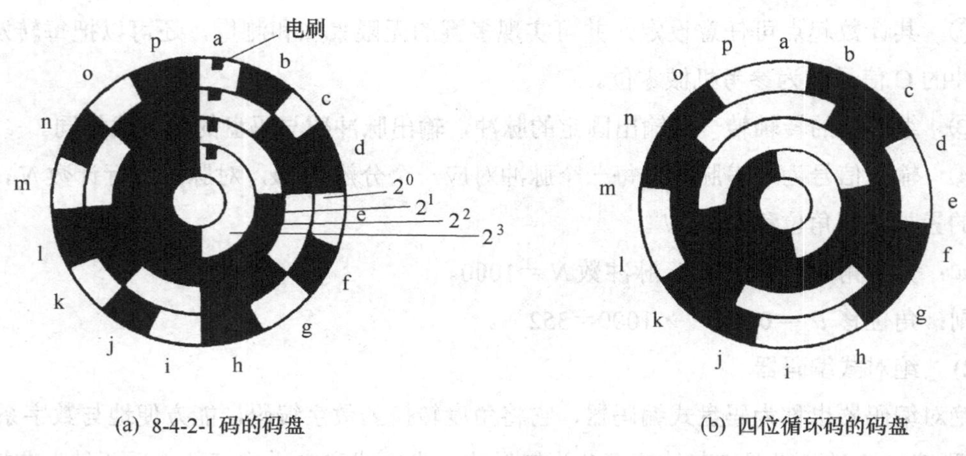

(a) 8-4-2-1 码的码盘　　(b) 四位循环码的码盘

图 6-41　接触式四位二进制码盘

表 6-2　电刷在不同位置时对应的数码

角　度	电刷位置	二进制码(B)	循环码(R)	十进制数
0	a	0000	0000	0
1α	b	0001	0001	1
2α	c	0010	0011	2
3α	d	0011	0010	3
4α	e	0100	0110	4
5α	f	0101	0111	5
6α	g	0110	0101	6
7α	h	0111	0100	7
8α	i	1000	1100	8
9α	j	1001	1101	9
10α	k	1010	1111	10
11α	l	1011	1110	11
12α	m	1100	1010	12
13α	n	1101	1011	13
14α	o	1110	1001	14
15α	p	1111	1000	15

(2) 光电式编码器

接触式编码器的分辨率受电刷的限制，不可能很高；而光电式编码器由于使用了体积小、易于集成的光电元件代替机械的接触电刷，其测量精度和分辨率能达到很高水平；另外，它是非接触测量，允许高速转动；有较高的寿命和可靠性，所以它在自动控制和自动测量技术中得到了广泛的应用。例如，绝对多头、多色的电脑绣花机和工业机器人都使用它作为精确的角度转换器。我国已有16位光电绝对编码和25000脉冲/圈的光电增量编码器，并形成了系列产品，为科学研究和工业生产提供了对位移量进行精密检测的手段。

光电式编码盘是一种绝对编码器，即几位编码器其码盘上就有几位码道，编码器在转轴的任何位置都可以输出一个固定的与位置相对的数字码。具体是采用照相腐蚀工艺，在一块圆形光学玻璃上刻有透光和不透光的码形，如图 6-42 所示。在几个码道上，装有相同个数的光电转换元件代替接触式编码盘的电刷，并且将接触式码盘上的高、低电位用光源代替。当光源经光学系统形成一束平行光投射在码盘上时，转动码盘，光经过码盘的透光区和不透光区，在码盘的另一侧就形成了光脉冲，脉冲光照射在光电元件上就产生与光脉冲相对应的电脉冲。码盘上的码道数就是该码盘的数码位数。由于每一个码位有一个光电元件，当码盘旋至不同位置时，各个光电元件根据受光照与否，将间断光转换成电脉冲信号。

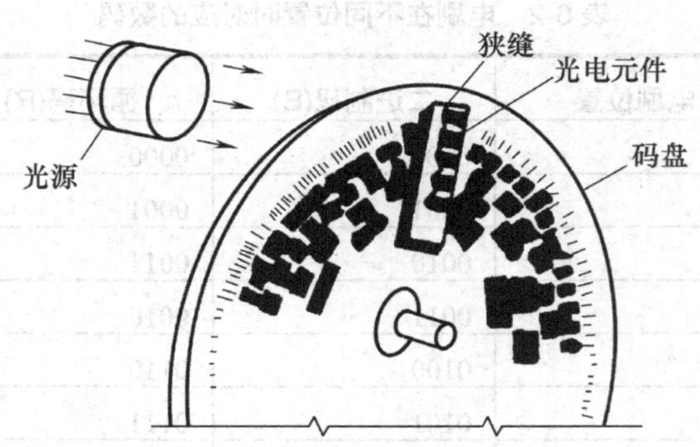

图 6-42　光电编码盘编码器结构

光电编码器的精度和分辨率取决于码盘的精度和分辨率，即取决于刻线数，其精度远高于接触式编码盘。与接触式码盘一样，光电编码器通常采用循环码作为最佳码形，这样可以解决非单值误差的问题。

为了提高测量的精度和分辨率，常规的方法就是增加码盘的码道数，即增加刻线数；但是，由于制作工艺的限制，当刻度增加到一定数量后，工艺就难以实现。所以只能再采用其他方法提高精度和分辨率。最常用的方法是利用光学分解技术，即插值法，来提高分辨率。

(3)　电磁式编码器

在数字式传感器中，电磁式编码器是近年发展起来的一种新型电磁敏感元件，它是随着光电式编码器的发展而发展起来的。光电式编码器的主要缺点是对潮湿气体和污染敏感，且可靠性差，而电磁式编码器不易受尘埃和结露影响，同时其结构简单紧凑，可高速运转，响应速度快(可达 500～700kHz)，体积比光电式编码器小，而成本更低，且易将多个元件精确地排列组合，比用光学元件和半导体磁敏元件更容易构成新功能器件和多功能器件。其输出不仅具有一般编码器仅有的增量信号及指数信号，还具有绝对信号输出功能。所以，尽管目前约占 90%的编码器均为光学编码器，但毫无疑问，在未来的运动控制系统中，电磁式编码器的用量将逐渐增多。

综上所述，可知：

① 绝对式编码器是按照角度直接进行编码，能直接把被测转角用数字代码表示出来。当轴旋转时，有与其位置对应的代码(如二进制码、格雷码、BCD 码等)输出。从代码大小的变更，即可判别正反方向和转轴所处的位置，而无需判向电路。

② 它有一个绝对零位代码，当停电或关机后，再开机重新测量时，仍可准确读出停电或关机位置的代码，并准确地找出零位代码。

③　一般情况下，绝对式编码器的测量范围为 0°～360°。

④　标准分辨率：用位数 2^n 表示，即最小分辨角 $\alpha = 360^\circ / 2^n$。

4．光栅传感器

光栅是由很多等节距的透光缝隙和不透光的刻线均匀相间排列成的光电器件。20 世纪 50 年代，人们利用光栅莫尔条纹现象，把光栅作为测量元件，开始应用于机床和计算仪器上，设计、制造了很多形状的光栅传感器。光栅传感器是一种数字式传感器，它直接把非电量转换成数字量输出。它主要用于长度和角度的精密测量和数控系统的位置检测等，还可以检测能够转换为长度的速度、加速度、位移等其他物理量。它具有检测精度和分辨率高、抗干扰能力强、稳定性好、易与微机接口，便于信号处理和实现自动化测量等特点。

1)　光栅传感器的结构

光栅传感器按结构分为反射式光栅、透射式光栅和透射圆式光栅，其结构示意图如图 6-43 所示。

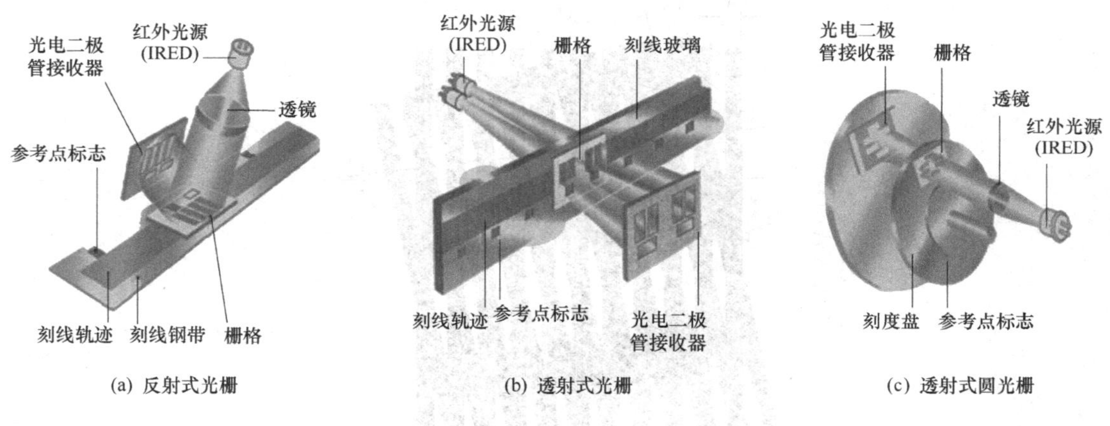

图 6-43　光栅传感器的结构示意图

从光栅的光线走向来看，光栅可分为透射式光栅和反射式光栅两类。透射式光栅用光学玻璃作基体，在上面均匀地刻划出等间距、等宽度的条纹，如图 6-44 所示，刻划地方为黑，不透光；没有刻划地方为白，透光，形成连续的透光区和不透光区。而反射式光栅是用不锈钢作基体，在其上用化学方法制作出黑白相间的条纹，形成强反光区和不反光区。a 为栅宽，b 为缝宽，一般 a＝b，$W = a + b$ 为光栅栅距。光栅有长光栅和圆光栅，长光栅用于测长度，圆光栅用于测角度。长光栅一般为(25、50、100、125、250)线/mm，圆光栅整圆内的栅线数一般为 5400～64800 条。

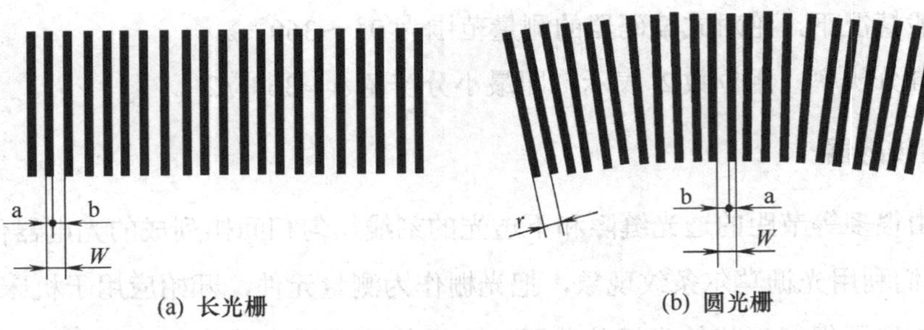

图 6-44　光栅条纹

2)　莫尔条纹及特性

(1)　莫尔条纹的形成

如图 6-45 所示，把栅距相同的主光栅和指示光栅的刻线面叠合在一起，中间留有小间隙，且两者栅线错开一个很小的角度 θ，那么在接近垂直栅线方向出现明暗相间的条纹，称为莫尔条纹。

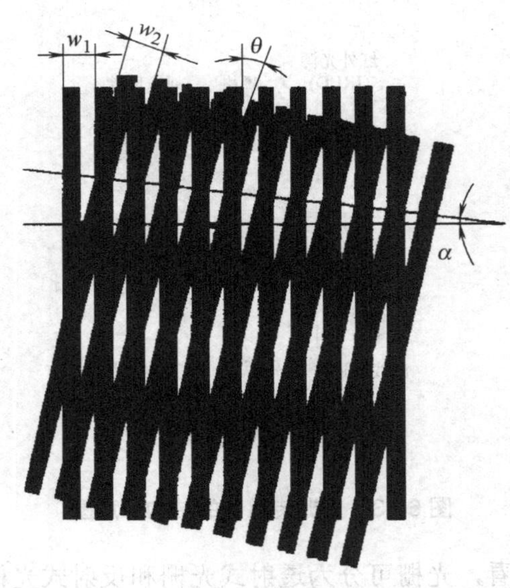

图 6-45　莫尔条纹的形成示意图

(2)　莫尔条纹的特性

①　对应关系

当两光栅沿着与栅线垂直的方向相对移动时，莫尔条纹也沿着近似垂直光栅移动方向运动。当光栅移动一个栅距时，莫尔条纹移动一个条纹的间距，当光栅反向移动时，莫尔条纹也反向移动。两者具有严格的对应关系。因此，根据光电元件接收到的条纹数目，就可以知道光栅移过的位移值。

② 放大作用

光栅栅距很小，肉眼很难分辨，而莫尔条纹清晰可见。因此莫尔条纹是放大了的光栅栅距，具有放大作用。

③ 平均效应

莫尔条纹由光栅的大量栅线共同形成的，所以对光栅栅线的刻划误差有平均作用，通过莫尔条纹所获得的精度比栅线刻划的精度要高。

3) 光栅传感器的组成

光栅传感器由照明系统(光源和透镜组成)、光栅副(主光栅和指示光栅组成)和光电元件等组成。如图 6-46 所示。

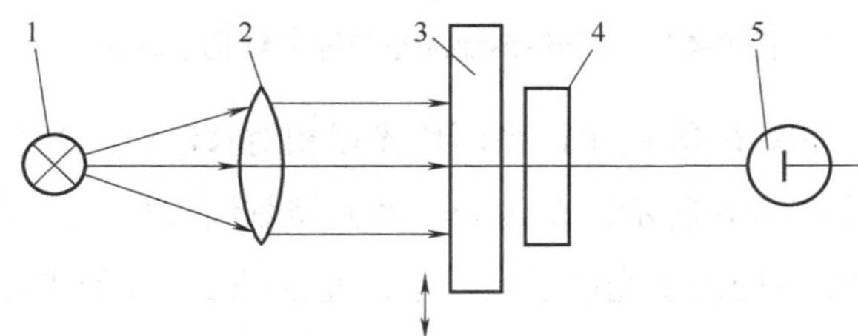

1—光源；2—透镜；3—主光栅；4—指示光栅；5—光电元件

图 6-46　透射光栅传感器的构成

(1) 光源

① 钨丝灯泡：工作范围－40～130℃，与光电元件相组合的转换效率低，使用寿命短。

② 半导体发光器件如砷化镓发光二极管：工作范围－60～100℃，转换效率高达 30%左右，使用寿命长，响应速度快。

(2) 光栅副

由栅距相等的主光栅和指示光栅组成，它们互相重叠，又不完全重合，两者栅线间错开一个小角度，以便得到莫尔条纹。主光栅固定在被测体上，指示光栅与光电元件固定。

(3) 光电接收元件

通过感测随主光栅的移动而产生的莫尔条纹的移动，来测定位移量。

4) 光栅传感器测量位移的原理

将长度与测量范围一致的主光栅固定在运动零件上，随零件一起运动，短的指示光栅与光电元件固定不动。如图 6-47 所示。

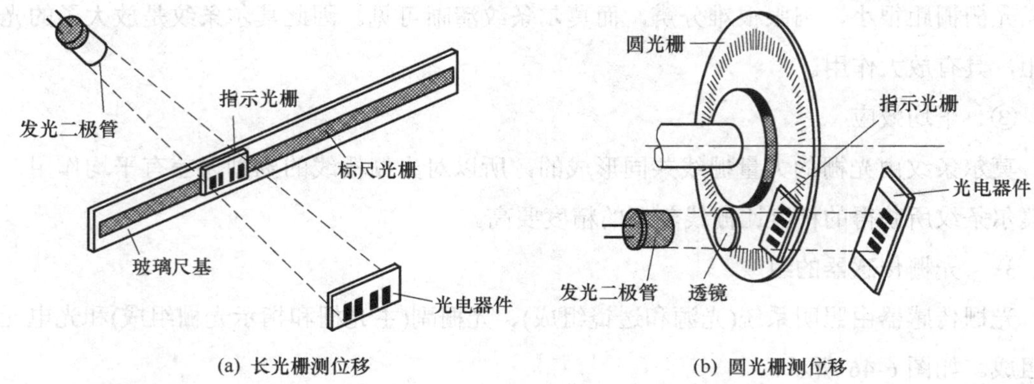

(a) 长光栅测位移　　(b) 圆光栅测位移

图 6-47　光栅传感器测量位移的结构示意图

光电转化系统结构如图 6-48 所示，当两块光栅相对移动时，光敏元件上的光强随莫尔条纹移动而变化，如图 6-48(b)所示。在 *a* 处，两光栅刻线重叠，透过的光强最大，光电元件输出的电信号也最大；*c* 处由于光被遮去一半，光强减小；*d* 处光全被遮去而成全黑，光强为零。若光栅继续移动，透射到光敏元件上的光强又逐渐增大，随着光栅的移动，光强的变化由亮进入半亮半暗，全暗，半暗半亮，全亮，光栅移动了一个栅距，莫尔条纹也经历了一个周期，移动了一个条纹间距。光强的变化需要通过光电转换电路转换为输出电压的变化，输出电压的变化曲线近似为正弦曲线。再通过后续的放大整形电路的处理，就变成一个脉冲输出。运动零件的位移值就等于脉冲数与栅距的乘积。光敏元件可以采用光电池、光敏二极管和光敏三极管等。

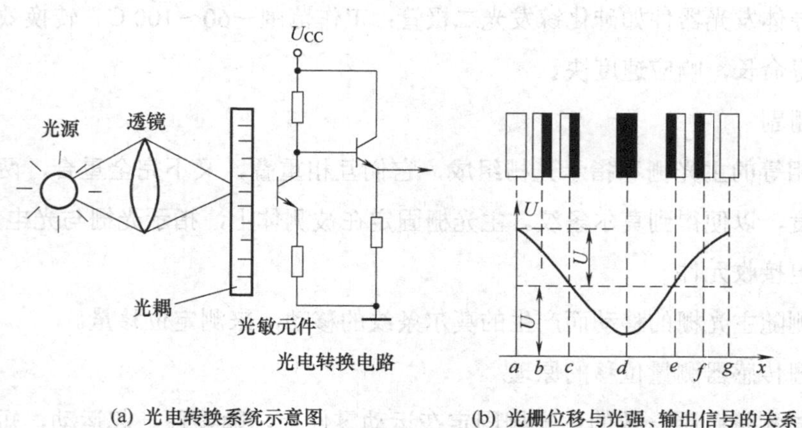

(a) 光电转换系统示意图　　(b) 光栅位移与光强、输出信号的关系

图 6-48　光电转换系统输出电压与位移的关系

二、位移传感器的使用

1. 正确使用光敏电阻

新制光敏电阻在未经老化处理前，性能可能不稳定，经老化处理(人为地加温、光照和通电)或使用一段后，光电性能逐渐趋向稳定。在使用时，光敏电阻可以加直流电压，也可以加交流电压，光敏电阻安装在如图 6-49(a)所示位置，其敏感部分通过圆盘上的透光狭缝对准发光二极管。检测电路如图 6-49(b)所示，当光源通过透光狭缝照射到光敏电阻时，R_4 变小，电路检测到信号，U_o 端输出高电平，通过计算单位时间内出现的脉冲数来求解圆盘的转速，输出端可接单片机等控制电路。

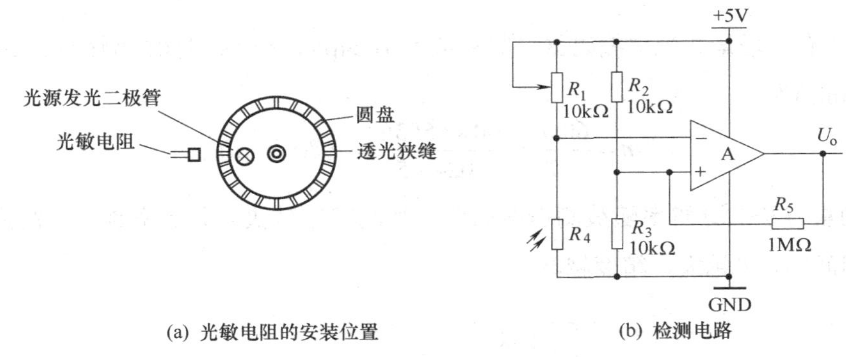

(a) 光敏电阻的安装位置　　(b) 检测电路

图 6-49　光敏电阻的应用

2. 正确使用增量式光电编码器

1)　机床纵向进给速度控制

如图 6-50 所示为机床纵向进给速度控制示意图。将光电编码器安装在机床的主轴上，用来检测主轴的转速。当主轴旋转时，光电编码器随主轴一起旋转，输出脉冲经脉冲分配器和数控逻辑运算，输出进给速度指令控制丝杠进给电机，达到控制机床的纵向进给速度的目的。

2)　高速旋转测速

高速旋转测速一般采用在给定的时间间隔 T 内对编码器的输出脉冲进行计数，这种方法测量的是平均速度，又称为 M 法测速。它的原理框图如图 6-51(a)所示，输出脉冲示意图如图 6-51(b)所示。若编码器每转产生 N 个脉冲，在给定时间间隔 T 内有 m_1 个脉冲产生，则转速 n(r/min)为：

$$n = \frac{60m_1}{NT} \tag{6-11}$$

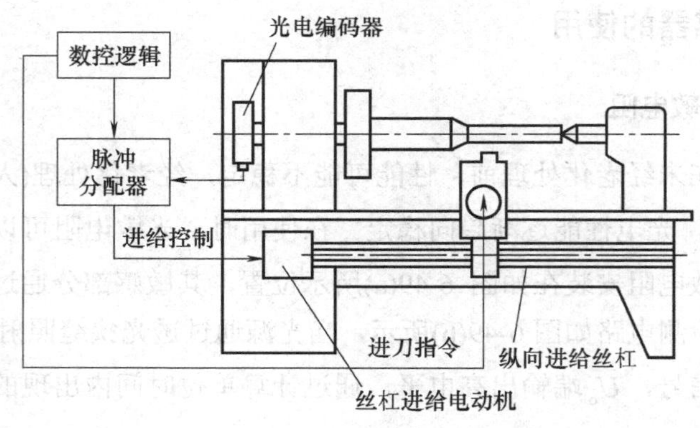

图 6-50　机床纵向进给速度控制示意图

例 6-1　有一增量式光电编码器，其参数为 1024p/r，在 5s 时间内测得 65536 个脉冲，则转速 n(r/min)为：

$$n=\frac{60m_1}{NT}=\frac{60\times 65536}{1024\times 5}=768(\text{r}/\text{min})$$

这种测量方法的分辨率随被测速度而变，被测转速越快，分辨率越高；测量精度取决于计数时间间隔，T 越大，精度越高。

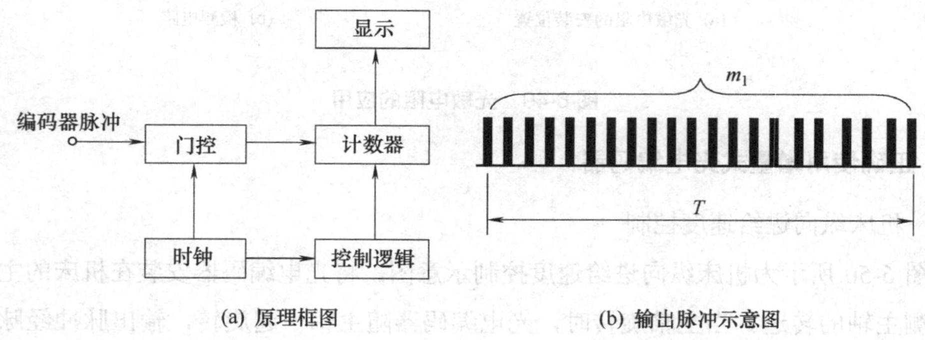

图 6-51　高速旋转测速(*M* 法测速)

3)　低转速测速

低转速测速一般采用脉冲周期作为计数器的门控信号，时钟脉冲作为计数脉冲，时钟脉冲周期远小于输出脉冲周期。这种方法测量的是瞬时转速，又称为 T 法测速。它的原理框图如图 6-52(a)所示，输出脉冲示意图如图 6-52(b)所示。

若编码器每转产生 N 个脉冲，用已知频率 f_C 作为时钟，填充到编码器输出的两个相邻脉冲之间的脉冲数为 m_2，则转速(r/min)为

$$n=\frac{60f_C}{Nm_2} \tag{6-12}$$

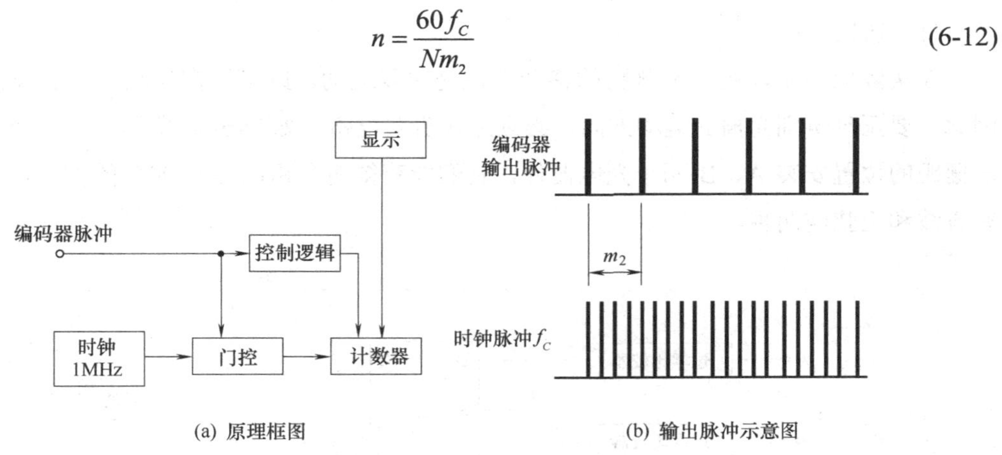

(a) 原理框图　　(b) 输出脉冲示意图

图 6-52　低转速测速(*T* 法测速)

例 6-2　有一增量式光电编码器，其参数为 1024 p/r，测得编码器的两个相邻脉冲之间的时钟脉冲数为 3000，时钟频率 f_C 为 1MHz ，则转速 n(r/min)为

$$n=\frac{60f_C}{Nm_2}=\frac{60\times10^6}{1024\times3000}=19.53(\text{r/min})$$

这种测量方法通过提高时钟信号的频率可提高分辨率。

4)　注意点

对采用增量式位置检测装置的伺服系统(如增量式光电编码器)，因为输出信号是增量值(一串脉冲)，失电后控制器就失去了对当前位置的记忆。因此，每次开机启动后要回到一个基准点，然后从这里算起，来记录增量值，这一过程称为回参考点。

3．正确使用光栅传感器

光电元件接收光信号后，由光电转换电路转换为电信号，再经过后续的测量电路输出反映位移大小、方向的脉冲信号。图 6-53 所示为测量电路的原理框图。

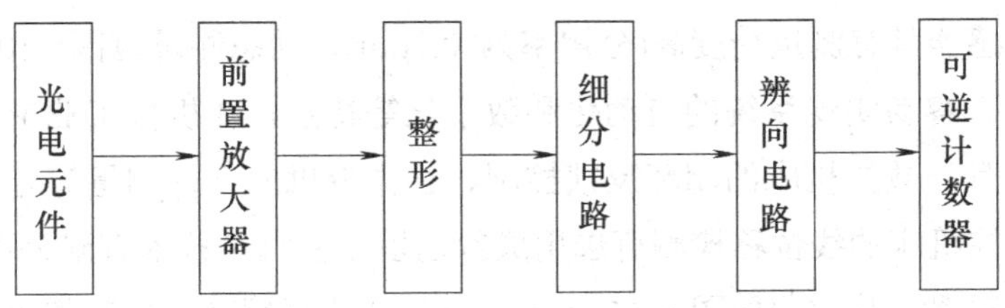

图 6-53　光栅传感器测量电路原理框图

1) 辨向电路

在实际应用中，由于被测物的移动往往是往复运动，既有正向运动，又有反向运动。因此，要正确辨别光栅的运动方向，必须加入辨向电路，如图 6-54 所示，可在相距四分之一栅距的位置安装 A、B 两个光电器件，它们能获得两个相位相差 90° 的信号，输出信号有方波和正弦波两种。

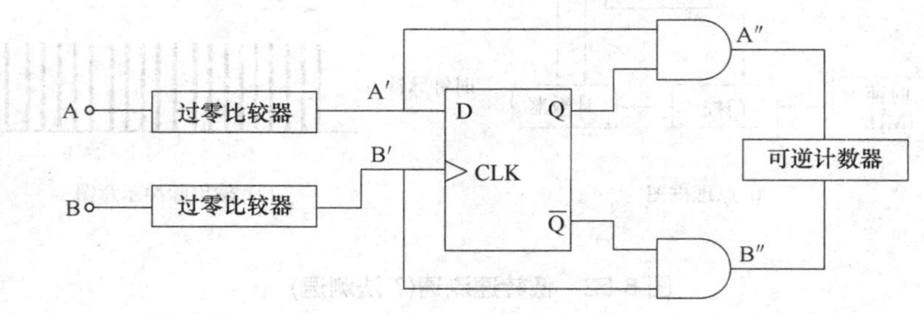

图 6-54 辨向电路原理框图

2) 细分技术

细分电路是用来提高测量精度。当利用光栅测量时，零件每移动一个栅距，输出一个脉冲，测量的分辨率即为一个栅距。若要提高精度，可以增加栅线的密度，减小栅距，但这种方法受到制造工艺和成本的限制。

细分技术是在光栅移动一个栅距，莫尔条纹变化一个周期时，不是输出一个脉冲，而是输出均匀分布的若干个脉冲，从而提高了分辨率。细分越多，分辨率越高。由于细分后计数脉冲频率提高了，因此细分又称为倍频。细分的方法有很多种，常用的细分方法是直接细分，细分数为 4，故又称四倍频细分。

◆ 任务实施

一、位移传感器的选型

光栅位移传感器具有测量精度高(分辨率为 0.1μm)、动态测量范围广(0～1000mm)、可进行无接触测量、容易实现系统的自动化和数字化等特点，在机械工业中得到了广泛的应用，特别是在量具、数控机床的闭环反馈控制、工作母机的坐标测量等方面。根据光栅传感器的知识，数控机床的线位移检测可选用成都远恒精密测控技术有限公司生产的 BG1 型直线光栅位移传感器，其结构如图 6-55 所示。该传感器采用光栅常数相等的透射式标尺光栅和指示光栅副。具有精度高，便于数字化处理，体积小，重量轻等特点，适用于机床、仪器做长度测量、坐标显示和数控系统的自动测量等，技术指标如表 6-3 所示。

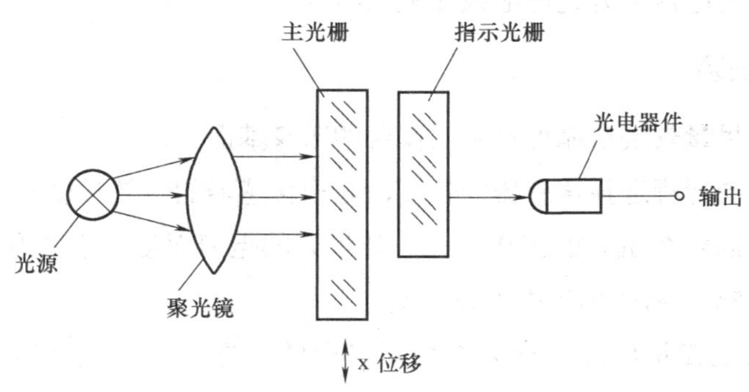

图 6-55　直线光栅位移传感器结构示意图

表 6-3　直线光栅位移传感器的技术指标

型号	BG1A	BG1B	BG1C
光栅栅距	40μm(0.040mm)、20μm(0.020mm)、10μm(0.010mm)		
光栅测量系统	透射式红外光学测量系统，高精度性能的光栅玻璃尺		
读数头滚动系统	垂直式五轴承滚动系统，优异的重复定位性，高精度测量精度	45° 五轴承滚动系统，优异的重复定位性，高等级的测量精度	
防护尘密封	采用特殊的耐油、耐蚀、高弹性及抗老化塑胶，防水、防尘优良，使用寿命长		
分辨率	0.5μm	1μm	5μm
有效行程	50～3000mm　每隔 50mm 一种长度规格(整体光栅不接长)		
工作速度	＞60m/min		
工作环境	温度 0～50℃　湿度≤90(20±5℃)		
工作电压	5V±5%　12V±5%		
输出电压	TTL　正弦波		

二、直线光栅位移传感器的实际应用

直线光栅位移传感器的光源、透镜、指示光栅和光电器件固定在机床床身上，主光栅固定在机床的运动部件上，可往复移动。安装时，指示光栅和主光栅保证有一定的间隙。主光栅和被测物体相连，它随被测物体的直线位移而产生移动。当主光栅产生位移时，莫尔条纹便随着产生位移。用光电器件记录莫尔条纹通过某点的数目，便可知主光栅移动的距离，也就测得了被测物体的位移量。

当机床工作时，两光栅相对移动便产生莫尔条纹，该条纹随光栅以一定的速度移动，光电器件就检测到莫尔条纹亮度的变化，转换为周期性变化的电信号，通过后续放大、转换处理电路送入显示器，直接显示被测位移的大小。光栅位移传感器的光源一般为钨丝灯泡或发光二极管；光电器件为光电池或光敏三极管。

1．传感器的安装

(1) 传感器应尽量安装在靠近设备工作台的床身基面上。

(2) 根据设备的行程选择传感器的长度，光栅传感器的有效长度应大于设备行程。

(3) 标尺光栅固定在机床的工作台上，随机床的走刀而动，它的有效长度即为测量范围。如长度超过 1.5m，需在标尺中部设置支撑。

(4) 读数头固定在机床上，安装在标尺光栅的下方，与标尺光栅的间隙控制在 1～1.5mm 以内，并尽可能避开切屑和油液的溅落。

(5) 在机床导轨上要安装限位装置，以防机床工作时标尺撞到读数头。

2．光栅位移传感器的检查

(1) 光栅传感器安装完毕后，接通数显表，移动工作台，观察读数是否变化。

(2) 在机床上任选一点，来回移动工作台，回到起始点，数显表读数应相同。

(3) 使用千分表和数显表同时检测工作台的移动值，比对后进行校正，确保数显表测量正确。

三、测量参考电路

直线光栅位移传感器测量应用电路如图 6-56(a)所示，实际安装使用如图 6-56(b)所示。

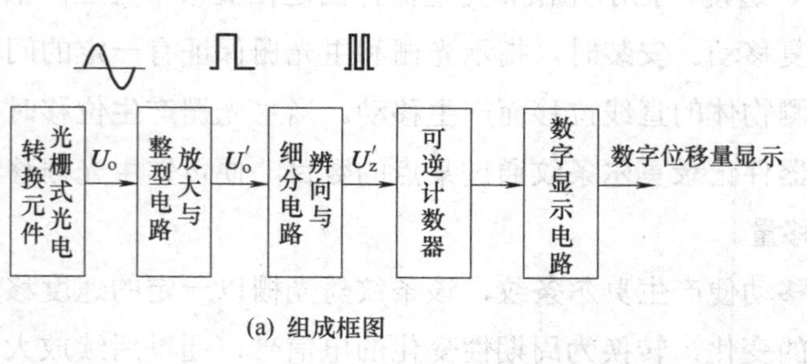

(a) 组成框图

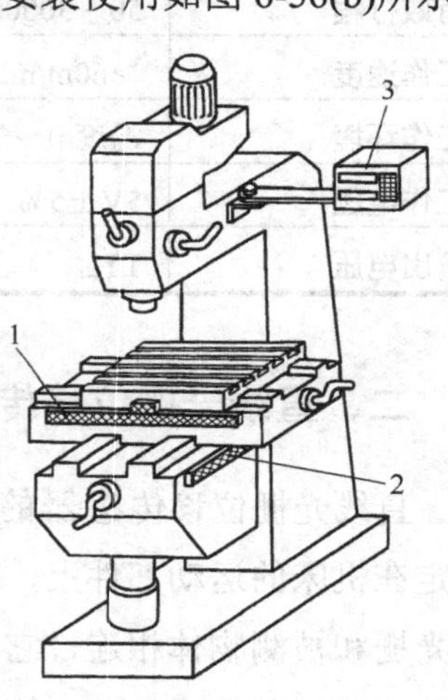

1—横向进给位置光栅检测；
2—纵向进给位置光栅检测；
3—数字显示装置

(b) 在机床进给运动中的应用

图 6-56 直线光栅位移传感器测量应用

四、总结调试

(1) 在使用环境有油污、铁屑等情况时，建议采用防护罩，防护罩应将主尺全部防护。

(2) 应关闭电源后，插拔光栅传感器的电源。

(3) 经常检查安装螺钉是否松动。

(4) 及时清理溅落在光栅传感器表面上的切屑和油液，尽可能外加保护罩，定期清洗光栅表面。

(5) 应避免剧烈震动，以防损坏。

(6) 应避免在严重腐蚀环境中工作。

◆ 能力拓展

一、光电开光

光电开关主要用来检测物体的靠近、通过等状态。目前光电开关已成系列产品，规格齐全，可根据需要，选用适当规格的产品，而不必自行设计光路和电路，使用极其方便，因而被广泛应用于生产流水线、自动控制等各方面开关量的检测。光电开关可根据检测现场灵活安装，检测距离可达几米到几十米。

根据光线的走向，光电开关分为两类：直射型和反射型。图 6-57(a)所示为直射型光电开关，这种光电开关的发射器和接收器相对安放在一条轴线上。当有物体在两者中间通过时，红外光束被遮断，接收器因接收不到红外线而产生一个电脉冲信号。这种光电开关检测距离最长可达几十米。反射型传感器又分为反射镜反射和被测物漫反射(又称散射型)，如图 6-57(b)和(c)所示。反射镜型传感器单侧安装，根据被测物体的距离调整反射镜的角度以取得最佳的反射效果，它的检测距离不如直射型，一般为几米。散射型光敏接收元件接收的是漫反射光线，其安装最方便，但检测距离更小，只有几百毫米。

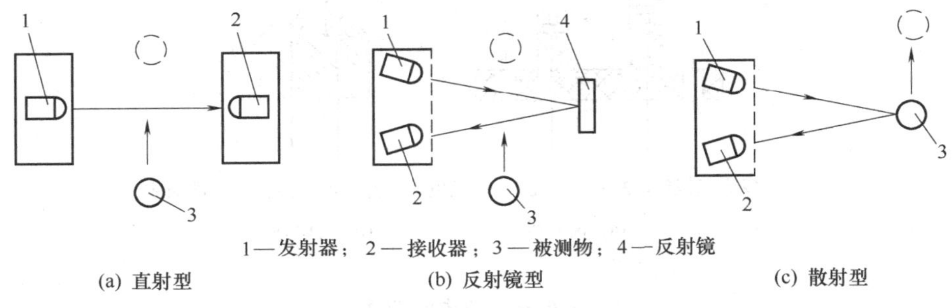

图 6-57　光电开关类型及其应用

光电开关的发射器一般采用功率较大的红外发光二极管(红外 LED)，接收器一般采用光敏三极管或光电池。为防止由于其他光源的干扰而产生误动作，可在光敏元件表面加装红外滤光透镜。红外 LED 最好用高频(如 40kHz)脉冲电流驱动，从而发射 40kHz 的调制光脉冲。相应地，为防止其他光源的干扰，接收光电元件的输出信号经 40kHz 的选频交流放大器及解调处理。

二、光电断续器

光电断续器的工作原理与光电开关相同，结构上将光电发射器、光电接收器做在体积很小的同一塑料壳体中，所以不需要调整安装位置。光电断续器是整体结构，因而检测距离小，只有几毫米至几十毫米。光电断续器也可分为直射型和反射型两种，如图 6-58 所示。直射型的槽宽、槽深和其光敏元件有系列化产品可供选择。反射型的检测距离较小，多用于安装在空间较小的场合。

光电断续器价格便宜，简单可靠，广泛应用于自动控制系统、生产流水线、机电一体化设备和家用电器中。例如，在复印和打印机中，光电断续器被用作检测纸的有无；在流水线上检测细小物体的通过及透明物体的暗色标记；检测印刷电路板元件是否漏装以及是否有检测物体靠近等，图 6-59 所示为其应用实例。

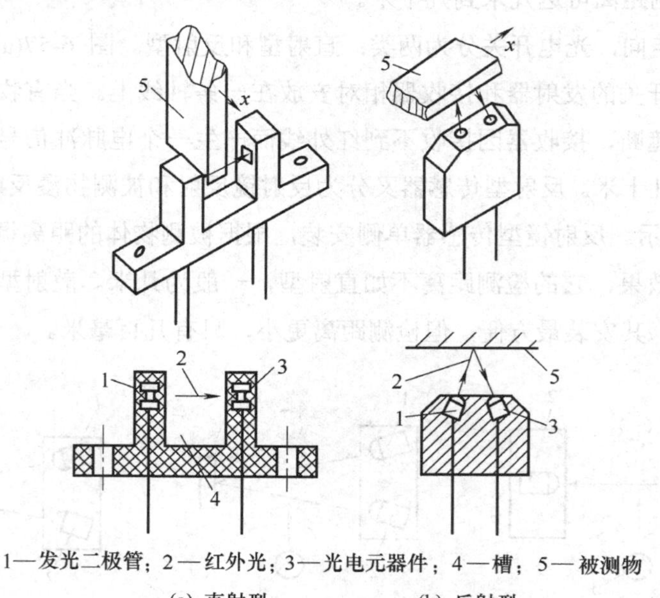

图 6-58　光电断续器

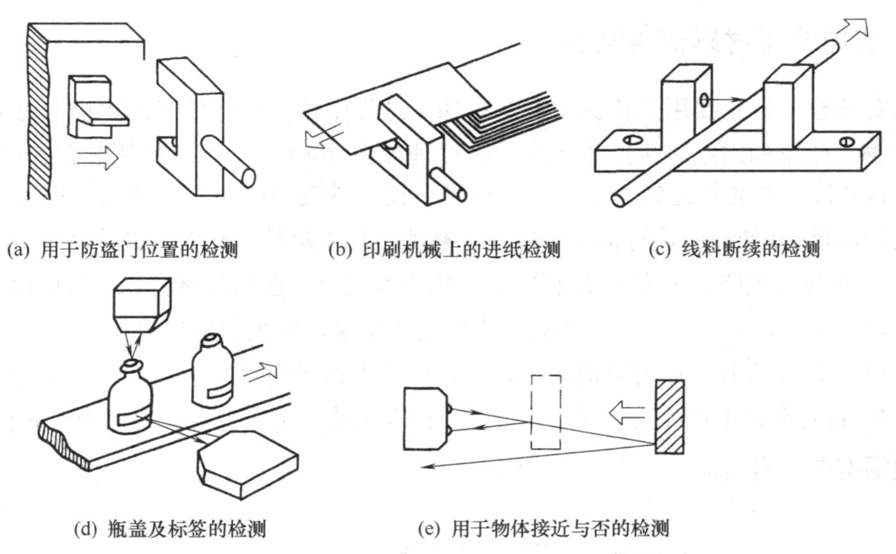

图 6-59　光电断续器的应用实例

三、反射式烟雾报警检测器

反射式烟雾报警检测器的原理图和检测电路如图 6-60(a)、(b)所示。图中，灯的作用是作为光源和热源。光隔板阻止了灯光直接照射在光敏电阻上。箱中空气受灯的热作用而上升，因而引起空气对流，从底部进入，顶部溢出。如果通过检测箱的空气中无烟雾，则白炽灯无反射光照射到光敏电阻上，其阻值很大。如果空气中有烟雾，则烟尘将灯光反射到光敏电阻上使其阻值减小。

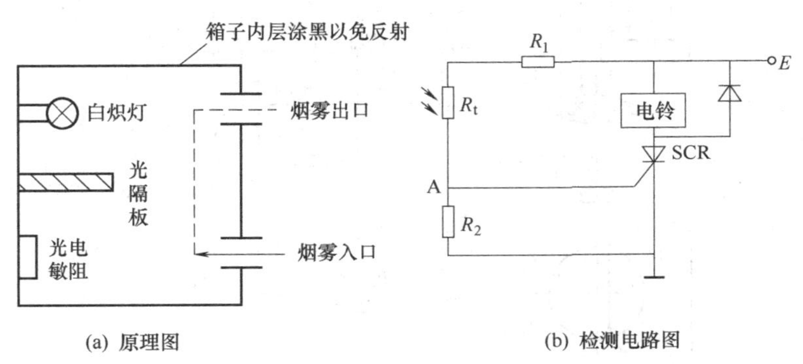

图 6-60　反射式烟雾报警检测器示意图

报警电路中，当 R_t 无光照时，R_t 很大，V_A 很小，可控硅触发电压太小，SCR 截止。当 R_t 受光照时，R_t 小，V_A 电压升高足够使 SCR 导通，电铃响，发出报警。

四、光电式带材跑偏检测器

带材跑偏检测器主要用来检测带型材料加工过程中偏离正确位置的大小及方向，常用于冷轧带钢、印染和造纸等生产过程中，其原理如图 6-61(a)所示，检测装置如图 6-61(b)所示。光源 8 发出的光经透镜 9 汇聚为平行光束投向透镜 10，再汇聚到光敏电阻 R_1 上，平行光束到达透镜 10 的途中，有部分光线受到被测带材 1 遮挡，从而使 R_1 上的光通量减小。图 6-61(c)是其测量电路。R_2 是与 R_1 相同型号的光敏电阻，主要起温度补偿的作用。当带材处于正确位置时，由 R_1、R_2、R_3 和 R_4 组成的电桥平衡，放大器输出电压 U_o 为零。当带材跑偏时，遮光面积减小，R_1 的阻值随之减小，电桥失去平衡，放大器将这不平衡电压放大后输出，U_o 的大小和正负反映了带材跑偏的方向及大小。另一方面，比例调节阀根据 U_o 的大小，使活塞左、右运动，纠正带材的跑偏。

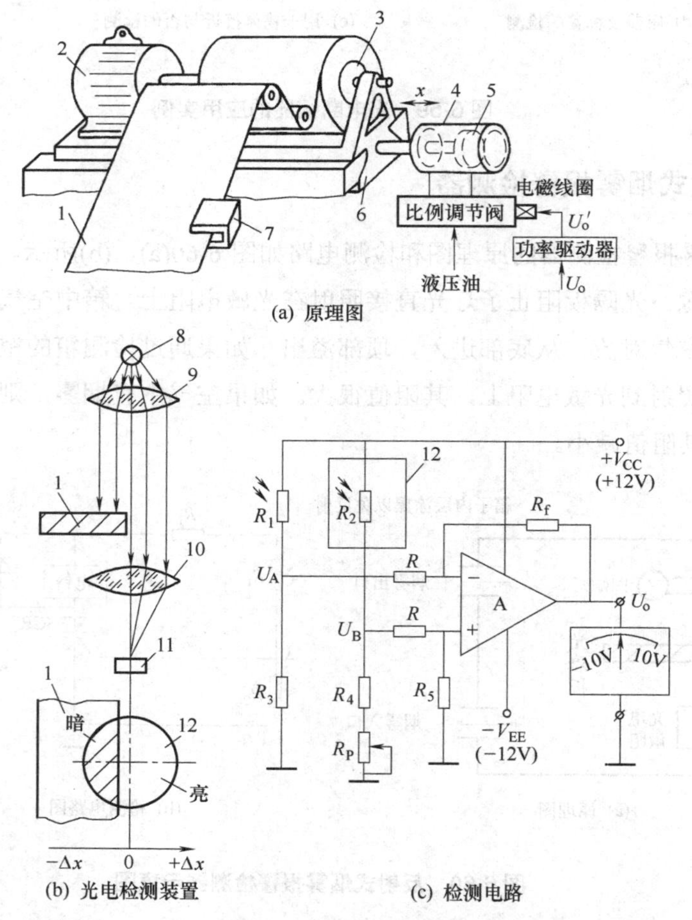

1—被测带材；2—卷取电动机；3—卷取辊；4—液压缸；5—活塞；6—滑台；7—光电检测装置；8—光源；9、10—透镜；11—光敏电阻；12—遮光镜

图 6-61　光电式边缘位置检测纠偏装置

任务三　霍尔传感器用于电机转速的测量

◆ 任务要求

在各种车辆运行、机械设备的运行中，都需要对转速进行检测，通常会使用磁电式传感器，对于小型直流电机转速的测量一般采用霍尔传感器进行测速。

◆ 知识引入

霍尔传感器是基于霍尔效应的一种传感器。是目前应用最为广泛的一种磁电式传感器。它可以用来检测磁场、微位移、转速、流量、角度，也可以制作高斯计、电流表、接近开关等，它可以实现非接触测量，而且在很多情况下，可采用永久磁铁来产生磁场，不需附加能源。因此，这种传感器广泛应用于自动控制、电磁检测等各个领域中。霍尔传感器具有灵敏度高、线性度和稳定性好、体积小、重量轻，频带宽，动态特性好、寿命长和耐高温等特性。

一、认识霍尔传感器

霍尔传感器有霍尔元件和霍尔集成电路两种类型。目前，霍尔传感器已从分立型结构发展到集成电路阶段。霍尔集成电路是把霍尔元件、放大器、温度补偿电路及稳压电源等做在一个芯片上的集成电路型结构。与前者相比，霍尔集成电路更具有微型化、可靠性高、寿命长、功耗低以及负载能力强等优点，越来越受到人们的重视，应用日益广泛。

霍尔传感器的外形如图 6-62 所示。霍尔片如图 6-63(a)所示，从矩形薄片半导体基片上的两个相互垂直方向侧面上引出一对电极，其中 1、2 两电极用于加入控制电流，称为控制电流；3、4 两电极用于引出霍尔电动势，成为输出电极，基片外面用金属或陶瓷、环氧树脂等封装作为外壳。霍尔元件的外形如图 6-63(b)所示，通用的图形符号如图 6-63(c)所示。

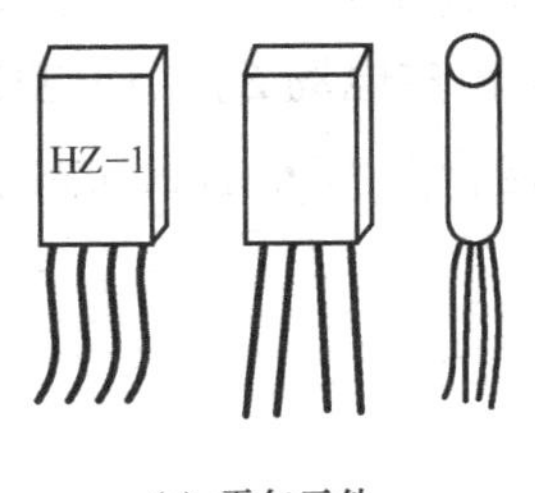

(a) 霍尔元件

(b) 霍尔接近开关

(c) 霍尔电流传感器

图 6-62　霍尔传感器的外形图

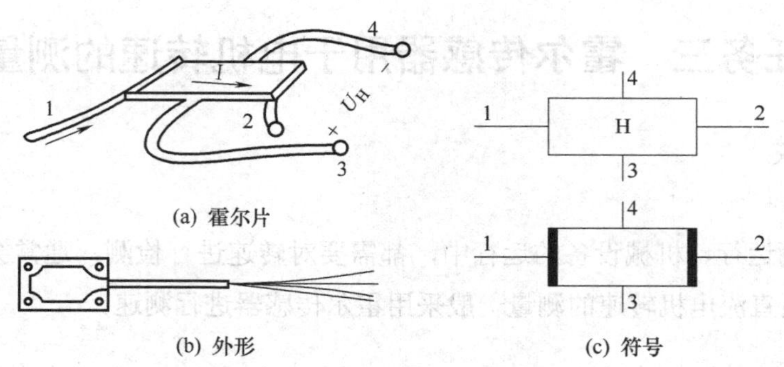

图 6-63 霍尔元件

1. 霍尔效应

霍尔传感器的工作原理是基于霍尔效应，1897 年美国物理学家霍尔首先在金属材料中发现了霍尔效应。即置于磁场中的导体或半导体中流过电流时，若是没有磁场的影响，则正电荷载流子能平稳地流过，此时，输出端(从载流导体上平行于电流和磁场方向的两个面引出)的电压为零。当加入一个与电流方向垂直的磁场时，电荷载流子会由于洛伦兹力的作用而偏向一边，在输出端产生电压，即霍尔电压，如图 6-64 所示，这一现象称为霍尔效应。

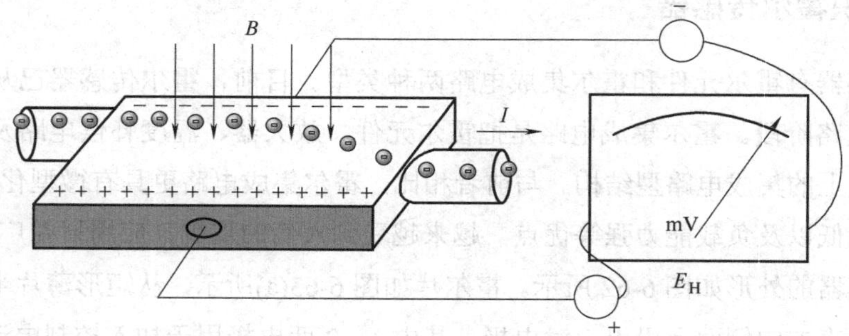

图 6-64 霍尔电压的产生

当电流 I 通过 N 型半导体时，导电载流子为电子。在磁场 B 的作用下，电子受到洛伦兹力的作用而偏向一侧(左手定则)，这样在两侧间产生了一个霍尔电场 E_H，该电场阻止电子的偏移，与洛伦兹力的作用力方向相反，这时电场力 f_E 和洛伦兹力 f_L 达到动态平衡。

洛伦兹力为

$$f_L = qvB \tag{6-13}$$

式中：q ——电子电荷量；

v ——电子运动速度；

B ——磁感应强度。

电场力为

$$f_{E}=qE_{H}=\frac{qU_{H}}{b} \tag{6-14}$$

式中：U_{H}——霍尔电压，即在 A、B 两面间建立的电动势差；

b——A、B 两面的间距。

因为平衡时 $f_{L}=f_{E}$，所以有 $qvB=\frac{qU_{H}}{b}$，即

$$U_{H}=vBb \tag{6-15}$$

若材料的电子密度为 n，则电流密度 $j=nqv$，此时电流强度 $I=nqvbd$，得

$$U_{H}=vBb=\frac{IBb}{nqbd}=\frac{1}{nqd}IB=S_{H}IB \tag{6-16}$$

式中：S_{H}——霍尔元件的灵敏度，即

$$S_{H}=\frac{U_{H}}{IB}=\frac{1}{nqd} \tag{6-17}$$

由式 6-16 可知 $U_{H}=S_{H}IB$，所以霍尔元件产生的霍尔电压主要由三个方面的因素决定，即电源提供的电流的大小、霍尔元件所处磁场的强度和霍尔元件的物理尺寸。霍尔电压是和元件厚度 d 成反比的，因此霍尔元件一般制作得较薄。

由于在使用中霍尔元件的物理尺寸是不会变化的，因此霍尔电压 U_{H} 正比于 I 和 B。当控制电流 I 恒定时，B 越大，U_{H} 越大，B 改变方向时，U_{H} 也改变方向；而当 B 恒定，I 变化时，U_{H} 也变化。

2．霍尔元件材料

由于霍尔元件的灵敏度与材料的电阻率和电子迁移率(单位电场强度作用下，载流子的平均速度值)成正比。若要霍尔效应强，制造霍尔元件材料的电阻率和电子迁移率要大。

对于金属导体，电子迁移率大，但电阻率很小；而绝缘材料电阻率极高，但电子迁移率极小。都不适宜制作霍尔元件。只有半导体材料的电阻率和电子迁移率适中，且 N 型半导体的电子迁移率大于 P 型半导体的电子迁移率，因此一般用 N 型半导体制作霍尔元件。

霍尔元件是一种四端型器件，目前，国内外生产的霍尔元件采用的材料有锗(Ge)、硅(Si)、锑化铟(InSb)、砷化铟(InAs)和砷化镓(GaAs)等。

锗霍尔元件是较早研制的一种霍尔器件，它的霍尔系数较大，在输入控制电流较小的情况下，可得到较大的霍尔电压。硅霍尔元件也是一种常用的分立型元件，它的温度系数比锗霍尔元件要小一些。锑化铟霍尔元件的输出较大，但受温度的影响也较大。砷化镓霍尔元件的温度特性比锑化铟霍尔元件好，其霍尔电压对磁场的线性度和测量精度也比锑化铟霍尔元件好，但是价格较贵。表中 6-4 给出了有代表性的霍尔元件的主要参数。

表 6-4　典型霍尔元件的主要参数

型　号	额定控制电流/mA	乘积灵敏度/(V/A.T)	输入电阻/Ω	输出电阻/Ω	霍尔电压温度系数/(%/°C)
HZ-4	50	>4	45±20%	40±20%	0.03
HT-2	300	1.8±20%	0.8±20%	0.5±20%	-1.5
THS102	3～5	20～240	450～900	450～900	-0.06
OH001	3～8	20	500～1000	500	-0.06
VHE711H	≤22	>100	150～330	120～400	-2
AG-4	15	>3.0	300	200	0.02
FA24	400	>0.75	1.4	1.1	-0.07
FC34	200	>1.45	5	3	-0.04

3. 霍尔集成传感器

用集成电路技术，将霍尔元件、放大器、温度补偿电路、施密特触发器和稳压电源等电路集成在一个芯片上，就构成了霍尔集成传感器。这种传感器具有可靠性高、体积小、重量轻、功耗低、无温漂等优点。按照输出信号的形式，可分为开关型和线性型两种类型。

1)　霍尔开关集成传感器

霍尔开关集成传感器是利用霍尔效应与集成电路技术制成的一种磁敏传感器，它能感知一切与磁信息有关的物理量，并以开关信号形式输出。一般由霍尔元件、稳压电路、差分放大器、施密特触发器以及 OC 门(集电极开路输出门)等电路做在同一个芯片上。当外加磁场超过规定的工作点时，OC 门由高阻态变为导通状态，输出变为低电平；当外加磁场强度低于释放点时，OC 门重新变为高阻态，输出高电平。它的输出电压与外加磁场之间的关系如图 6-65 所示，当有磁场作用在霍尔开关集成传感器上时，霍尔元件输出霍尔电压 U_H，一次磁场强度变化，使传感器完成一次开关动作，但导通磁感应强度和截止磁感应强度之间存在滞后效应，这一特性大大增强了电路的抗干扰能力，保证开关动作稳定，不产生振荡现象。

开关型霍尔集成电路的开关形式有单稳态和双稳态两种，在输出上有单端输出和双端输出。常用的型号有 UGN-3020 系列和 CS 系列，外形结构有三端 T 型和四端 T 型(双端输出)，图 6-66(a)、(b)所示为 UGN-3020 系列开关型霍尔集成电路外形与内部电路框图。常用于点火系统、保安系统、转速测量、里程测量、机械设备限位开关、按钮开关、电流的测量和控制、位置及角度的检测等。

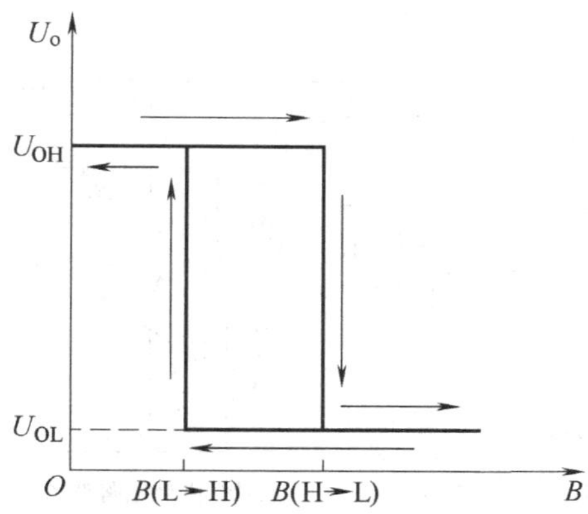

图 6-65　输出电压与外加磁场的关系

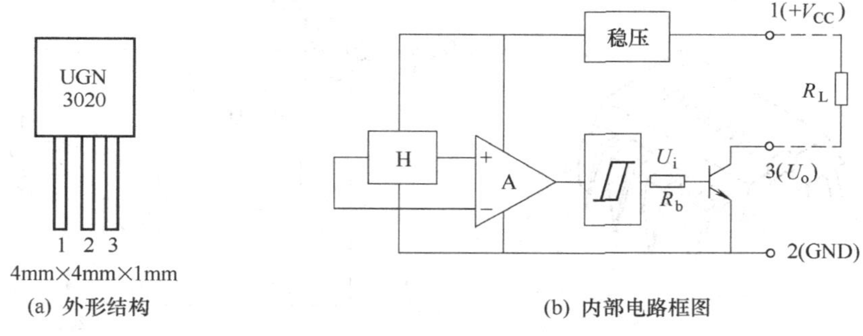

(a) 外形结构　　(b) 内部电路框图

图 6-66　UGN-3020 开关型霍尔器件

2)　霍尔线性集成传感器

霍尔线性集成传感器由霍尔元件、差分放大、射极跟随输出和稳压电路等做在一个芯片上，其特点是输出电压与外加磁感应强度 B 呈线性关系，输出电压为伏级，比直接使用霍尔元件方便得多。它有单端输出和双端输出(差动输出)两种形式。外形结构有三端 T 型和八脚双列直插型。常用的线性型霍尔器件有 UGN3501T 和 UGN3501M 等，常用于位置、力、重量、厚度、速度、磁场、电流等的测量和控制。图 6-67(a)、(b)所示为 UGN3501T(三端 T 型、单端输出)的外形结构及内部电路框图。

图 6-68 所示为 UGN3501M(双列直插型、双端差动输出)的外形结构及内部电路框图。当其感受的磁场为零时，第 1 脚相对于第 8 脚的输出电压等于零；当感受的磁场为正向(磁钢的 S 极对准 3501M 的正面)时，输出为正；磁场为反向时，输出为负。它的 5、6、7 脚外接一只微调电位器后，就可以减小或消除不等位电动势引起的差动输出零点漂移。

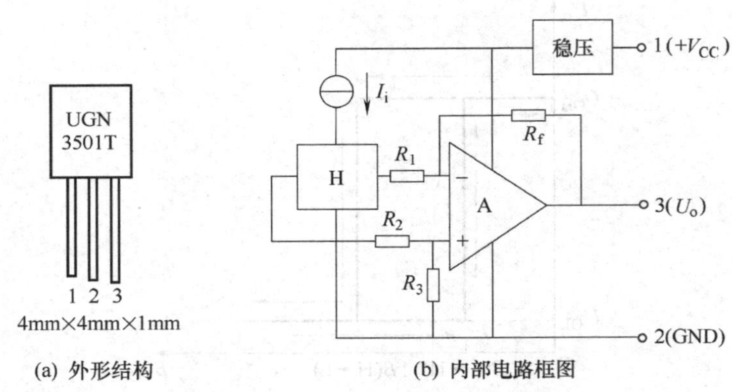

(a) 外形结构　　(b) 内部电路框图

图 6-67　UGN3501T 线性型霍尔集成电路

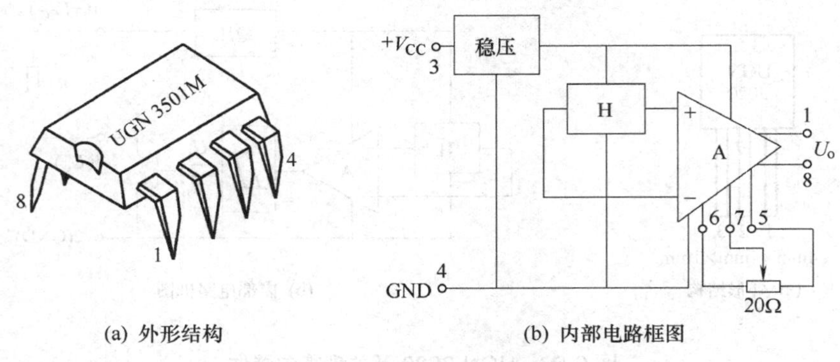

(a) 外形结构　　(b) 内部电路框图

图 6-68　UGN3501M 线性型霍尔器件

二、霍尔传感器的使用

1. 测量电路

霍尔传感器的测量电路如图 6-69 所示。激励电流由电源 E 供给，R 用来改变控制电流的大小，R_L 为输出霍尔电势 U_H 的负载电阻，通常它是显示仪表或放大器的输入阻抗。由于霍尔电动势随激励电流增大而增大，故在应用中总希望选用较大的激励电流。但激励电流增大，霍尔元件的功耗增大，元件的温度升高，从而引起霍尔电动势的温漂增大，因此每种型号的元件均规定了相应的最大激励电流，它的数值从几毫安至几十毫安。由于霍尔元件的基片是半导体材料，因而对温度的变化很敏感。为了减小霍尔元件的温度误差，可采取选用温度系数小的元件、恒流源供电及保持恒温等措施。

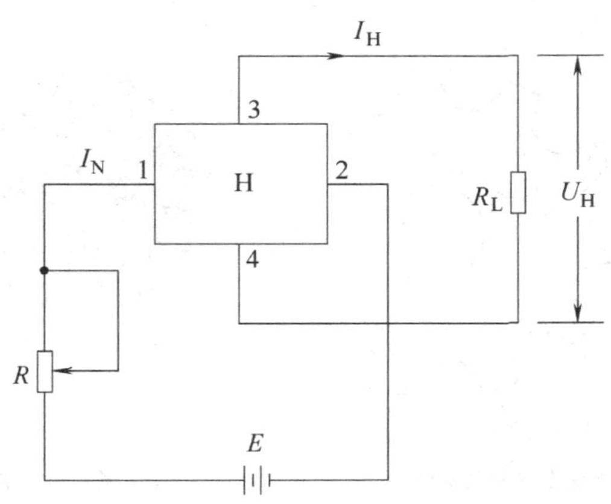

图 6-69　霍尔传感器的测量电路

霍尔元件的激励电流为额定电流 I_N，当磁感应强度为零时，所测到的空载霍尔电压 U_o 称为不等位电压，其不等位电阻 $R_o = \dfrac{U_o}{I_N}$，不等位电压产生的主要原因是霍尔电极安装时不在同一个电位面上，两者之间存在不等位电阻，如图 6-70 所示，补偿方法可利用桥路平衡的原理来补偿，如图 6-71 所示。

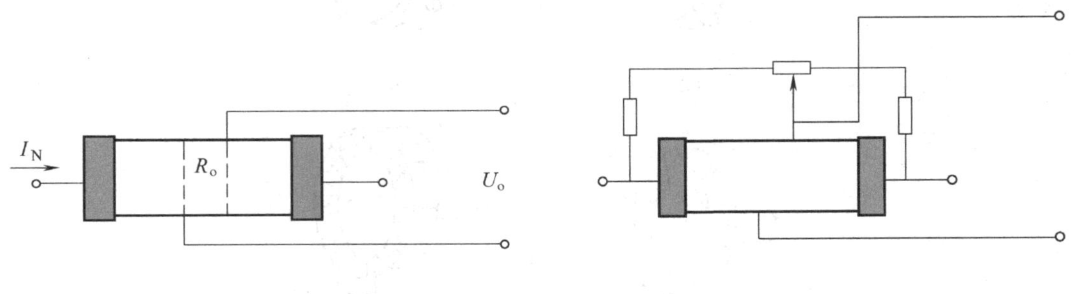

图 6-70　不等位电阻的产生　　　　图 6-71　桥路补偿电路

2．转速的测量

(1)　齿盘装在被测轴上，随被测轴一起旋转。永久磁铁装在靠近齿盘的侧面，磁铁 N 极与 S 极的距离等于齿距，霍尔元件粘贴在 N 极的端面，如图 6-72(a)所示；或者将磁铁固定在霍尔元件的背面，如图 6-72(b)所示。

当被测轴旋转，齿顶对准霍尔元件时，磁力线集中穿过霍尔元件，可产生较大的霍尔电势，经过放大、整形后输出高电平；反之，当齿轮的空挡对准霍尔元件时，空气隙增大，使磁路的磁阻增大，磁感应强度迅速下降，无霍尔电势输出。齿轮每转过一个齿，霍尔元件输出一个电脉冲，测量脉冲频率即可得到转速值。

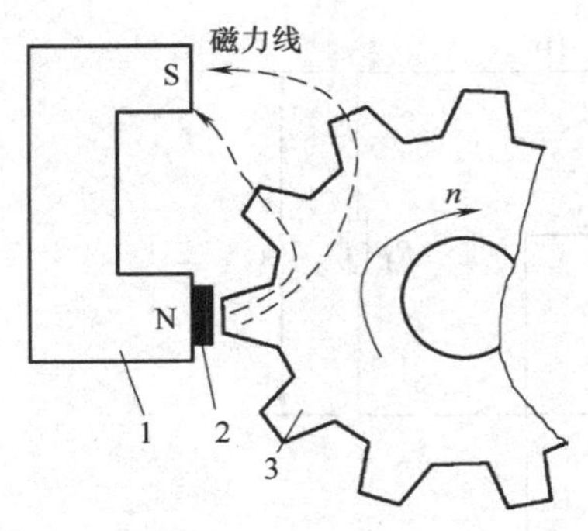

(a) 霍尔元件粘贴在N极的端面

(b) 磁铁固定在霍尔元件的背面

图 6-72　磁铁在霍尔元件上的霍尔转速传感器

(2) 将磁铁装在转盘上，转盘随轴转动，霍尔元件固定在转盘附近，如图 6-73 所示。当小磁铁通过霍尔元件时输出一个脉冲，检测出单位时间的脉冲数，就测出转速。

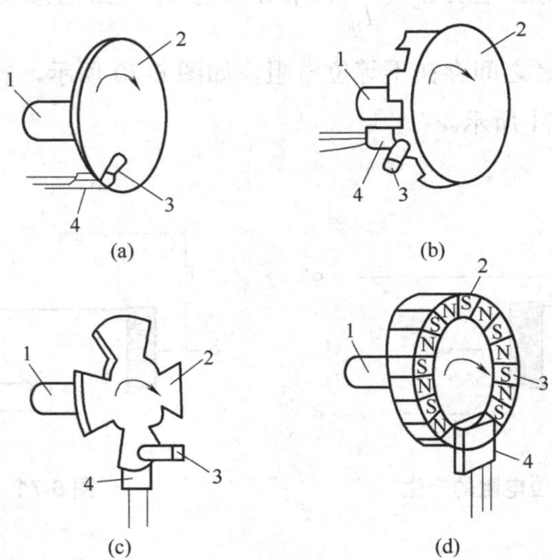

图 6-73　磁铁在转盘上的霍尔转速传感器

3. 电流的测量

霍尔元件用于测量电流时的工作原理如图 6-74 所示。标准圆环铁芯有一个缺口，用于安置霍尔元件，圆环上绕有线圈，当检测电流通过线圈时产生磁场，则霍尔传感器就有信号输出。若采用传感器为 UGN-3501M，当线圈为 9 匝，电流为 20A 时，其电压输出约为 7.4V。利用这种原理，也可制成电流过载检测器或过载保护装置。

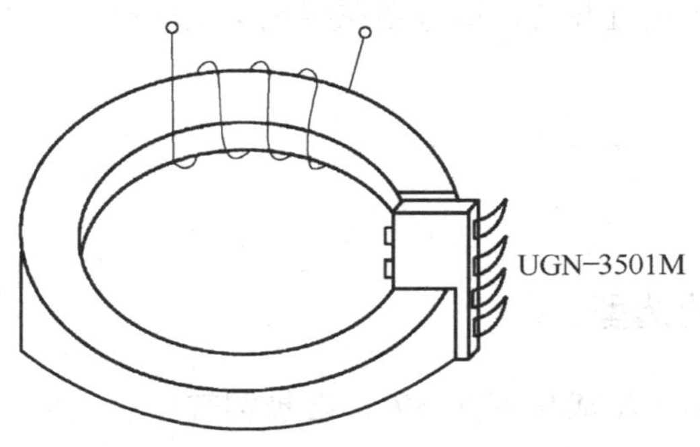

图 6-74　电流测量原理

4. 位移的测量

霍尔元件也常用于微位移测量。用它来测量微位移有惯性小、频响高、工作可靠、使用寿命长等优点。工作原理如图 6-75(a)所示。将磁场强度相同的两块永久磁铁，同极性相对地放置；将线性霍尔元件置于两块磁铁的中间，其磁感应强度为零，这个位置可以取为位移零点，故在 $Z=0$ 时，$B=0$，输出电压等于零。当霍尔元件沿 Z 轴有位移时，由于磁感应强度发生变化，则有一电压输出。测量输出电压，就可得到位移的数值。其特性如图 6-75(b)所示。这种位移传感器一般可用来测量 1～2mm 的位移。以测量这种微位移为基础，可以对许多与微位移有关的非电量进行检测，如力、压力、加速度和机械振动等。

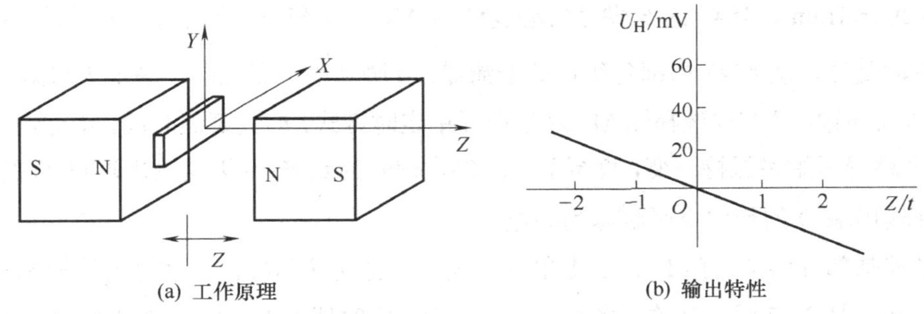

图 6-75　位移测量原理

5. 霍尔传感器使用注意事项

(1) 采用不同的磁铁，检测距离就会有所不同，建议采用的磁铁直径和检测对象的直径相等。

(2) 当霍尔开关驱动感性负载时，要在负载两端并接续流二极管，避免感性负载动作时的瞬态高压脉冲对输出级的冲击，保护霍尔开关。

(3) 为了保证不损坏接近开关，请务必在接通电源前检查接线是否正确，核定电压是否为额定值。

◆ 任务实施

一、霍尔传感器的选型

转速信号检测采用霍尔集成传感器 HG。在被测转速的主轴上安装一个非金属圆形薄片，将磁钢嵌在圆片圆周上。主轴转动一圈，霍尔传感器发出一次检测信号。当磁钢与霍尔传感器重合时，霍尔传感器输出低电平，信号经非门 H_1 整形后输出高电平，并送给信号控制与门 H_2，当磁钢离开霍尔元件时，输出高电平，反相后为低电平，则信号不能通过信号控制与门。

二、霍尔传感器的实际应用

小型直流电机转速的测量可以采用如图 6-76 所示的霍尔集成传感器的数字转速仪进行测量。

定时部分采用 4541 可编程定时集成电路。该器件的特点是功能齐全、外围元件少。从图 6-76 中可知，当 12 脚和 13 脚均取高电平时，电路总的延迟时间 $t_{延时}=2^{16-1}\times 2.3R_{tc}C_{tc}$。外接阻容元件 $R_{tc}\bullet C_{tc}$ 的值确定后，即确定了 4541 内部振荡器的振荡频率。本电路 $t_{延时}=60.29\text{s}\approx 1\text{min}$。4541 的 5 脚是自动复位端 AR，当 AR 端设定为低电平时，电路在通电后即自动复位，使 4541 内部各级计数器清零；6 脚是手动复位端，高电平有效；10 脚是“单定时/循环输出”方式选择端 M，这里选择单定时方式，即到延迟时间，定时输出端 Q (8 脚)的电平跳变后始终保持不变，直至下一次复位信号的到来；9 脚是输出端 $Q/\overline{Q}$ 的选择端，这里选择输出端 Q 的初始电平状态为高电平。

信号控制部分用了与门 H_2，合上电源开关后，主转速脉冲信号就输入给控制与门 H_2。开关 K_{1a}、K_{1b} 是 2×2 钮子开关，将 K_{1a}、K_{1b} 闭合，定时器开始计时，此时 4541 的输出端 Q 为高电平，晶体管 VT_1 导通，打开与门 H_2，由检测头来的转速计数脉冲通过与门 H_2，送到计数器，开始计数，并在数码管上显示。同时，VT_2 也导通，发光二极管 LED 发光，作计数器定时指示之用。只要定时时间未到，4541 的 Q 端就保持为“1”，信号控制与门 H_2 也一直保持开门状态。当定时电路达到规定的 1min 时，4541 输出端 Q 由高电平跳变到低电平，且一直保持不变，VT_1、VT_2 同时截止，信号控制与门被关闭，检测脉冲信号不能通过 H_2，计数器停止计数，这样转速测定过程结束，LED 同时熄灭。

计数显示部分由 4518BCD 加法计数器、4511BCD 7 级译码器/驱动器和共阴数码管组成。

三、测量参考电路

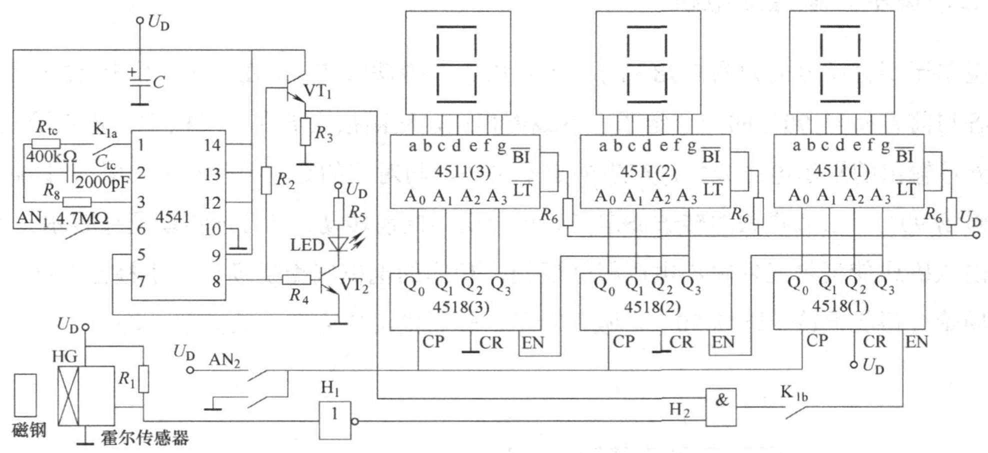

图 6-76　采用霍尔集成传感器的数字转速仪

四、总结调试

如果要再一次测定转速，开始前，先按手动复位按钮 AN_1、AN_2，让 4541 内部各级计数器和转速计数器复位，4541 的输出端也恢复到高电平状态，此时可再次测定转速。CD4511BCD 7 级译码器/驱动器和共阴数码管之间要有 330Ω 电阻进行限流。

◆ 能力拓展

一、霍尔汽车无触点点火器

霍尔汽车无触点点火器如图 6-77 所示，场极性交替改变，输出一连串与汽缸活塞运动同步的脉冲信号去触发晶体管功率开关，点火线圈两端产生很高的感应电压，使火花塞产生火花放电，完成汽缸点火过程。

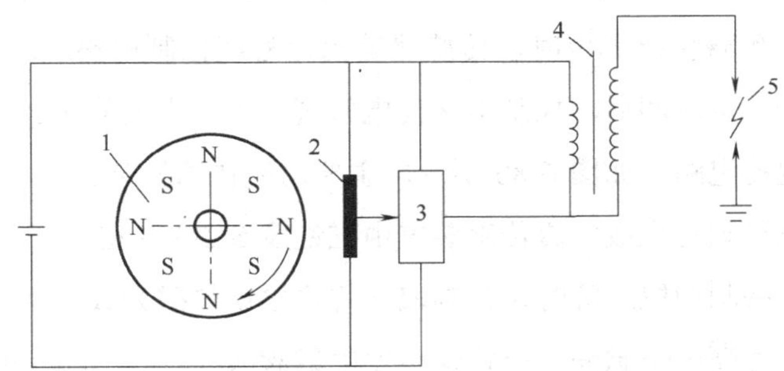

1—磁轮鼓；2 — 开关型霍尔集成电路；3—晶体管功率开关；4 —点火线圈；5—火花塞

图 6-77　霍尔点火装置示意图

二、霍尔无刷直流电机

霍尔无刷直流电机如图 6-78 所示。电机由永久磁铁做转子。在定子上安有 12 只霍尔元件，各与前方相差 90° 的一个定子电枢线圈相连，线圈被安放在定子槽中。各定子线圈由霍尔元件输出的霍尔电压激励，产生的定子磁场，与对应的霍尔元件相差 90°，即超前于转子磁场 90°。永久磁铁的转子被定子磁场吸引而向前转动，当转子转动通过霍尔元件时，永久磁铁磁通使霍尔元件输出电压极性反相，相应的电枢线圈磁场也产生极性转换，使定子磁场始终超前于转子磁场 90°，吸引转子，转子则沿原方向继续向前转动。

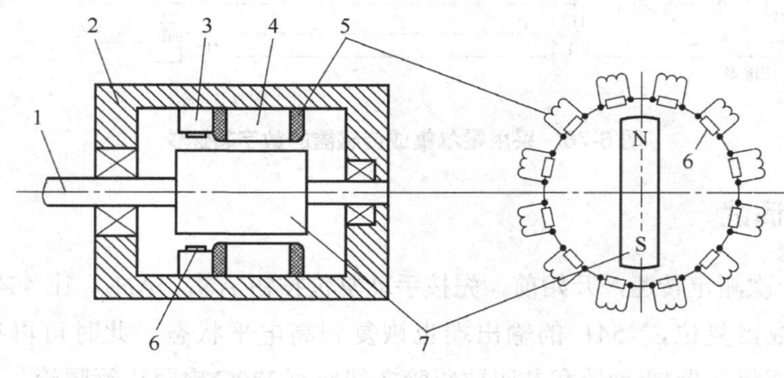

(a) 电机结构　　(b) 转子与定子结构

1—轴；2— 外壳；3—电路；4—定子；5—线圈；6—霍尔元件；7—永磁转子

图 6-78　霍尔无刷电机的结构图

三、自动供水装置

如图 6-79 所示。锅炉中水的流出与关闭由电磁阀控制。电磁阀的打开与关闭，则受控于控制电路。打水时，需将铁制的取水卡从投放口投入，取水卡沿非磁性物质制作的滑槽向下滑行，当滑行到磁传感部位时，传感器输出信号经控制电路驱动电磁阀打开，让水从水龙头流出。延时一定时间后，控制电路使电磁阀关闭，水流停止。

自动供水装置的电路，如图 6-80 所示。主要由磁传感器装置、单稳态电路、固态继电器、电源电路及电磁阀等组成。磁传感装置由磁铁及 SL3020 霍尔开关集成传感器构成。

当取水者投入铁制的取水牌时，铁制取水牌将磁铁的磁力线短路，SL3020 传感器受较强磁场的作用输出为高电平脉冲，电路输出使电磁阀 Y 通电工作自动开阀放水。每次供水的时间长短，取决于 C_2 、R_4、R_{P1} 的充电时间常数。

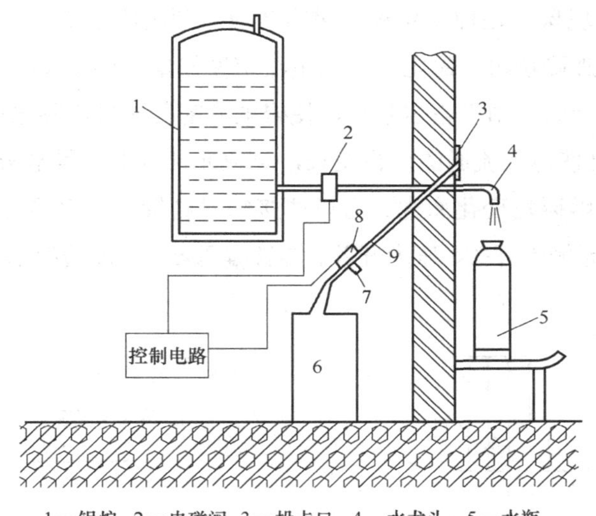

1—锅炉；2—电磁阀；3—投卡口；4—水龙头；5—水瓶；
6—收卡箱；7—磁铁；8—磁传感器

图 6-79　自动供水装置构造示意图

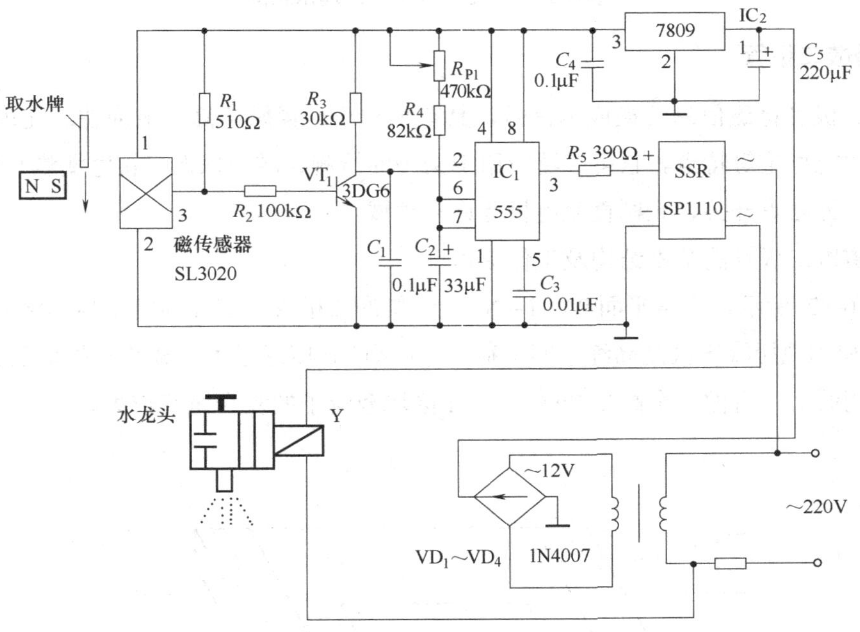

图 6-80　自动供水装置电路原理图

四、其他磁电式传感器

1．磁阻元件

当霍尔元件受到与电流方向垂直的磁场作用时，不仅会出现霍尔效应，而且还会出现半导体电阻率增大的现象，这种现象称为磁阻效应。利用磁阻效应做成的电路元件，叫做磁阻元件。在没有外加磁场时，磁阻元件的电流密度矢量，如图 6-81(a)所示。当磁场垂直作用在磁阻元件表面上时，由于霍尔效应，使得电流密度矢量偏移电场方向某个霍尔角θ，如图 6-81(b)所示。这使电流流通的途径变长，导致元件两端金属电极间的电阻值增大。磁阻元件阻抗低、阻值随磁场变化率大、可以非接触式测量、频率响应好、动态范围广及噪声小，可广泛应用于无触点开关、压力开关、旋转编码器、角度传感器、转速传感器等场合。

图 6-81 磁阻元件工作原理示意图

2．磁敏二极管

磁敏二极管将磁信息转换成电信号，具有体积小、灵敏度高、响应快、无触点、输出功率大及性能稳定等特点。它可广泛应用于磁场的检测、磁力探伤、转速测量、位移测量、电流测量、无触点开关、无刷直流电机等许多领域。

1) 磁敏二极管的基本结构及工作原理

如图 6-82 所示。它是平面P^+-i-N^+型结构的二极管。在高纯度半导体锗的两端高掺杂 P 型区和 N 型区。i 区是高纯空间电荷区，i 区的长度远远大于载流子扩散的长度。在 i 区的一个侧面上，再做一个高复合区 r，在 r 区域载流子的复合速率较大。

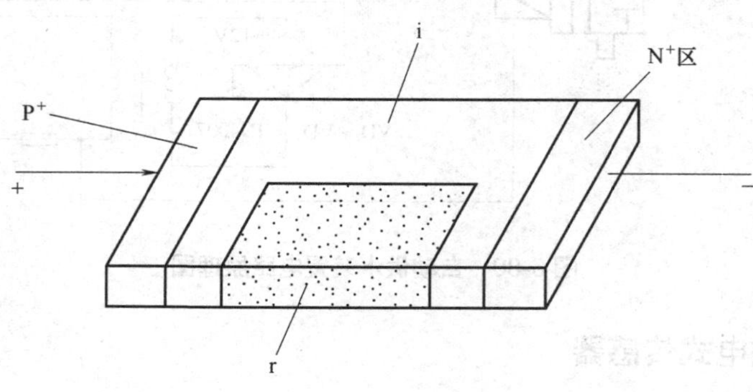

图 6-82 磁敏二极管的基本结构

在电路连接时，P^+ 区接正电压，N^+ 区接负电压。在没有外加磁场情况下，大部分的空穴和电子分别流入 N 区和 P 区而产生电流，只有很少部分载流子在 r 区复合，如图 6-83(a)所示。若给磁敏二极管外加一个磁场 B，在正向磁场的作用下，空穴和电子受洛伦兹力的作用偏向 r 区，如图 6-83(b)所示。由于空穴和电子在 r 区的复合速率大，此时磁敏二极管正向电流减小，电阻增大。

当在磁敏二极管上加一个反向磁场 B 时，载流子在洛伦磁力的作用下，均偏离复合区 r，见图 6-83(c)所示。此时磁敏二极管正向电流增大，电阻减小。

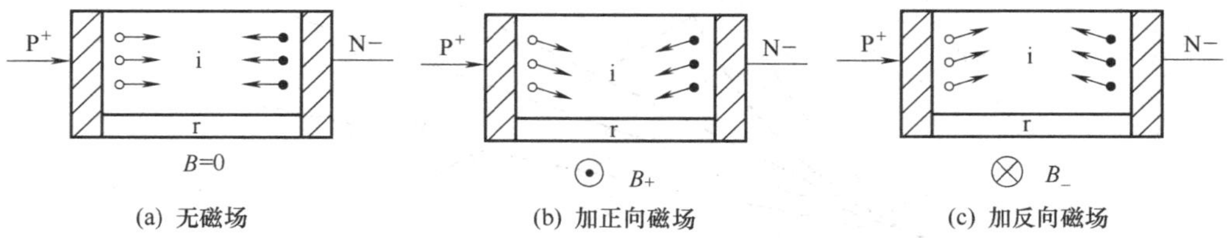

图 6-83　磁敏二极管的工作原理

2)　磁敏二极管的主要技术参数和特性

(1)　灵敏度

当外加磁感应强度 B 为±0.1T 时，输出端电压增量与电流增量之比称为灵敏度。

(2)　工作电压 U_o 和工作电流 I_o

在零磁场时加在磁敏二极管两端的电压、电流值。

(3)　磁电特性

在弱磁场及一定的工作电流下，输出电压与磁感应强度的关系为线性关系，在强磁场下则呈非线性关系。

(4)　伏安特性

在负向磁场作用下，磁敏二极管电阻小，电流大；在正向磁场作用下，磁敏二极管电阻大，电流小。如图 6-84 所示。

3．磁敏三极管

磁敏三极管是一种新型的磁电转换器件，该器件的灵敏度比霍尔元件高得多.同样具有无触点、输出功率大、响应快、成本低等优点，广泛应用于磁力探测、无损探伤、位移测量、转速测量等领域。

1)　磁敏三极管的基本结构及工作原理

磁敏三极管工作原理如图 6-85 所示，图 6-85(a)是无外磁场作用情况。由于 i 区较长，在横向电场作用下，发射极电流大部分形成基极电流，小部分形成集电极电流。图 6-85(b)

是有外部正向磁场 B_+ 作用的情况，图 6-85(c)是有外部反向磁场 B_- 作用的情况，会引起集电极电流的减少或增加。因此，可以用磁场方向控制集电极电流的增加或减少，用磁场的强弱控制集电极电流增加或减少的变化量。

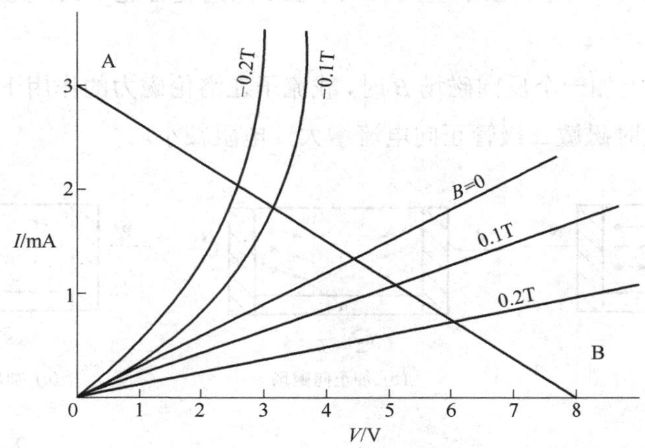

图 6-84　磁敏二极管的伏安特性

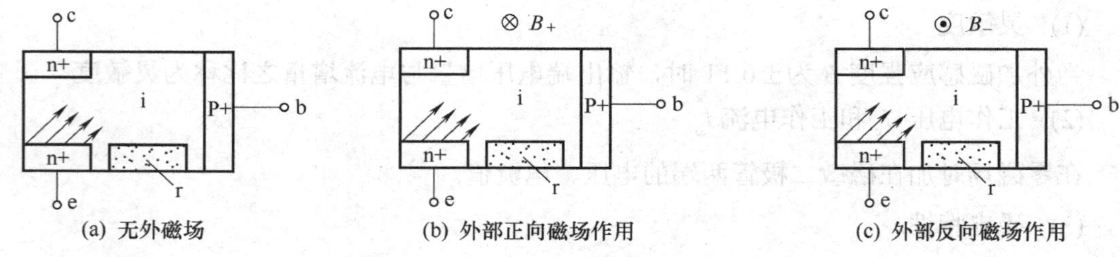

图 6-85　磁敏三极管工作原理示意图

2)　磁敏三极管的主要技术特性

(1)　磁灵敏度 $h_{\pm}$

指当基极电流恒定，外加磁感应强度 B=0 时的集电极电流 I_{CO} 与外加磁感应强度 $B = \pm 0.1$T 时的集电极电流 $I_{C\pm}$ 相对变化值。

(2)　磁电特性

在基极电流恒定时，集电极电流与外加磁场的关系。在弱磁场作用下，磁电特性接近线性。

(3)　温度特性

集电极电流的温度特性具有负的温度系数。对温度比较敏感，实际使用时应进行温度补偿。

4. 磁栅位移传感器

磁栅传感器也是一种适用于检测位移的传感器，外形如图 6-86 所示，它的价格低于光栅，具有制作简单，易于安装，调整方便，测量范围宽广(0.001μm～十几 m)，抗干扰能力强等特点。磁栅可分为长磁栅和圆磁栅两类，长磁栅主要用于直线位移的测量，圆磁栅主要用于角位移的测量。磁栅传感器在大型机床的数字检测和自动化机床的自动控制等方面得到广泛应用。

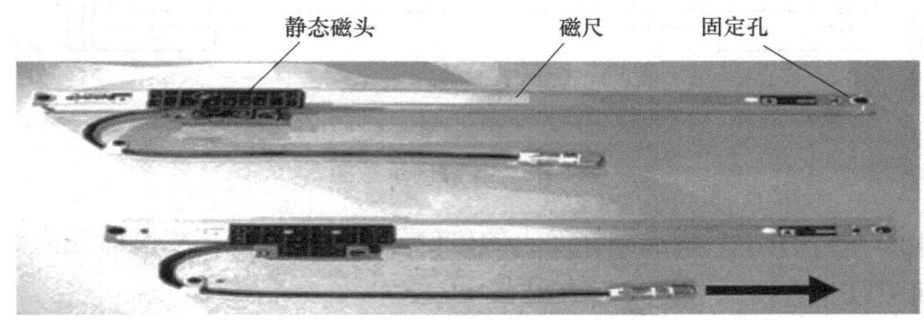

图 6-86 磁栅位移传感器

1) 磁栅的结构

磁栅由磁栅基体和磁性薄膜组成，结构如图 6-87 所示，磁栅基体是用非导磁材料做成的，上面镀一层均匀的磁性薄膜，经过录磁，其磁信号排列情况如图 6-87 所示，录磁信号幅度均匀，幅度变化小于 10%，节距均匀。目前长磁栅常用的磁信号节距一般为 0.05mm 和 0.02mm 两种，圆磁栅的角节距一般为几分至几十分。

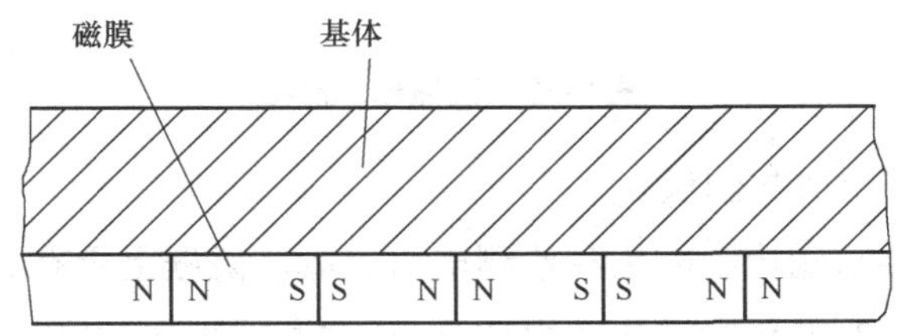

图 6-87 磁栅的结构示意图

长磁栅又分为尺型、同轴型和带型三种，如图 6-88 所示。尺型磁栅工作时磁头架沿磁尺的基准面运动，不与磁尺接触，主要用于精度要求较高的场合。同轴型磁栅的磁头套在磁棒上工作，两者之间仅有微小的间隙。该类磁栅抗干扰能力强，结构小巧，可用于结构紧凑的场合和小型测量装置中。带型磁栅的磁头在接触状态下读取信号，能在振动环境中正常工作，适用于量程较大或安装面不好安排的场合。为防止磁尺磨损，可在磁尺表面涂上几微米厚的保护层。

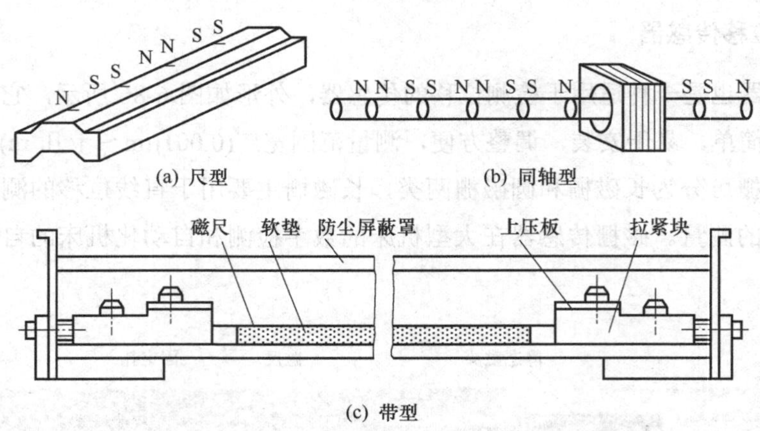

图 6-88　长磁栅示意图

圆磁栅如图 6-89 所示。磁盘圆柱面上的磁信号由磁头读取，安装时在磁头与磁盘之间应有微小的间隙以免磨损。

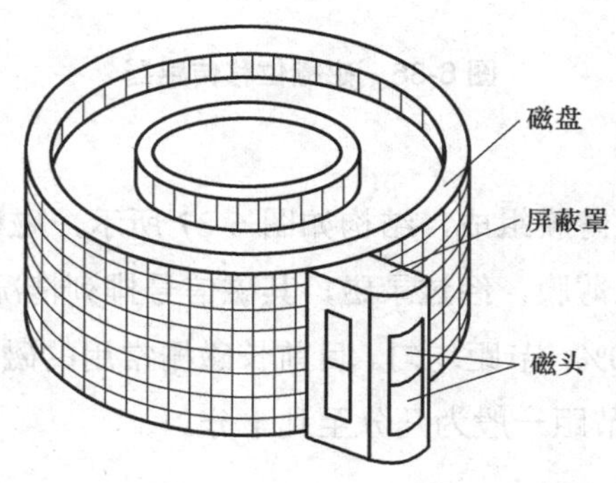

图 6-89　圆磁栅示意图

2)　磁栅传感器的组成与测量

磁栅式传感器主要由磁栅、磁头和检测电路组成。磁栅上录有等间距的磁信号，利用磁带录音的原理将等节距的周期变化的电信号(正弦波或矩形波)用录磁的方法记录在磁性尺子或圆盘上。装有磁栅传感器的仪器或装置工作时，磁头相对于磁栅将占有一定的相对位置或相对位移，在这个过程中，磁头把磁栅上的磁信号读出来，这样就把被测位置或位移转换成电信号。

3)　磁栅位移传感器的应用

如图 6-90 所示为磁栅数显表检测机床进给轴坐标的示意图。它用磁栅来检测位移，并用数显表显示，代替了传统的标尺刻度读数，提高了加工精度和加工效率。图示以 y 轴运动为例，磁尺固定在立柱上，磁头固定在主轴箱上，当主轴箱沿着机床立柱上下移动时，数显表就显示出位移量。

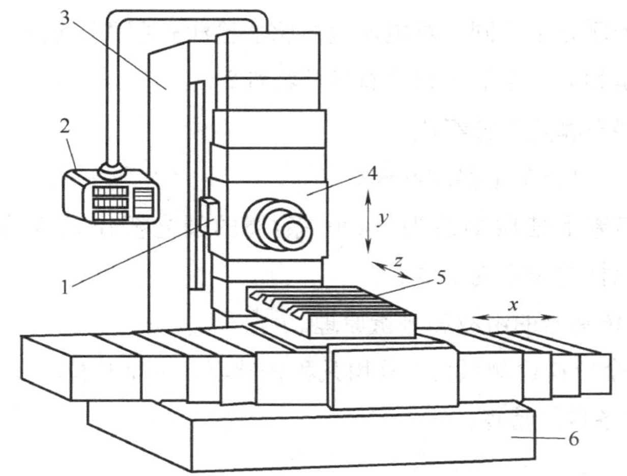

1—磁栅；2—显示面板；3—立柱；4—主轴箱；5—工作台；6—床身

图 6-90　磁栅数显表检测机床进给轴坐标的示意图

思考与练习题

6-1．电感式传感器有几种类型？简述其中的自感式传感器的类型和工作原理。

6-2．三段式差动变压器和螺管式差动自感传感器均可利用铁芯的移动来检测位移，试比较两者的工作原理、测量电路，并指出其异同点。

6-3．零点残余电压产生的原因是什么？如何消除？

6-4．如图 6-91 所示为一个差动整流电路，试分析电路的工作原理。

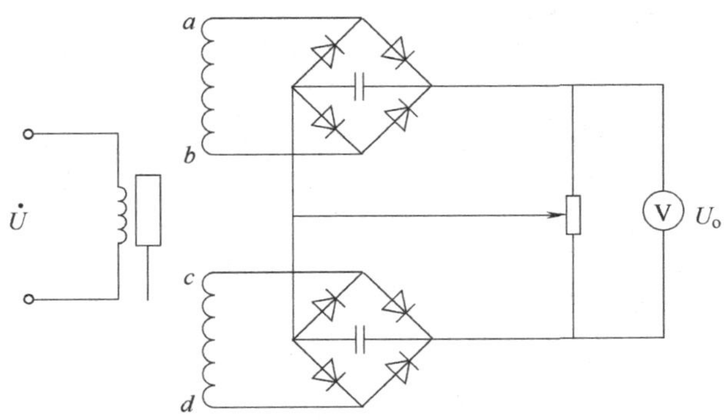

图 6-91　差动整流电路

6-5．什么是电涡流？什么是电涡流效应？

6-6．简述电涡流传感器的工作原理。

6-7．被测材料的磁导率不同，对电涡流传感器检测有哪种影响？说明理由。

6-8．莫尔条纹是如何产生的？它具有哪些特性？

6-9．光栅传感器有哪几部分组成？

6-10．简述莫尔条纹测量位移的原理。

6-11．在精密车床上使用刻线为 5400 条/周的圆光栅作长度检测时，检测精度为 0.01mm，问该车床丝杠的螺距为多少？

6-12．简述磁栅传感器的组成和测量原理。

6-13．试设计一个位移检测系统，采用几种传感器，分别从量程、使用环境、安装和经济性等方面比较它们各自的特点。

附录 常用电子术语中英文对照

A 安培，电流的单位

accuracy 精度

acoustic wave 声波

actinodielectric 光电介质

actionoelectrictiy 光电效应

adjustment 调整

A-fade 衰减

AFC 自动频率控制

agc 自动增益控制

age 老化

alternating current 交流电流

amplification 放大

amplifier 放大器

amplitude 幅度、振幅

amplitude distortion 幅度失真

amplitude modulation 调幅、幅度调制

analog-to-digital conversion 模(拟)-数(字)变换器

angular frequency 角频率

ANL 自动噪声限制

ANRS 自动噪声抑制系统、自动降噪系统

ANSI 美国国家标准协会

antiresonance 并联谐振

articulation 清晰度

attenuator 衰减器

audio frequency 声频、音频

automatic tuning 自动调谐

autotranstormer 自耦变压器

B 晶体管基极符号
balanced amplifier 平衡放大器
bandpass filter 带通滤波器
bandstop filter 带阻滤波器
bandwidth 频带宽度、带宽
base 基极、管座、基数
battery 蓄电池、电池组
binary 二进制
bridge 电桥、桥
broad band 宽带、宽频带
brod-band amplifier 宽频放大器
buffer 缓冲器
buffer amplifier 缓冲放大器
BW 带宽、频带宽度
bypass 旁路
bypass filter 旁路滤波器

C (符号)代表电容器、电容、库仑、摄氏、晶体管集电极等的符号
cable 电缆
capacitive coupling 电容耦合
capacitive reactance 容抗
capacitor 电容器
capstan 主导轴
carrier 载流、载流子
carrier wave 载波
CCD 电荷耦合器件
CCIR 国际无线电咨询委员会
cell 电池、光敏电阻、单元
CENELEC 欧洲电子技术标准委员会
cent 森特(频程)
center frequency 中心频率
central processing unit 中央处理器(简称 CPU)

ceramic 陶瓷、压电陶瓷
charge 电荷、充电、电荷量
charge density 电荷密度
circuit 电路、线路、回路
CIS 中国工业标准
coil 线圈
comb filter 梳状滤波器
comunication 通信
compressor 压缩器
connector 连接器、接插件
consonance 共振、共鸣、谐振
consumption 功耗
contactor 接触器
control 控制、调节、控制器、调节器
converter 变频器、换流器、变换器
coulomb 库仑
counter 计数器
coupling transformer 耦合变压器
crystal 晶体
current 电流
cut-off fregucncy 截止频率

DAC 数字模拟转换器
damping 阻尼
dc 直流
DDC 数字式动态控制
dead time 时滞
decay 衰减
decode 解码、译码
definition 清晰度
deflection 偏转
degauss 消磁

DLY delay cireuit 延迟电路
delay relay 延迟继电器
detector 检波器、检测器
detune 失谐
deviation 偏移
differential 差分
differential amplifier 差动放大器、差分放大器
diffracted wave 绕射波
diffraction 衍射、绕射的现象
digital circuit 数字电路
digital to analogue converler 数模转换器
dimmer 调光器
DIN 德意志联邦共和国工业标准
direct current 直流电
direct-amplifier 直流放大器
direct voltage 直流电压
disajust 失调、失谐
discrete circuit 分立电路
discrimination 鉴别、鉴频
DISP 显示器
displacement 位移
dissipation 损耗
distortion 失真、畸变
distortion factor 失真系数
distortion free 无失真
disturbing influence 干扰、影响
DMM 数字式万用表
divider 分频器
DNL 动态噪声限制器
Dolby 降低噪声电路、道尔贝、杜比
Doppler effect 多普勒效应
DPCM 差动脉冲编码调制

DPE 数字效果
drift 漂移、偏差、偏移
driver 激励器、激励级、末级前置放大器、驱动器
DSP 数字信号处理
DVW 数字式电压表
dynamic noise suppressor 动态噪声抑制器

E 电压的符号、晶体管发射极的符号
EDP 电子数据处理
electromagnet 电磁铁
electromagnetic 电磁场
electromagnetic induction 电磁效应
emitter 发射极、发射区、发送机
EPROM 可擦可编程序只读存储器、消磁节目只读存储器
equivalent circuit 等效电路
excitation 激励、激发、励磁
exciter 激励器
Electric iron 电烙铁

F 灯丝、保险丝、华氏温度、法拉符号
factor 系数
fade 褪色、渐变、衰落、渐淡或渐强
factor of nonlinear distortion 非线性失真系数
factor of reverberation 混响系数
fader 控制器
farad 法拉
fast 快速
fault 故障
FB 反馈
FET 场效应晶体管
fidelity 保真度、逼真度
filter 滤波器

filter attenuation 滤波器衰减

first harmonic 基音、一次谐波

flat frequency response 平坦的频率响应

flip-flop 触发电路、触发器

flow 流动、流程

flutter 抖动、偏移

flux density 磁通密度

FM 频率调制、调频

formant filter 共振峰滤波器

frequency 频率

frequency band 频带

frequency conversion 频率变换

frequency correction 频率校正

frequency distortion 频率失真

frequency modulation 调频、频率调制

frequency range 频段

frequency response 频率响应

frequency spectrum 频谱

fundamental 基频、基波

fuse 熔丝、保险丝

G 电子管的栅极、发生器、接地符号

gain 增益

gain control 增益调整

gainfactor 增益系数、放大系数

gate 门、门电路、门限

gauss 高斯

generator 发电机、振荡器、发生器

GND 接地、地

H 亨、亨利，电感的单位

Haas effect 哈斯效应

half wave 半波

hand control 手控、人工控制

hard magnetic materials 硬磁性材料

hardware 硬件

hardwire 直流可流通的电路

harmful interference 有害干扰

harmonic 谐波、谐音

harmonic analyzer 谐波分析器

harmonic content 谐波含量

harmonic distortion 谐波失真

harmonic fitter 谐波滤波器

HC 湿度控制

HDTV 高清晰度电视、高分解力电视

head amplifier 前置放大器、拾音头放大器

heat sink 散热器

Helmholtz resonator 亥姆霍兹共鸣器

Henry 亨利

hertz 赫兹

H.F 高频

hi-fi 高保真度

high definite 高清晰度

high fidelity 高保真度

high fitter 高频(截止)滤波器

high-frequency actuation 高频衰减

high impedance 高阻抗

high pass filter 高通滤波器

H-lines 磁力线

hole 空穴

hole conduction 空穴导电

HPF 高通滤波器

HR 1、人工复位(hand reset)2、操作室(handing room)3、高分辨力(high resolution)

humidity 湿度

I 电流的符号
IAS 国际视听学会
IAVC 国际视听中心
IAVTC 国际视听技术中心
IBU 国际广播联盟
Ic 集成电路、内部连接
I_{CBO} 发射极开路时集电极-基极反向截止电流
identification 标识
IEC 国际电工委员会、集成电路电子元件
IEEE (美国)电气与电子工程师协会
IERE (英国)电子与无线电工程师学会
IHF 高保真度协会
IHFM 高保真度制造协会
illuminance 照明度、照度
IM 交叉调制、交叉调幅、互相调制
impedance 阻抗
impedance characteristic 阻抗特性
impedance coupling 阻抗耦合
impedance matching 阻抗匹配
impulse 脉冲、冲激
IN 输入、输入端
inch 英寸
inductance 电感
induction 感应
induction noise 感应噪声
inductive coupling 感应耦合
inductive reactance 感抗
inductor 电感器
inertia 惯性
infrared 红外线
input 输入、输入端子
input sensitivity 输入灵敏度

input transformer 输入变压器

instrument 仪器

insulation 绝缘材料

insulator 绝缘体

integrated 积分的、综合的、集成的

integrated circuit 集成电路

intelligibility 可懂度、清晰度

intensity 强度、亮度 i

interaction 干扰、互相作用

interference 干扰

interrupt 中断

interrupter 断续器

interstage transformer 级间变压器

intrinsic material 本征材料

intrinsic noise 固有噪声

nverse feedback 负反馈

inverter 反相器、换流器

I/O 输入/输出

ISO 国际标准化组织

IT 信息技术

L 线圈、电感

lag 滞后、延迟时间

lambda λ(波长符号)

laser 激光

laser disc 激光盘

LCD 液晶显示

LCF 低音切除滤波器、高通滤波器

LED 发光二极管

level 电平、水平、磁平、级

L.F 低频

L.F.A. 低频放大器

L.F.C. 低频校正

L.F.F 低频滤波器

life 寿命

light emitting diode 二极发光管

light modulator 光调制器、光调幅器

light valve 光阀

limiter 限幅器

limiting amplifier 限幅放大器

line amplifier 线路放大器

linear amplifier 线性放大器

linear distortion 线性失真

linearity 线性

line filter 线路滤波器

line impedance 线路阻抗

line loss 线路损耗

line noise 线路噪声

LNA 低噪声放大器

LO 本机振荡器

load impedance 负载阻抗

loss 损失、损耗

loudspeaker 扬声器

low filter 低通(截止)滤波器

low frequency 低频

low frequency compensation 低频补偿

low level 低电平

low-pass filter 低频滤波器

LPF 低通滤波器

LS 扬声器

LSL 大规模集成(电路)

M 兆

m 毫

mA 毫安

MA 混合放大器

magnet 磁铁

magnetic 磁性的

magnetic amplifier 磁放大器

magnetic circuit 磁路

magnetic core 磁心

magnetic density 磁场强度、磁场密度

magnetic eraser 消磁器

magnetic field 磁场

magnetic field strength 磁场强度

magnetic flux 磁通量

magnetic hysteresis 磁滞

magnetic induction 磁感应

majority carrier 多数载流子

manual 人工的、手动的、手册、说明书、管风琴的键盘

manual gain control 手动增益控制

MAT 矩阵

MATV 共用天线系统

maximum sensitively 最大灵敏度

maximum undistorted output 最大无失真输出

MCB 小型电路开关、小型电路断路器

measurement 测量

measuring circuit 测量电路

measuring range 测量范围

memory 存储器、记忆

memory register 存储寄存器

mf 微法

mH 毫亨

micro 微、微小

microelectronics 微电子学

microphone 传声器

MPO 最大输出功率

MPU 微处理单元

MPO 音乐输出功率

MPX 多路传输

multiplex 多路传输

multiplier 乘法器、分压器

mumetal 高导磁率合金

MUPO 最大不失真输出功率

N 磁铁的北极符号

n 毫微

NAB (美国)全国广播协会

narrow band 窄频带

natural frequency 固有频率、自然频率

nc 常闭、空脚

NC 数字控制

neg 负的、阴性的

negative feedback 负反馈

network filter 网络滤波器

noise analyzer 噪声分析仪

noise suppressor 噪声抑制器

nonlinear distorton 非线性失真

notch filter 陷波滤波器 npn transister npn 型晶体管

NTSC (美国)全国电视系统委员会

null 无用的、空的、零位

odd harmonic 奇次谐波

ohm 欧姆

ohm's law 欧姆定律

OMI 使用和维修说明书

OMM 操作维修手册

on/off swich 通/断开关

operating instruction 操作说明书

operating level 工作电平

operating point 工作点

operational amplifier 运算放大器

opposition 反相

optical grating 光栅

oscillation 振荡

oscillator 振荡器

oscilloscope 示波器

OUT 输出、输出端子

outphasing 相位不重合法、移相

output 输出、输出端

output amplifier 输出放大器

output impedance 输出阻抗

output power 输出功率

overload 过载、过负荷

overload protection 过载保护

P power 的缩写

Pa 帕

PA 扩声装置、功率放大器

pad 衰减器

parallel circuit 并联电路

parallel resonance 并联谐振

parameter 参量、参数

pass band 通带

passive 无源的、被动的

patch board 接线板、转接板

path 信道

PB 按钮

P/B (录音和录像)播放、放音 PC 光电管、光电池、印刷电路 PCB 印刷电路板

PCM 脉冲编码调制、卡片穿孔机

PD 电位差
peak distortion 最高失真
peak inverse voltage 最大反向电压
peak level 峰值电平 p
peak power 峰值功率
percent of harmonic distortion 谐波失真百分比
percent ripple voltage 波纹百分比
percentage 百分数、百分比
percussion 撞击、振动、打击乐
permanent magnet 永久磁铁
phase 相位
phase angle 相(位)角
phase difference 相位差
phase distortion 相位失真
phase locking 锁相
phase reversal 倒相、反相
photocell 光电池
photoconductor 光电导体、光敏电阻
photodiode 光电二极管
photoelectric cell 光电池、光电管
pico 皮(单位)
piezoelectric rffect 压电效应
pnp transistor pnp 型晶体管
positive 则怀念感的、阳性的
positive feed back 正反馈
potential 电位
potential difference 电位差
potential meter 电位计、电位器
power 功率、电力、电源
power amplifier 功率放大器
power cord 电源线
power frequency 电源频率

power gain 功率增益
power output 功率输出
power supply 电源
power switch 电源开关
power transformer 电源变压器
preamplifier 前置放大器
precision 准确度、精密度
pre-emphasis 预均衡
press-to-talk switch 对讲按钮
pressure 压强、压力
pressure microphone 压强式传声器
procedure 过程
processor 处理器
PROM 可编程序的只读存储器
pulse 脉冲
pulse code modulation 脉冲编码调制
push-pull circuit 推挽电路

Q 电荷符号、品质因数
quality 质量、音质、音色
quantization 量化
quantity 数量、量
quartz crystal 石英晶体

R 电阻符号
radiator 辐射器
radio 无线电、射频
radio frequency 发射频率、射频
RAM 随机存取存储器
random noise 随机噪声
range 范围、距离、界限
rate 比率、速率

rated output 额定输出

rating 定额、标称值、额定值

ratio 比值、比率

RCA 美国无线电公司

real time 实时

real-time spectrum analyzer 实时频谱分析仪

receiver 接收装置、接收机

record amplifier 录音放大器

recovery time 恢复时间

rectification 整流

rectifier 整流器、检波器

reflection 反射

refraction 折射

rejecter 陷波器

relative power 相对功率

relay 继电器

release 释放、断路器

reliability 可靠性

emanence 剩磁

residual flux density 剩余磁通密度

resistance 电阻、阻抗

resistance-capacitance-coupling 阻容耦合

resistance noise 电阻噪声

resolution 分辨率、清晰度

resonance 谐振、共振

resonance curve 谐振曲线

resonant circuit 谐振电路

response 响应、回答、频响曲线

reverberator 混响器

rise time 上升时间、建立时间、增长部分

rms 均方根值、有效值

rms value 均方根值、有效值

rpm 转数/分

rps 转数/秒

s 秒

saturation 饱和

saw tooth wave 锯齿波

selectivity 选择性

selector 选择器、转换开关

self-adjusting 自动调节

self-inductance 自感应

semi-conductor 半导体

sensitivity 灵敏度、感度

sensor 传感器、换能器

separation 分离度、隔离度

separation loss 分离损耗

serial 串行的

series circuit 串联电路

series resonance 串联谐振

service life 使用寿命、使用期限

SG 信号发生器

SGL 信号

sharpness 锐度、清晰度、鲜明度

shield 屏蔽

shielded cable 屏蔽电缆

shift 移位、偏移、漂移

short circuit 短路

shunt 分流器、并联(跨接)

shutter 断续器、断路器、快门

signal generator 信号发生器

signal-noise ratio 信噪比

silicon 硅

silver 银

sine wave 正弦波
slide switch 滑动开关
s/n ratio 信号噪声比、信噪比
socket 管座、插座
SP 速度
speaker 扬声器
speed 速度
SPL 声压级
storage battery 蓄电池组
storage location 存储单元
supersonic 超音速
switch 开关、切换

T 变压器
tachometer 转速计、测速计
temperature 温度
temporary 暂时的
terminal 接头、终端
THD 总谐波失真、三次谐波失真
thermistor 热敏电阻
thermocouple 热电偶
threshold 阀、临界值、门限
hump 低频噪声
time-delay 时延、延时
timer 定时器
tolerance 容差、公差
transducer 转换器、换能器
ransformer 变压器、变量器
transient 瞬态
transient distortion 瞬态失真
transient response 瞬态响应、瞬时特性
transistor 晶体管

transmission 输电、传输
trigger 触发器、启动设备
tube 电子管
tuner 调谐器
tweeter 高音扬声器
TX 传输、播送

UHF 超高频
ultrasonic 超声波
unit 单位、部件、装置
usage 用法、用途
USS 美国标准

v 电压符号
vacuum tube 真空管
valence electrons 价电子
variable resistor 可变电阻
VCA 压控衰减器、压控放大器
VHF 甚高频
VLSI 超大规模集成电路
VOL 电压
volt 伏特
voltage 电压
voltage amplification 电压放大系数
voltage amplifier 电压放大器
voltage control 电压控制
voltage drop 电压降
voltage feedback 电压反馈

W 能量、瓦
wave 波
wave amplitude 波幅

wave band 波段、频率

waveform 波形

wavelength 波长

weber 韦伯

wideband 宽频带

wireless 无线电

wow-wow 合成器的一种非常低的振音效果

X 电抗符号

X-axis X 轴

XC 容抗符号

XL 感抗符号

Y-axis Y 轴

Z 阻抗符号

zero 零

zero adjustment 零位调整、调零

zero level 零电平

参 考 文 献

1．孙宝元，杨宝清．传感器及其应用技术．第一版．北京：机械工业出版社，2004

2．蒋敦斌．非电量测量与传感器应用．第一版．北京：国防工业出版社，2005

3．王化祥，张淑英．传感器原理及应用．修订版．天津：天津大学出版社，2004

4．俞云强．传感器与检测技术．第一版．北京：高等教育出版社，2008

5．于彤．传感器原理及应用．第一版．北京：机械工业出版社，2008

6．吴立新．实用电子技术手册．第一版．北京：机械工业出版社，2002

7．王煜东．传感器应用电路400例．第一版．北京：中国电力出版社，2008

8．宋健．传感器技术及应用．第一版．北京：北京理工大学出版社，2007

9．李瑜芳．传感器原理及其应用．第一版．成都：电子科技大学出版社，2008

10．刘伟．传感器原理及实用技术．第一版．北京：电子工业出版社，2006

11．谢文和．传感器技术及其应用．第一版．北京：高等教育出版社，2004

12．朱善君等．单片机接口与应用．第一版．北京：清华大学出版社，2005

13．谢志萍．传感器与检测技术．第二版．北京：电子工业出版社，2009